极地大气观测规程

丁明虎　张东启　主编

气象出版社
China Meteorological Press

内容简介

　　本书系统总结了极地多年气象观测实践经验,从地面气象观测、大气成分在线观测和大气地基遥感观测三个方面,分别介绍了目前在中国南极中山站和长城站实际应用中的气象观测规程和大气成分采样、观测流程和操作规范,内容涉及观测目的和意义、观测系统介绍、操作规范、工作流程、技术规定、标校要求、数据处理方法、故障诊断及排除方法等。

　　本规程可供极地气象业务观测人员、从事极地大气科学考察的科研和技术人员使用和参考。

图书在版编目(CIP)数据

　　极地大气观测规程/丁明虎,张东启主编.—北京:

气象出版社,2020.5

　　ISBN 978-7-5029-7198-4

　　Ⅰ.①极… Ⅱ.①丁… ②张… Ⅲ.①极地—大气监

测—规程 Ⅳ.①X831-65

　　中国版本图书馆 CIP 数据核字(2020)第 069871 号

极地大气观测规程

JIDI DAQI GUANCE GUICHENG

丁明虎　张东启　主编

出版发行:气象出版社			
地　　址:北京市海淀区中关村南大街 46 号		**邮政编码:**100081	
电　　话:010-68407112(总编室)　010-68408042(发行部)			
网　　址:http://www.qxcbs.com		**E-mail:**qxcbs@cma.gov.cn	
责任编辑:蔺学东		**终　　审:**吴晓鹏	
责任校对:张硕杰		**责任技编:**赵相宁	
封面设计:楠竹文化			
印　　刷:北京建宏印刷有限公司			
开　　本:787 mm×1092 mm　1/16		**印　　张:**15	
字　　数:400 千字			
版　　次:2020 年 5 月第 1 版		**印　　次:**2020 年 5 月第 1 次印刷	
定　　价:120.00 元			

本书编写组

（以姓氏笔画为序）

丁明虎　田　彪　汤　洁　李　鑫
吴立宗　张文千　张东启　张金龙
陈传振　郑向东　逯昌贵

中国气象科学研究院基本科研业务费专项
"极地大气科学野外观测基地"（2018Z01）

中国气象局综合观测业务经费—气象探测费
南极观测项目

中国气象局气候变化专项"南极中山站 CO_2 本底
数据集研制和特征分析"（CCSF202040）

国家极地科学数据中心
联合资助

前　言

中国气象科学研究院于 1984 年开始派员参加中国南极科学考察。1985 年和 1989 年按照中国气象局《地面气象观测规范》，分别在南极建立了长城气象站和中山气象台，世界气象组织（WMO）编制的国际区站号分别为 89058 和 89573，并列入南极地区的基本天气站网（ABSN）和南极基本气候站网（ABCN）。两站的地面气象站观测系统已达到国际上南极气象观测站的同等水平，是西南极和东南极大陆沿海地区气候变化研究的代表性观测站。2004 年 7 月中国气象科学研究院在北极新奥尔松建成中国北极黄河气象站，安装了近地面辐射平衡和梯度自动观测系统。1992 年起，南极中山站开始了大气臭氧总量的地基遥感观测，对臭氧总量和紫外辐射进行连续观测，为我国在南极臭氧洞方面的研究提供了基础数据，也得到了 WMO 等国际组织的密切关注，其数据也进入 WMO 的数据中心，并应用于南极臭氧洞实况图的制作发布。2008 年，中国气象科学研究院在南极中山站建设了大气成分本底站，陆续开展地面臭氧、黑碳气溶胶质量浓度、一氧化碳、二氧化碳、甲烷等大气成分的在线观测以及大气中 5 种主要温室气体的瓶采样观测，2011 年开始进行臭氧和 NO_2 总量监测和全辐射观测。

30 多年来，中国极地大气科学观测对极地地区近现代气候的变化规律、大气边界层物理和海、冰、气相互作用，以及冰雪能量平衡过程、大气成分本底特征和臭氧洞形成过程、南极考察气象业务天气预报系统、极地大气环境对东亚环流和中国天气气候的影响等方面的研究提供了技术支持和数据支撑，取得了很多国内外有影响的研究成果，加深了极地气候在全球变化中作用及其对我国天气气候和可持续发展影响的认识。

不同于国内一般气象台站，极地的地理环境使得极地大气业务观测具有特殊性，例如，①极地地区的极夜、低温、暴雪、大风，其观测环境条件十分严酷；②观测场地、观测机房、电力供应、通信、道路等基础设施保障条件与国内气象台站相比明显不足；③无法获得仪器设备厂商及其他专业维修保障力量的现场技术支持，观测仪器设备的故障诊断及维修维护只能依靠现场观测人员完成；④观测人员采用年度轮换制，观测人员变动大，并且因交通方面原因交接时间极为紧迫，有时甚至不能在现场完成面对面任务交接；⑤观测人员部分来自非专业背景，考察前业务培训时间和内容相对有限，因而部分观测人员的专业知识和技能可能存在一定欠缺。上述困难对极地地区的气象观测和大气成分观测的连续稳定和高质量运行带来诸多困难和挑战，进而给观测质量带来许多不确定因素。因此极地地区的大气观测业务的仪器设备、工作内容、流程、技术方法、处理方案等与国内台站相比存在许多不同。

有鉴于此，有必要认真总结 30 多年来在极地气象台站的业务工作实践，以中国气象局的《地面气象观测规范》《大气成分观测业务规范》和世界气象组织的《气象仪器和观测方法指南》等为参考依据，形成一套完整的极地大气现场观测的技术规程。这项工作对今后在极地地区长期、稳定、连续和高质量地开展气象和大气成分观测，保障高质量地完成现场观测任务，以及保证观测数据业务质量，具有特别重要的意义。

从 2018 年起,在中国气象科学研究院基本科研业务费专项等项目的支持下,中国气象科学研究院青藏高原与极地气象科学研究所组织长期负责极地观测的科研人员和参与极地科考观测的一线观测人员编写了《极地大气观测规程》。本规程内容包括:地面气象观测,温室气体瓶采样观测,大气成分在线观测(二氧化碳、甲烷、地面臭氧、黑碳、一氧化碳、氧化亚氮)和大气地基遥感观测(Brewer 光谱仪、SAOZ 光谱仪、气溶胶光学厚度和辐射观测)。内容涉及观测目的和意义、观测系统介绍、操作规范、工作流程、技术规定、标校要求、数据处理方法、故障诊断及排除方法等。按照本规程,可以以规范化流程对观测人员开展极地考察业务培训,本规程还可以指导一线考察队员按照统一规范的技术要求开展业务观测、维护保障设备运行、进行现场观测质量控制等。

参加本规程编写的人员包括:中国气象局气象探测中心汤洁研究员、中国气象科学研究院郑向东研究员、张东启研究员、丁明虎研究员、逯昌贵高级工程师、田彪工程师、张文千助理工程师、山东省气象局陈传振高级工程师、湖北省气象局李鑫高级工程师、河北省气象局张金龙高级工程师、中国极地研究中心吴立宗副研究员等。具体分工为:丁明虎组织了本规程的汇编并撰写前言部分;第 1 章由陈传振主笔撰写,李鑫撰写中山站气象观测部分和故障处理案例,逯昌贵撰写编发报和数据处理部分;第 2 章由汤洁和田彪主笔撰写,张东启撰写温室气体瓶采样部分;第 3 章由郑向东和张金龙主笔撰写,张文千撰写气溶胶光学厚度观测部分。吴立宗对本规程中使用的气象数据进行了审定,张东启和丁明虎对本规程提出了修改意见并进行了统稿和校对。

本规程的出版得到了气象出版社蔺学东副编审的大力支持,历次南北极考察队员以其实际操作实践对本规程也做出很大贡献,在此对他们的无私奉献表示由衷的感谢!

作者

2019 年 11 月

目　录

前　言
第1章　极地气象观测 ………………………………………………………… 1
　1.1　概述 ………………………………………………………………… 1
　1.2　观测项目和方式 …………………………………………………… 2
　　1.2.1　主要观测项目 …………………………………………………… 2
　　1.2.2　观测任务和方式 ………………………………………………… 2
　1.3　气象要素的观测 …………………………………………………… 3
　　1.3.1　云 ………………………………………………………………… 3
　　1.3.2　能见度 …………………………………………………………… 9
　　1.3.3　天气现象 ………………………………………………………… 10
　　1.3.4　气压 ……………………………………………………………… 16
　　1.3.5　空气温度和湿度 ………………………………………………… 21
　　1.3.6　风向和风速 ……………………………………………………… 27
　　1.3.7　降水 ……………………………………………………………… 31
　　1.3.8　日照 ……………………………………………………………… 33
　　1.3.9　总辐射 …………………………………………………………… 34
　1.4　编发报和数据处理 ………………………………………………… 36
　　1.4.1　地面天气报告 …………………………………………………… 36
　　1.4.2　气候月报 ………………………………………………………… 36
　　1.4.3　数据处理 ………………………………………………………… 37
　　1.4.4　网络异常 ………………………………………………………… 38
　1.5　自动气象站 ………………………………………………………… 38
　　1.5.1　自动气象站结构 ………………………………………………… 38
　　1.5.2　业务软件 ………………………………………………………… 40
　　1.5.3　自动气象站常见故障处理 ……………………………………… 42
　　1.5.4　业务软件使用注意事项 ………………………………………… 45
　　1.5.5　DT业务软件使用方法 ………………………………………… 46
　1.6　工作流程 …………………………………………………………… 53
　　1.6.1　日工作流程 ……………………………………………………… 53
　　1.6.2　月、年工作流程 ………………………………………………… 55
　1.7　其他说明 …………………………………………………………… 55
　　1.7.1　长城站时制和日界 ……………………………………………… 55

Ⅰ

  1.7.2 中山站时差 ·· 55

  1.7.3 长城气象站观测场、气象室 ·························· 56

  1.7.4 能见度目标物 ·· 59

  1.7.5 风玫瑰图 ··· 61

  1.7.6 长城站地面天气报告补充说明 ··················· 62

  1.7.7 中山站地面天气报告补充说明 ··················· 63

  1.7.8 长城站网络异常处理 ································· 66

  1.7.9 中山站网络异常处理 ································· 66

  1.7.10 自动气象站故障案例 ······························· 66

  1.7.11 长城站地面气象测报业务系统软件参数 ····· 70

  1.7.12 长城站历史气象资料统计 ························· 76

  1.7.13 其他工作建议 ·· 78

第 2 章 极地大气化学观测 ··· 80

 2.1 目的与意义 ··· 80

 2.2 观测系统 ·· 81

  2.2.1 观测仪器 ·· 81

  2.2.2 观测场地、机房及系统安装 ···················· 103

 2.3 日常工作要求 ·· 109

  2.3.1 值班日程及要求 ····································· 109

  2.3.2 值班记录表及工作日记 ···························· 110

  2.3.3 在线连续观测 ·· 111

  2.3.4 离线样品采集 ·· 130

  2.3.5 数据采集管理 ·· 134

  2.3.6 仪器维护 ·· 142

 2.4 仪器故障诊断及维修 ··· 150

  2.4.1 AE33 型黑碳监测仪 ······························· 150

  2.4.2 TE49i 型臭氧分析仪 ······························ 152

 2.5 备查附件 ·· 155

  2.5.1 值班记录表格式及说明 ···························· 155

  2.5.2 AE33 型黑碳监测仪的仪器参数设置 ········· 157

  2.5.3 TE49i 型臭氧分析仪的仪器参数设置 ········ 159

  2.5.4 TE49i-PS 型臭氧校准仪的仪器参数设置 ····· 162

  2.5.5 标准气瓶登记清单(格式) ······················ 165

  2.5.6 温室气体采样瓶记录单(格式) ················ 165

第 3 章 极地地基大气遥感观测 ··· 166

 3.1 目的与意义 ··· 166

 3.2 MKIII 型 Brewer 光谱仪观测 ······························· 167

  3.2.1 概述 ·· 167

  3.2.2 测量原理 ·· 167

  3.2.3 仪器安装与拆卸 ····································· 168

　　　　3.2.4　日常运行指令 ···································· 173

　　　　3.2.5　观测程序 ·· 175

　　　　3.2.6　仪器运行的检查与维护 ·························· 176

　　　　3.2.7　数据处理与报送 ································ 179

　　　　3.2.8　工作交接 ······································ 180

　　　　3.2.9　其他事项 ······································ 180

　　3.3　Mini-SOAZ UV-VIS 差分吸收光谱仪观测 ·············· 182

　　　　3.3.1　概述 ·· 182

　　　　3.3.2　光谱仪的组成结构 ······························ 183

　　　　3.3.3　光谱仪的安装与连接 ···························· 184

　　　　3.3.4　常规运行 ······································ 190

　　　　3.3.5　日观测数据结构及处理流程 ······················ 191

　　　　3.3.6　仪器维护和故障诊断处理 ······················ 196

　　　　3.3.7　SAOZ 光谱仪菜单的介绍 ························ 200

　　　　3.3.8　工作交接 ······································ 204

　　3.4　太阳辐射观测 ·· 205

　　　　3.4.1　概述 ·· 205

　　　　3.4.2　辐射观测系统组成结构 ·························· 205

　　　　3.4.3　辐射观测系统日常维护 ·························· 214

　　　　3.4.4　辐射观测系统故障排查 ·························· 218

　　　　3.4.5　工作交接 ······································ 219

　　　　3.4.6　其他事项 ······································ 219

　　3.5　大气气溶胶光学厚度观测 ································ 225

　　　　3.5.1　概述 ·· 225

　　　　3.5.2　观测仪器构成 ·································· 225

　　　　3.5.3　技术指标 ······································ 226

　　　　3.5.4　仪器安装 ······································ 226

　　　　3.5.5　观测方式 ······································ 227

　　　　3.5.6　仪器维护 ······································ 228

　参考资料 ·· 230

第1章

极地气象观测

1.1 概　述

　　南极地区终年被冰雪覆盖,气候寒冷、暴风雪频繁、自然环境恶劣,由于地理位置特殊以及其特有的生态环境,在气象、生态、地理、海洋等多学科的研究中占有极其重要的位置。全球大气是相互作用和影响的统一整体,要了解全球气候的变化规律,就必须对南极地区有所研究。地面气象观测是气象工作和大气科学研究的基础,南极地区的气象台站是世界天气监视网中不可缺少的重要组成部分,南极地区也是全球气象资料最贫乏的地区,气象台站的密度远小于其他地区,同时为了对卫星遥感资料提供地面验证,以及由冰雪代用资料建立南极地区长期气候序列,在南极地区进行地面气象观测仍是不可取代的。

　　中国南极长城站于 1985 年 2 月 20 日建设落成,是我国第一个常年运行的南极科学考察站,位于南极洲西南极乔治王岛的菲尔德斯半岛南端,中国南极长城气象站(以下简称长城站),区站号是 89058,地理位置为南纬 62°13′,西经 58°58′(图 1-1-1)。

　　1989 年 2 月在南极拉斯曼丘陵上建立的中国南极中山站(以下简称中山站),至今已连续运行多年,中国南极中山站气象台从 1989 年 3 月起不间断开展地面气象观测,区站号是 89573,地理位置为南纬 69°22′,东经 76°23′(图 1-1-1)。

　　长城站、中山站已被列入了全球天气监视网,地面气象观测成为我国极地业务化考察项目。

本章主笔:陈传振、李鑫,主要作者:逯昌贵。

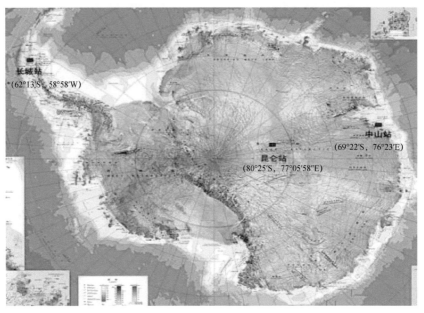

图 1-1-1　中国南极考察站地理位置

1.2 观测项目和方式

1.2.1　主要观测项目

中国南极地面气象观测项目:云、能见度、天气现象、风向、风速、温度、湿度、气压、日照、辐射、降水量(仅长城站开展)。地面气象观测分为人工观测和自动观测两种方式,人工观测包括人工目测和人工器测。

自动观测的项目:风向、风速、温度、湿度、气压、日照、辐射。此类项目以自动观测记录作为观测记录、编发报和数据处理的数据源。

人工目测观测项目:云、能见度和天气现象。此类项目仅以人工目测作为观测记录、编发报和数据处理的数据源。

人工器测观测项目:温度、湿度、气压、降水量(仅长城站开展)。其中降水量仅以人工器测作为观测记录、编发报和数据处理的数据源。温度、湿度、气压的人工器测作为自动观测出现异常时的备用选择。

1.2.2　观测任务和方式

地面气象观测工作的基本任务是观测、数据处理和编发气象报告。

(1)为积累气候资料按规定时次进行定时气象观测。自动观测项目每天进行 24 次定时观测;人工观测项目每天进行 02、08、14、20 时 4 次定时观测。

(2)每天 02、08、14、20 时 4 次定时观测后 15 min 内,按地面天气报告规定的电码型式编发地面气象报告。

（3）每月 3 日前审核形成上月 A、J、R 月存档数据文件，每年 1 月 10 日前审核形成上年度 Y 存档数据文件，并按中国气象科学研究院（以下简称气科院）指定的方式传送观测数据文件和各种报表数据文件，以及打印出各类报表。

（4）按气候月报规定，每月 3 日前编发地面气候月报。

（5）按要求完成其他工作。

1.3　气象要素的观测

1.3.1　云

1.3.1.1　概述

云的观测包括判定云状、估计云量、估测云高和选定云码。目前，全部以人工观测方式确定。

云的观测应尽量选在能看到全部天空及地平线的开阔地点进行，固定在观测场内进行，应注意云的连续演变。观测时，如阳光较强或地面雪反射率强，须戴黑色（或暗色）眼镜。在观测场视野中的冰盖，请勿与云混淆。

1.3.1.2　云状

1.3.1.2.1　云状分类（中国气象局，2003）

按云的外形特征、结构特点和云底高度，将云分为三族十属二十九类（表 1-3-1）。

表 1-3-1　云状分类表

云族	云属		云类	
	学名	简写	学名	简写
低云	积云	Cu	淡积云	Cu hum
			碎积云	Fc
			浓积云	Cu cong
	积雨云	Cb	秃积雨云	Cb calv
			鬃积雨云	Cb cap
	层积云	Sc	透光层积云	Sc tra
			蔽光层积云	Sc op
			积云性层积云	Sc cug
			堡状层积云	Sc cast
			荚状层积云	Sc lent
	层云	St	层云	St
			碎层云	Fs
	雨层云	Ns	雨层云	Ns
			碎雨云	Fn

续表

| 云族 | 云属 | | 云类 | |
	学名	简写	学名	简写
中云	高层云	As	透光高层云	As tra
			蔽光高层云	As op
	高积云	Ac	透光高积云	Ac tra
			蔽光高积云	Ac op
			荚状高积云	Ac lent
			积云性高积云	Ac cug
			絮状高积云	Ac flo
			堡状高积云	Ac cast
高云	卷云	Ci	毛卷云	Ci fil
			密卷云	Ci dens
			伪卷云	Ci not
			钩卷云	Ci unc
	卷层云	Cs	毛卷层云	Cs fil
			薄幕卷层云	Cs nebu
	卷积云	Cc	卷积云	Cc

各类云状特征描述如下。

(1) 积云(Cu)——垂直向上发展的、顶部呈圆弧形或圆拱形重叠凸起,而底部几乎是水平的云块。云体边界分明。

如果积云和太阳处在相反的位置上,云的中部比隆起的边缘要明亮;反之,如果处在同一侧,云的中部显得黝黑但边缘带着鲜明的金黄色;如果光从旁边照映着积云,云体明暗就特别明显。积云是由气块上升、水汽凝结而成。

① 淡积云(Cu hum)——扁平的积云,垂直发展不旺盛,水平宽度大于垂直厚度。在阳光下呈白色,厚的云块中部有淡影,晴天常见。

② 碎积云(Fc)——破碎的不规则的积云块(片),个体不大,形状多变。

③ 浓积云(Cu cong)——浓厚的积云,顶部呈重叠的圆弧形凸起,很像花椰菜;垂直发展旺盛时,个体臃肿、高耸,在阳光下边缘白而明亮。有时可产生阵性降水。

(2) 积雨云(Cb)——云体浓厚庞大,垂直发展极盛,远看很像耸立的高山。云顶由冰晶组成,有白色毛丝般光泽的丝缕结构,常呈铁砧状或马鬃状。云底阴暗混乱,起伏明显,有时呈悬球状结构。

积雨云常产生雷暴、阵雨(雪),或有雨(雪)幡下垂。有时产生飑或降冰雹。云底偶有龙卷产生。

① 秃积雨云(Cb calv)——浓积云发展到鬃积雨云的过渡阶段,花椰菜形的轮廓渐渐变得模糊,顶部开始冻结,形成白色毛丝般的冰晶结构。秃积雨云存在的时间一般比较短。

② 鬃积雨云(Cb cap)——积雨云发展的成熟阶段,云顶有明显的白色毛丝般的冰晶结构,多呈马鬃状或砧状。

（3）层积云（Sc）——团块、薄片或条形云组成的云群或云层，常成行、成群或波状排列。云块个体都相当大，其视宽度角多数大于5°（相当于一臂距离处三指的视宽度）。云层有时满布全天，有时分布稀疏，常呈灰色、灰白色，常有若干部分比较阴暗。

层积云有时可降雨、雪，通常量较小。

层积云除直接生成外，也可由高积云、层云、雨层云演变而来，或由积云、积雨云扩展或平衍而成。

① 透光层积云（Sc tra）——云层厚度变化很大，云块之间有明显的缝隙；即使无缝隙，大部分云块边缘也比较明亮。

② 蔽光层积云（Sc op）——阴暗的大条形云轴或团块组成的连续云层，无缝隙，云层底部有明显的起伏。有时不一定满布全天。

③ 积云性层积云（Sc cug）——由积云、积雨云因上面有稳定气层而扩展或云顶下塌平衍而成的层积云，多呈灰色条状，顶部常有积云特征。在傍晚，积云性层积云有时也可以不经过积云阶段直接形成。

④ 堡状层积云（Sc cast）——垂直发展的积云形的云块，并列在一线上，有一个共同的底边，顶部凸起明显，远处看上去好像城堡。

⑤ 荚状层积云（Sc lent）——中间厚、边缘薄，形似豆荚、梭子状的云条。个体分明，分离散处。

（4）层云（St）——低而均匀的云层，像雾，但不接地，呈灰色或灰白色。

层云除直接生成外，也可由雾层缓慢抬升或由层积云演变而来，可降毛毛雨或米雪。

碎层云（Fs）——不规则的松散碎片，形状多变，呈灰色或灰白色，由层云分裂或由雾抬升而成，早晚也可直接生成。

（5）雨层云（Ns）——厚而均匀的降水云层，完全遮蔽日月，呈暗灰色，布满全天，常有连续性降水。如因降水不及地在云底形成雨（雪）幡时，云底显得混乱，没有明确的界限。

雨层云多数由高层云变成，有时也可由蔽光高积云、蔽光层积云演变而成。

碎雨云（Fn）——低而破碎的云，灰色或暗灰色，不断滋生，形状多变，移动快，最初是各自孤立的，后来可渐并合，常出现在降水时或降水前后的降水云层之下。

（6）高层云（As）——带有条纹或纤缕结构的云幕，有时较均匀，颜色灰白或灰色，有时微带蓝色。云层较薄部分，可以看到昏暗不清的日月轮廓，看上去好像隔了一层毛玻璃。厚的高层云，底部比较阴暗，看不到日月。由于云层厚度不一，各部分明暗程度也就不同，但是云底没有显著的起伏。

高层云可降连续或间歇性的雨、雪。若有少数雨（雪）幡下垂时，云底的条纹结构仍可分辨。高层云常由卷层云变厚或雨层云变薄而成，有时也可由蔽光高积云演变而成。

① 透光高层云（As tra）——较薄而均匀的云层，呈灰白色，透过云层，日月轮廓模糊，好像隔了一层毛玻璃，地面物体没有影子。

② 蔽光高层云（As op）——云层较厚，且厚度变化较大，厚的部分隔着云层看不见日月；薄的部分比较明亮一些，还可以看出纤缕结构，呈灰色，有时微带蓝色。

（7）高积云（Ac）——高积云的云块较小，轮廓分明，常呈扁圆形、瓦块状、鱼鳞片，或是水波状的密集云条，成群、成行、成波状排列，大多数云块的视宽度角在1°～5°。有时可出现在两个或几个高度上。薄的云块呈白色，厚的云块呈暗灰色。在薄的高积云上，常有环绕日月的虹彩，或颜色为外红内蓝的光环或华。

高积云都可与高层云、层积云、卷积云相互演变。

① 透光高积云(Ac tra)——云块的颜色从洁白到深灰都有,厚度变化也大,就是同一云层,各部分也可能有些差别。云层中个体明显,一般排列相当规则,但是各部分透明度是不同的。云缝中可见青天,即使没有云缝,云层薄的部分也比较明亮。

② 蔽光高积云(Ac op)——连续的高积云层,至少大部分云层都没有什么间隙,云块深暗色而不规则。因为云层的厚度厚,个体密集,几乎完全不透光,但是云底云块个体依然可以分辨得出。

③ 荚状高积云(Ac lent)——高积云分散在天空,呈椭圆形或豆荚状,轮廓分明,云块不断地变化着。

④ 积云性高积云(Ac cug)——这种高积云由积雨云、浓积云延展而成,在初生成的阶段,类似蔽光高积云。

⑤ 絮状高积云(Ac flo)——类似小块积云的团簇,没有底边,个体破碎如棉絮团,多呈白色。

⑥ 堡状高积云(Ac cast)——垂直发展的积云形的云块,远看并列在一线上,有一共同的水平底边,顶部凸起明显,好像城堡。云块比堡状层积云小。

(8) 卷云(Ci)——具有丝缕状结构、柔丝般光泽、分离散乱的云。云体通常白色无暗影,呈丝条状、羽毛状、马尾状、钩状、团簇状、片状、砧状等。

卷云见晕的机会比较少,即使出现,晕也不完整。卷云有时会下零星的雪。日出之前,或日落以后,在阳光反射下,卷云常呈鲜明的黄色或橙色。

在南极,有时会遇见一种高度不高的云,外形似层积云,但却具有丝缕结构、柔丝般光泽的特征,有时还有晕,此应记为卷云。如无卷云特征,则应记为层积云。

① 毛卷云(Ci fil)——纤细分散的云,呈丝条、羽毛、马尾状,有时即使聚合成较长并具一定宽度的丝条,但整个丝缕结构和柔丝般的光泽仍十分明显。

② 密卷云(Ci dens)——较厚的、成片的卷云,中部有时有暗影,但边缘部分卷云的特征仍很明显。

③ 伪卷云(Ci not)——由鬃积雨云顶部脱离母体而成,云体较大而厚密,有时似砧状。

④ 钩卷云(Ci unc)——形状好像逗点符号,云丝向上的一头有小簇或小钩。

(9) 卷层云(Cs)——白色透明的云幕,日月透过云幕时轮廓分明,地物有影,常有晕环。有时云的组织薄得几乎看不出来,只使天空呈乳白色;有时丝缕结构隐约可辨,好像乱丝一般。卷层云可以形成少量降雪。

厚的卷层云易与薄的高层云相混。如日月轮廓分明、地物有影或有晕,或有丝缕结构为卷层云;如只辨日月位置,地物无影,也无晕,为高层云。

① 毛卷层云(Cs fil)——白色丝缕结构明显,云体厚薄不很均匀的卷层云。

② 薄幕卷层云(Cs nebu)——均匀的云幕,有时薄得几乎看不见,只因有晕,才证明其存在;云幕较厚时,也看不出什么明显的结构,只是日月轮廓仍清楚可见,有晕,地物有影。

(10) 卷积云(Cc)——似鳞片或球状细小云块组成的云片或云层,常排列成行或成群,很像轻风吹过水面所引起的小波纹。白色无暗影,有柔丝般光泽。

卷积云可由卷云、卷层云演变而成。有时高积云也可演变为卷积云。整层高积云的边缘,有时有小的高积云块,形态和卷积云颇相似,但不要误认为卷积云。只有符合下列条件中的一个或以上的,才能算做卷积云:和卷云或卷层云之间有明显的联系;从卷云或卷层云演变而成;

确有卷云的柔丝光泽和丝缕状特点。

1.3.1.2.2 云状的判定与记录

云状的判定,主要根据天空中云的外形特征、结构、色泽、排列、高度以及伴见的天气现象,参照"云图",经过认真细致的分析对比判定是哪种云。判定云状要特别注意云的连续演变过程。

云状记录按表 1-3-1 中 29 类云的简写字母记载。多种云状出现时,云量多的云状记在前面;云量相同时,记录先后次序自定;无云时,云状栏空白。

长城站虽少有强烈的对流天气,但 29 类云状均有出现,因此不可忽视对流性云状的观测记录。

1.3.1.3 云量

云量是指云遮蔽天空视野的成数。估计云量时,如果一部分天空为降水所遮蔽,这部分天空应作为被产生降水的云所遮蔽来看待。

云量观测包括总云量、低云量。总云量是指观测时天空被所有的云遮蔽的总成数,低云量是指天空被低云族的云所遮蔽的成数,均记整数。

1.3.1.3.1 总云量的记录

全天无云,总云量记 0;天空完全为云所遮蔽,记 10;天空完全为云所遮蔽,但只要从云隙中可见青天,则记 10⁻;云占全天十分之一,总云量记 1;云占全天十分之二,总云量记 2,其余依次类推。

天空有少许云,其量不到天空的十分之零点五时,总云量记 0。

1.3.1.3.2 低云量的记录

低云量的记录方法,与总云量相同。

1.3.1.4 云高

观测记录低、中云族云的云高。云高指云底距测站的垂直距离,以米(m)为单位,记录取整数,并在云高数值前加记云状,云状只记十个云属和 Fc、Fs、Fn 三个云类。

1.3.1.4.1 目测云高

根据云状来估测云高,首先必须正确判定云状,同时可根据云体结构,云块大小、亮度、颜色、移动速度等情况,结合常见的云高范围(表 1-3-2)进行估测。南极气象观测站位于南极高纬度地区,水汽极易凝结成云,云底高度较低、较中纬度内陆站偏低。

表 1-3-2　各云属常见云底高度范围表

云属	常见云底高度范围(m)	说明
积云	400～2000	雨后初晴时云底会更低
积雨云	400～2000	一般与积云云底相同,有时由于降水,云底比积云低
层积云	400～2500	当低层水汽充沛时,云底会更低
层云	50～800	与低层湿度密切相关,湿度大时云底较低;低层湿度小时,云底较高
雨层云	400～2000	刚由高层云变来的雨层云,云底一般较高
高层云	2000～4500	刚由卷层云变来的高层云,高度较高

云属	常见云底高度范围(m)	说明
高积云	2000～4500	
卷云	3000～10000	
卷层云	3000～8000	
卷积云	3000～8000	有时与卷云高度相同

1.3.1.4.2 经验公式估算

积云、积雨云的云高经验公式估算：

$$H \approx 124(t - t_d) \tag{1-3-1}$$

卷层云、高层云、雨层云和层云的云高经验公式估算：

$$H \approx 208(t - t_d) \tag{1-3-2}$$

式中，H 为云高(m)，t 为气温(℃)，t_d 为露点温度(℃)。可利用以上两个公式估算与人工目测结果进行比较，以提高人工目测的精确度。

在天顶有上述云类时，可结合当时天气条件，利用公式计算作为估测云高的参考，在有轻雾、雾、吹雪、雪暴等现象时，以上两公式不适用。

1.3.1.5 夜间及特殊情况下云的观测和记录

1.3.1.5.1 夜间云的观测和记录

天黑前，应注意云的状况和演变趋势，为夜间观测打下基础。

观测前应先到黑暗处停留一段时间，待眼睛适应环境后再进行观测。

观测时，可根据视觉，结合星光的疏密、清晰程度，云体的颜色、移动速度以及伴见的天气现象，参照傍晚时云的状况判别云状，估计云量。

根据实践经验，将夜间云的主要特征归纳于表 1-3-3

表 1-3-3　夜间云的特征(无月光时)

云属	星光分布	云体结构	颜色
Cs	星光模糊，分布均匀，云层厚时，也可只见几颗亮度较大星，有时会伴随月晕出现	云层均匀	灰黑色
As	一般不见星光，透光高层云时，天空比较明亮，偶尔可见个别比较亮的星光	云底均匀，能分出云、地间界线	黑色
Ns	完全不见星光，天空较黑暗	云底均匀，云下碎云可辨	地面灯光照映呈灰白色
St	不见星光，薄时可以隐约见到个别星光	云体模糊，云地间无分界线	地面灯光照映呈灰白色、白色
Cc	星光有的地方模糊，有的地方明亮	仔细观察云体结构可辨	灰黑色
Ac	透光时星光忽隐忽现，云隙处星光闪烁可见，云薄处星光模糊，云厚处不见星光；蔽光时，全部不见星光	云块深浅相间，透光时云块可辨	黑色
Sc	透光时星光时有时无，云隙处星光清晰可见，云薄处星光隐约可见，云厚处不见星光；蔽光时，全部不见星光	云块起伏、明暗相间明显	地面灯光照映呈灰白色

续表

云属	星光分布	云体结构	颜色
Ci	星光稀疏零散,有云处星光模糊,由于云的移动,星光也可时明时暗	卷云结构不易分辨	灰黑,薄时与天空颜色接近
Cu	星光随云体分布,有云处星光完全遮蔽	好似孤立黑体悬挂空中	黑色
Cb	云体将星光完全遮蔽,无云区星光清晰可见	借闪电光可见云体形状	黑色

1.3.1.5.2 天空状况不明时云状、云量的记录

(1)因雪暴、雾使天空的云量、云状无法辨明时,总、低云量记10,云状栏记该现象符号。因吹雪、雾、轻雾使天空的云量、云状不能完全辨明时,总、低云量记10,云状栏记该现象符号和可见的云状。虽有吹雪、雾、轻雾现象,但天空的云量、云状可完全辨明时,则按正常情况记录。

(2)因烟幕、霾、浮尘、沙尘暴、扬沙等视程障碍现象使天空云量、云状全部或部分不明时,总、低云量记"—",云状栏记该现象符号或同时记录可辨明部分的云状;若透过这些天气现象能完全辨明云量、云状时,则按正常情况记录。

几种特殊情况下云量、云状的记法举例,见表1-3-4。

表 1-3-4　几种特殊情况下云量、云状的记法举例

观测时天空实况	有雾,整个天空可辨,有4成Ac tra	有雾,天顶或部分天空可辨,可见Ac tra	有雪暴,天空不明	有沙尘暴,天空不明	有扬沙,整个天空可辨,无云	总云量为10,无缝隙。下层布满Sc cug,从云隙中可见上层有Ac,但类别不能确定	总云量为10,无缝隙。下层布满Sc tra,从云隙中可见上层有云,云状无法判定
总云量/低云量	4/0	10/10	10/10	—/—	0/0	10/10—	10/10—
云状	Ac tra	≡ Ac tra	⬌	⬍		Sc cug Ac	Sc tra —

1.3.2　能见度

1.3.2.1　概述

能见度的观测(中国气象局,2003)以人工目测方式确定。

白天,能见度是指视力正常(对比感阈为0.05)的人,在当时天气条件下,能够从天空背景中看到和辨认的目标物(黑色、大小适度)的最大距离。

夜间,能见度是指:

(1)假定总体照明增加到正常白天水平,适当大小的黑色目标物能被看到和辨认出的最大距离;

(2)中等强度的发光体能被看到和识别的最大水平距离。

所谓"能见",在白天是指能看到和辨认出目标物的轮廓和形体;在夜间是指能清楚看到目标灯的发光点。凡是看不清目标物的轮廓,认不清其形体,或者所见目标灯的发光点模糊,灯

光散乱,都不能算"能见"。

人工观测能见度,一般指有效水平能见度。有效水平能见度是指四周视野中二分之一以上的范围能看到的目标物的最大水平距离。

能见度观测记录以千米(km)为单位,取一位小数,第二位小数舍去,不足 0.1 km 记 0.0。

1.3.2.2　能见度的观测

能见度的观测固定在观测场内进行。

各站根据能见度目标物,根据"能见"的最远目标物和"不能见"的最近目标物,从而判定当时的能见距离。如某一目标物轮廓清晰,但没有更远的或看不到更远的目标物时,可参考下述几点酌情判定:

(1)目标物的颜色、细微部分清晰可辨时,能见度通常可定为该目标物距离的 5 倍以上;

(2)目标物的颜色、细微部分隐约可辨时,能见度可定为该目标物距离的 2.5～5 倍;

(3)目标物的颜色、细微部分很难分辨时,能见度可定为大于该目标物的距离,但不应超过 2.5 倍。

运用以上几点时,应考虑到目标物的大小、背景颜色,以及当时的光照等情况。

夜间观测能见度时,观测员应先在黑暗处停留 5～15 min,待眼睛适应环境后进行观测,根据最远目标灯能见与否确定能见距离。

天黑前,应注意能见度的状况和变化趋势,为夜间观测打下基础。

月光较明亮时,可根据目标物的能见与否来判定能见度。由于光照条件差,不可能像白天那样清楚地看清目标物的形体、轮廓,因而只要能隐约地分辨出比较高大的目标物的轮廓,该目标物距离就可定为能见距离;如能清楚分辨时,能见距离可定为大于该目标物的距离。

1.3.3　天气现象

1.3.3.1　概述

天气现象以人工观测方式判定(中国气象局,2003)。包括降水现象、地面凝结现象、视程障碍现象、雷电现象和其他现象等,共 34 种。

1.3.3.2　天气现象的特征和符号

1.3.3.2.1　降水现象

(1)雨 •——滴状的液态降水,下降时清楚可见,强度变化较缓慢,落在水面上会激起波纹和水花,落在干地上可留下湿斑。

(2)阵雨 ▽——开始和停止都较突然、强度变化大的液态降水,有时伴有雷暴。

(3)毛毛雨 ❦——稠密、细小而十分均匀的液态降水,下降情况不易分辨,看上去似乎随空气微弱的运动飘浮在空中,徐徐落下。迎面有潮湿感,落在水面无波纹,落在干地上只是均匀地润湿,地面无湿斑。

(4)雪 ✳——固态降水,大多是白色不透明的六出分枝的星状、六角形片状结晶,常缓缓飘落,强度变化较缓慢。温度较高时多成团降落。

(5)阵雪 ⋙——开始和停止都较突然、强度变化大的降雪。

(6)雨夹雪 ✲——半融化的雪(湿雪),或雨和雪同时下降。

（7）阵性雨夹雪 ⛆ ——开始和停止都较突然、强度变化大的雨夹雪。

（8）霰 ⛆ ——白色不透明的圆锥形或球形的颗粒固态降水，直径 2～5 mm，下降时常呈阵性，着硬地常反跳，松脆易碎。

（9）米雪 △ ——白色不透明的比较扁、长的小颗粒固态降水，直径常小于 1 mm，着硬地不反跳。

（10）冰粒 △ ——透明的丸状或不规则的固态降水，较硬，着硬地一般反跳。直径小于 5 mm。有时内部还有未冻结的水，如被碰碎，则仅剩下破碎的冰壳。

（11）冰雹 △ ——坚硬的球状、锥状或形状不规则的固态降水，雹核一般不透明，外面包有透明的冰层，或由透明的冰层与不透明的冰层相间组成。大小差异大，大的直径可达数十毫米。常伴随雷暴出现。

降水现象的特征和区别见表 1-3-5。

表 1-3-5　降水现象的特征和区别

天气现象	符号	直径（mm）	外形特征及着地特征	下降情况	一般降自云层	天气条件
雨	●	≥0.5	干地面有湿斑，水面起波纹	雨滴可辨，下降如线，强度变化较缓	Ns,As,Sc,Ac	气层较稳定
阵雨	▽	>0.5	同上，但雨滴往往较大	骤降骤停，强度变化大，有时伴有雷暴	Cb,Cu,Sc	气层不稳定
毛毛雨	⋅	<0.5	干地面无湿斑，慢慢均匀湿润，水面无波纹	稠密飘浮，雨滴难辨	≡,St	气层稳定
雪	✳	大小不一	白色不透明六角或片状结晶，固体降水	飘落，强度变化较缓	Ns,Sc,As,Ac,Ci	气层稳定
阵雪	⛆	同上	同上	飘落，强度变化较大，开始和停止都较突然	Cb,Cu,Sc	气层较不稳定
雨夹雪	✳	同上	半融化的雪（湿雪）或雨和雪同时下降	同雨	Ns,Sc,As,Ac	气层稳定
阵性雨夹雪	⛆	同上	同上	强度变化大，开始和停止都较突然	Cb,Cu,Sc	气层较不稳定
霰	⛆	2～5	白色不透明的圆锥或球形颗粒，固态降水，着硬地常反跳，松脆易碎	常呈阵性	Cb,Sc	气层较不稳定
米雪	△	<1	白色不透明，扁长小颗粒，固态降水，着地不反跳	均匀、缓慢、稀疏	≡,St	气层稳定
冰粒	△	1～5	透明丸状或不规则固态降水，有时内部还有未冻结的水，着地常反跳，有时打碎只剩冰壳	常呈间歇性，有时与雨伴见	Ns,As,Sc	气层较稳定
冰雹	△	2 mm 至数十毫米	坚硬的球状、锥状或不规则的固态降水，内核常不透明，外包透明冰层或层层相间，大的着地反跳，坚硬不易碎	阵性明显	Cb	气层不稳定（常出现在夏、春、秋季）

1.3.3.2.2 地面凝结现象

(1)露 ⊔ ——水汽在地面及近地面物体上凝结而成的水珠(霜融化成的水珠,不记露)。

(2)霜 ⊔ ——水汽在地面和近地面物体上凝华而成的白色松脆的冰晶;或由露冻结而成的冰珠。易在晴朗风小的夜间生成。

(3)雨凇 ∽ ——过冷却液态降水碰到地面物体后直接冻结而成的坚硬冰层,呈透明或毛玻璃状,外表光滑或略有隆突。

(4)雾凇 ∨ ——空气中水汽直接凝华,或过冷却雾滴直接冻结在物体上的乳白色冰晶物,常呈毛茸茸的针状或表面起伏不平的粒状,多附在细长的物体或物体的迎风面上,有时结构较松脆,受震动易塌落。

地面凝结现象的特征和区别见表1-3-6。

表 1-3-6 地面凝结现象的特征和区别

天气现象	符号	外形特征及凝结特征	成因	天气条件	容易附着的物体部位
露	⊔	水珠(不包括霜融化成的)	水汽冷却凝结而成	晴朗、少风、湿度大的夜间地表温度0℃以上	地面及近地面物体
霜	⊔	白色松脆的冰晶或冰珠	水汽直接凝华而成或由露冻结而成	晴朗、微风、湿度大的夜间,地面温度在0℃以下	同上
雨凇	∽	透明或毛玻璃状的冰层,坚硬光滑或略有隆突	过冷雨滴或毛毛雨滴在物体(低于0℃)上冻结而成	气温稍低,有雨或毛毛雨下降时	水平面、垂直面上均可形成,但水平面和迎风面上增长快
雾凇	∨	乳白色的冰晶层或粒状冰层,较松脆,常呈毛茸茸针状或起伏不平的粒状	过冷却雾滴在物体迎风面冻结或严寒时空气中水汽凝华而成	气温较低(−3℃以下),有雾或湿度大时	物体的突出部分和迎风面上

1.3.3.2.3 视程障碍现象

(1)雾 ≡ ——大量微小水滴浮游空中,常呈乳白色,使水平能见度小于1.0 km。高纬度地区出现冰晶雾也记为雾,并加记冰针。根据能见度雾分为三个等级:

雾　　　能见度0.5~1.0 km;

浓雾　　能见度0.05~0.5 km;

强浓雾　能见度小于0.05 km。

(2)轻雾 ═ ——微小水滴或已湿的吸湿性质粒所构成的灰白色的稀薄雾幕,使水平能见度大于等于1.0 km至小于10.0 km。

(3)吹雪 ⊹ ——由于强风将地面积雪卷起,使水平能见度小于10.0 km的现象。

(4)雪暴 ⊹ ——为大量的雪被强风卷着随风运行,并且不能判定当时天空是否有降雪。水平能见度一般小于1.0 km。

(5)烟幕 ⊩ ——大量的烟存在空气中,使水平能见度小于10.0 km。

（6）霾 ∞——大量极细微的干尘粒等均匀地浮游在空中,使水平能见度小于 10.0 km 的空气普遍混浊现象。霾使远处光亮物体微带黄、红色,使黑暗物体微带蓝色。

（7）沙尘暴 ⊕——由于强风将地面大量尘沙吹起,使空气相当混浊,水平能见度小于 1.0 km。根据能见度分为三个等级:

沙尘暴 　　能见度 0.5～1.0 km;

强沙尘暴 　　能见度 0.05～0.5 km;

特强沙尘暴 　　能见度小于 0.05 km。

（8）扬沙 \$——由于风大将地面尘沙吹起,使空气相当混浊,水平能见度大于等于 1.0 km 至小于 10.0 km。

（9）浮尘 S——尘土、细沙均匀地浮游在空中,使水平能见度小于 10.0 km。浮尘多为远处尘沙经上层气流传播而来,或为沙尘暴、扬沙出现后尚未下沉的细粒浮游空中而成。

视程障碍现象的特征和区别见表 1-3-7。

表 1-3-7　视程障碍现象的特征和区别

天气现象	符号	特征或成因	影响能见度的程度（km）	颜色	天气条件	大致出现时间
雾	≡	大量微小水滴浮游空中	<1.0	常为乳白色	相对湿度接近100%	日出前,锋面过境前后
轻雾	=	微小水滴或已湿的吸湿性质粒组成的稀薄雾幕	1.0～10.0	灰白色	空气较潮湿、稳定	早晚较多
吹雪	✛	强风将地面积雪卷起	<10.0	白茫茫	风较大	本地或附近有大量积雪时
雪暴	✛	大量的雪被风卷着随风运行（不能判定当时是否降雪）	<1.0	同上	风很大	
烟幕	⌐	大量烟粒弥漫空中,有烟味	<10.0	远处来的烟幕呈黑、灰、褐色,日出、黄昏时太阳呈红色	气团稳定,有逆温时易形成	早晚常见
霾	∞	大量极细微尘粒,均匀浮游空中,使空气普遍混浊	<10.0	远处光亮物体微带黄色、红色,黑暗物体微带蓝色	气团稳定、较干燥	一天中任何时候均可出现
扬沙	\$	本地或附近尘沙被风吹起,使能见度显著下降	1.0～10.0	天空混浊,一片黄色	风较大	冷空气过境或雷暴飑线影响时
沙尘暴	⊕		<1.0		风很大	
浮尘	S	远处尘沙经上层气流传播而来或为沙尘暴、扬沙出现后尚未下沉的细粒浮游空中	<10.0 垂直能见度也差	远物土黄色,太阳苍白色或淡黄色	无风或风较小	冷空气过境前后

1.3.3.2.4　雷电现象

（1）雷暴 ⚡——为积雨云云中、云间或云地之间产生的放电现象,表现为闪电兼有雷声,有时亦可只闻雷声而不见闪电。

（2）闪电 ⌇——为积雨云云中、云间或云地之间产生放电时伴随的电光。但不闻雷声。

（3）极光 ⋓——在高纬度地区（中纬度地区也可偶见）晴夜见到的一种在大气高层辉煌闪烁的彩色光弧或光幕。亮度一般像满月夜间的云。光弧常呈向上射出活动的光带，光带往往为白色稍带绿色或翠绿色，下边带淡红色；有时只有光带而无光弧；有时也呈振动很快的光带或光幕。

1.3.3.2.5 其他现象

（1）大风 ⌐——瞬时风速达到或超过 17.0 m/s（或目测估计风力达到或超过 8 级）的风。

（2）飑 ∨——突然发作的强风，持续时间短促。出现时瞬时风速突增，风向突变，气象要素随之亦有剧烈变化，常伴随雷雨出现。

（3）龙卷)(——一种小范围的强烈旋风，从外观看，是从积雨云底盘旋下垂的一个漏斗状云体。有时稍伸即隐或悬挂空中；有时触及地面或水面，旋风过境，对建筑物、船舶等均可能造成严重破坏。

（4）尘卷风 ϛ——因地面局部强烈增热，而在近地面气层中产生的小旋风，将尘沙及其他细小物体随风卷起，形成尘柱。很小的尘卷风，直径在两米以内，高度在 10 m 以下的不记录。

（5）冰针 ↔——飘浮于空中的很微小的片状或针状冰晶，在阳光照耀下，闪烁可辨，有时可形成日柱或其他晕的现象。多出现在高纬度和高原地区的严冬季节。

（6）积雪 ⊠——雪（包括霰、米雪、冰粒）覆盖地面达到气象站四周能见面积一半以上。

（7）结冰 ⊔——指露天水面（包括蒸发器的水）冻结成冰。

1.3.3.3 观测和记录

1.3.3.3.1 观测注意事项

（1）值班观测员应随时观测和记录出现在视域内的全部天气现象。夜间不守班的气象站，对夜间出现的天气现象，应尽量判断记录。

（2）为正确判断某一现象，有的时候还要参照气象要素的变化和其他天气现象综合进行判断。

（3）凡与水平能见度有关的现象，均以有效水平能见度为准，并在能见度观测地点观测判断天气现象。

注意：① 在长城站，雷暴、闪电、龙卷、沙尘暴、扬沙和极光现象出现次数很少，但仍有出现，应注意加强观测判定；

② 在中山站，结冰和积雪现象不用记录。天气现象记吹雪时，要同时符合两个条件，即能见度小于 10.0 km，相对湿度必须≥70%。暴风雪和雪暴是不同的两个概念，雪暴和降雪不能同时出现。中山气象站规定大风期间的降雪或降雪期间有大风，两者出现时间交叉有 1 min，则该日就算有暴风雪，如果出现时间没有交叉，就不做暴风雪数统计。

1.3.3.3.2 记录规定

天气现象用表 1-3-8 对应的符号记入观测簿。

表 1-3-8 天气现象符号表

现象名称	符号	现象名称	符号	现象名称	符号	现象名称	符号
雨	•	冰粒	△	雪暴	⊕	大风	⌐
阵雨	▽	冰雹	△	烟幕	ᥬ	飑	∨

现象名称	符号	现象名称	符号	现象名称	符号	现象名称	符号
毛毛雨	❟	露	⌓	霾	∞	龙卷	)(
雪	✳	霜	⊔	沙尘暴	⸙	尘卷风	⧢
阵雪	⨳	雾凇	∨	扬沙	$	冰针	↔
雨夹雪	✶	雨凇	∽	浮尘	S	积雪	⊠
阵性雨夹雪	⨳	雾	☰	雷暴	⚡	结冰	⊔
霰	⊠	轻雾	＝	闪电	＜		
米雪	△	吹雪	⊹	极光	⩊		

(1)天气现象按出现的先后顺序记录。下列天气现象应记录开始与终止时间(时、分):雨、阵雨、毛毛雨、雪、阵雪、雨夹雪、阵性雨夹雪、霰、米雪、冰粒、冰雹、雾、雨凇、雾凇、吹雪、雪暴、龙卷、沙尘暴、扬沙、浮尘、雷暴、极光、大风。

例如:• 8—9^{10} ⊦ ✓ 16^{05}—20

(2)飑只记开始时间。凡规定记起止时间的现象,当其出现时间不足 1 min 即已终止时,则只记开始时间,不记终止时间。

例如:∀ 13^{02} ⊦ ⑆ 15^{15}

(3)下列天气现象不记起止时间:冰针、轻雾、露、霜、积雪、结冰、烟幕、霾、尘卷风、闪电。

(4)天气现象正好出现在 20 时,不论该现象持续与否,均应记入次日天气现象栏;如正好终止在 20 时,则应记在当日天气现象栏。

(5)观测簿中的天气现象栏划分"夜间(20—08 时)"和"白天(08—20 时)"两栏。夜间出现的天气现象记入"夜间"栏,只记符号,一律不记起止时间;白天出现的天气现象则按上述规定在"白天"栏内记录。

如现象正好出现在 08 时,不论该现象持续与否,均应记入"白天"栏;如正好终止在 08 时,则记在"夜间"栏;如现象由夜间持续至 08 时以后,则按规定分别记入两栏。

(6)凡同一现象一天内出现两次或以上时,其第二次及之后出现的起止时间,可接着第一次起止时间分段记入,不再重记该现象符号。

(7)大风的起止时间,凡两段出现的时间间歇在 15 min 或以内时,应作为一次记载;若间歇时间超过 15 min,则另记起止时间。

例如:某日大风实际出现时间是:13^{02}—13^{04} 13^{06}—13^{07} 13^{22}—13^{25} 13^{41}—13^{42} 13^{44}—13^{45},则观测簿应记为:⑆ 13^{02}—13^{25} 13^{41}—13^{45}

有大风天气时,应注意比较检查地面气象测报业务软件"大风资料查询"与正点极大风速资料,若正点极大风速≥17.0 m/s,又不在"大风资料查询"中的大风出现时间内,在记录大风的时间时应补上正点极大风出现的时间。

(8)最小能见度的记录规定

沙尘暴、雾、雪暴以及浮尘、吹雪、烟幕、霾现象出现能见度小于 1.0 km 时,都应观测和记录最小能见度,记录加方括号[]。每一现象出现时,每天只在观测簿记录一个最小能见度,天气报和日数据维护时暂不录入,月底统一在 B 文件中录入。

最小能见度是指最小有效水平能见度,以米(m)为单位取整数。

例如:⸙ 10^{15}—11^{25}[50] 13^{05}—13^{50}

$\equiv 6^{13} - 7^{20}[200]$

$\wedge [800]$

$S\ 11^{14} - 13^{22}\quad 16^{10} - 17^{31}[700]$

（9）雷暴应从整体出发判别其系统，记录其起止时间和开始、终止方向，切忌零乱记载。

起止时间的记法：以该系统第一次闻雷时间为开始时间，最后一次闻雷时间为终止时间。两次闻雷时间相隔 15 min 或以内，应连续记载；如两次间隔时间超过 15 min，须另记起止时间。如仅闻雷一声，只记开始时间。

方向的记法：按八方位记载。以该系统第一次闻雷的所在方位为开始方向，最后一次闻雷的所在方位为终止方向。若雷暴始终在一个方位，只记开始方向；若雷暴经过天顶，要记天顶符号"Z"；若起止方向之间达到 180° 或以上时，须按雷暴的行径，在起止方向间加记一个中间方向；当起止方向不明或多方闻雷而不易判别系统时，则不记方向。

例如：$\nparallel 16^{47}_{NW} - 17^{20}_{W}\quad 17^{36}_{W} - 17^{58}$

$\nparallel 13^{18}_{Z} - 13^{50}_{E}\quad 14^{40}_{W-Z-SE} - 15^{11}$

$\nparallel 12^{12}_{N-W-S} - 13^{05}$

1.3.4　气压

1.3.4.1　概述

气压是作用在单位面积上的大气压力，即等于单位面积上向上延伸到大气上界的垂直空气柱的重量。气压以百帕（hPa）为单位，取 1 位小数。

以 PTB220 型气压传感器自动采集的数据作为正式数据源，当出现故障时，用人工观测的动槽式水银气压表和气压计数据代替，完成天气报编发和数据处理等。

1.3.4.2　PTB220 气压传感器

PTB220 气压传感器如图 1-3-1 所示，安装在自动站采集器机箱内，感应元件采用硅电容压力传感器。安装或更换传感器时应在切断电源的条件下进行。输出信号为电压信号，输出电压为 0～2.5 V，连接在采集器的 3＋，3－通道上。

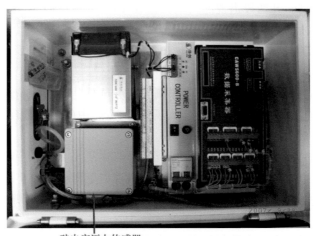

硅电容压力传感器

图 1-3-1　PTB220 气压传感器

气压与电压的计算公式：

$$P = 500 + V(1100 - 500)/2.5 \qquad\qquad (1\text{-}3\text{-}3)$$

式中，V 为气压传感器输出的电压，单位 VDC。P 为本站气压，单位 hPa。

维护：气压传感器通过静压管（内有干燥剂）与外界大气联通，平时无须人工维护，注意检查静压管及导气管与外界大气的通畅。

1.3.4.3 动槽式水银气压表

动槽式水银气压表由内管、外套管与水银槽三部分组成（图 1-3-2），在水银槽的上部有一象牙针，针尖位置即为刻度标尺的零点。每次观测必须按要求将槽内水银面调至象牙针尖的位置上。

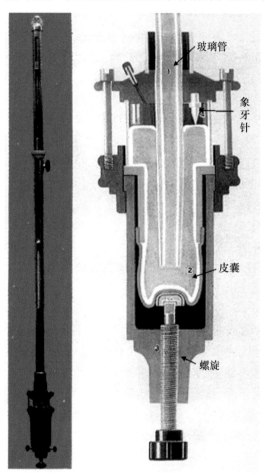

图 1-3-2　动槽式水银气压表

（1）安装

动槽式水银气压表安装在气象室内。象牙针尖的位置与气压传感器感应部位高度一致。

安装前，应将挂板牢固地固定在准备悬挂气压表的地方。再小心地从木盒（皮套）中取出气压表，槽部向上，稍稍拧紧槽底调整螺旋 1～2 圈，慢慢地将气压表倒转过来，使表直立，槽部在下。然后先将槽的下端插入挂板的固定环里，再把表顶悬环套入挂钩中，使气压表自然下垂后，慢慢旋紧固定环上的三个螺丝（注意不能改变气压表的自然垂直状态），将气压表固定。最后旋转槽底调整螺旋，使槽内水银面下降到象牙针尖稍下的位置为止。安装后要稳定 4 个小

时,方能观测使用。

（2）移运

移运气压表的步骤与安装相反。先旋动槽底调整螺旋,使内管中水银柱恰好达到外套管窗孔的顶部为止,切勿旋转过度。然后松开固定环的螺丝,将表从挂钩上取下,两手分持表身的上部和下部,徐徐倾斜45°左右,就可以听到水银与管顶的轻击声音（如声音清脆,则表明内管真空良好;若声音混浊,则表明内管真空不良）,继续缓慢地倒转气压表,使之完全倒立,槽部在上。将气压表装入特制的木盒（皮套）内,旋松调整螺旋1～2圈（使水银有膨胀的余地）。在运输过程中,始终要按木盒（皮套）箭头所示的方向,使气压表槽部在上进行移运,并防止震动。

（3）观测和记录

① 观测附属温度表（简称"附温表"）,读数精确到0.1 ℃。当温度低于附温表最低刻度时,应在紧贴气压表外套管壁旁,另挂一支有更低刻度的温度表作为附温表,进行读数。

② 调整水银槽内水银面,使之与象牙针尖恰恰相接。调整时,旋动槽底调整螺旋,使槽内水银面自下而上地升高,动作要轻而慢,直到象牙针尖与水银面恰好相接（水银面上既无小涡,也无空隙）为止。如果出现了小涡,则须重新进行调整,直至达到要求为止。

③ 调整游尺与读数。先使游尺稍高于水银柱顶,并使视线与游尺环的前后下缘在同一水平线上,再慢慢下降游尺,直到游尺环的前后下缘与水银柱凸面顶点刚刚相切。此时,通过游尺下缘零线所对标尺的刻度即可读出整数。再从游尺刻度线上找出一根与标尺上某一刻度相吻合的刻度线,则游尺上这根刻度线的数字就是小数读数。

④ 读数复验后,降下水银面。旋转槽底调整螺旋,使水银面离开象牙针尖2～3 mm。

观测时若光线不足,可用手电筒或加遮光罩的电灯（15～40 W）照明。采光时,灯光要从气压表侧后方照亮气压表挂板上的白磁板,而不能直接照在水银柱顶或象牙针上,以免影响调整的正确性。

（4）维护

① 应经常保持气压表的清洁。

② 动槽式水银气压表槽内水银面产生氧化物时,应及时清除。对有过滤板装置的气压表,可以慢慢旋松槽底调整螺旋,使水银面缓缓下降到"过滤板"之下（动作要轻缓,使水银面刚好流入板下为止,切忌再向下降,以免内管逸入空气）,然后再逐渐旋紧槽底调整螺旋,使水银面升高至象牙针附近。用此方法重复几次,直到水银面洁净为止。

③ 气压表必须垂直悬挂,应定期用铅垂线在相互成直角的两个位置上检查校正。

④ 气压表水银柱凸面突然变平并不再恢复,或其示值显著不正常时,应及时处理。

（5）计算气压

在地面气象测报业务软件"参数设置"中的"仪器检定证数据"中准确录入水银气压表和附温表检定证数据,当用水银气压表观测的数据进行编发报和数据处理时,以保证地面测报业务软件正确计算本站气压和海平面气压。

1.3.4.4 气压计

气压计是自动、连续记录气压变化的仪器。它由感应部分（金属弹性膜盒组）、传递放大部分（两组杠杆）和自记部分（自记钟、笔、纸）组成（图1-3-3）。由于准确度所限,其记录必须与气压传感器测得的本站气压值比较,进行差值订正,方可使用。气压计安放在气象室内。

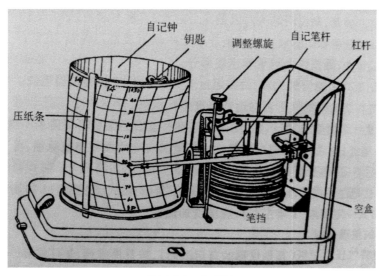

图 1-3-3　气压计

1.3.4.4.1　更换自记纸

气压计为日转型,每天 14 时换纸。换纸步骤如下。

(1)做记录终止的记号。

(2)掀开盒盖,拨开笔挡,取下自记钟筒(也可不取下),在自记迹线终端上角记下记录终止时间。

(3)松开压纸条,取下自记纸,上好钟机发条(视自记钟的具体情况每周二次或五天一次,切忌上得过紧),换上填写好站名、日期的新纸。上纸时,要求自记纸卷紧在钟筒上,两端的刻度线要对齐,底边紧靠钟筒突出的下缘,并注意勿使压纸条挡住有效记录的起止时间线。(注意气压自记用日转型钟筒,钟筒底部标有"日"字;气温、湿度用周转型钟筒,钟筒底部标有"週"字,不要混淆!)

(4)在自记迹线开始记录一端的上角,写上记录开始时间,按逆时针方向旋转自记钟筒(以消除大小齿轮间的空隙),使笔尖对准记录开始的时间,拨回笔挡并做一时间记号。

(5)盖好仪器的盒盖。

1.3.4.4.2　自记记录的订正

一般情况下,无须整理气压自记记录,当自动站气压传感器故障异常,无法获取相应数据时,可用整理的气压记录进行天气报中 5aPPP 组(该组可直接在自记纸上读取过去 3 h 的差值)的编发和进行日极值的挑选。

(1)在换下的自记纸上,将定时观测(定时观测指 02、08、14、20 时,其他时次称作正点观测,下同)的实测值(该值为气压传感器观测本站气压,若气压传感器故障则为气压表观测的本站气压)和自记读数分别填在相应的时间线上。

(2)正点值的订正

根据前后两定时观测正点的时差标出需计算的正点在气压迹线上的时间位置,用铅笔标一竖线,竖线与气压迹线的交点即为该正点的气压计读数。订正方法:根据前后两定时观测本站气压记录与气压计读数所计算的仪器差,用内插法求出该正点的器差值,与气压计读数计算出该正点的本站气压。

内插法计算器差：

P_x、P_y 分别表示 x、y 前后两定时观测的器差，x 时至 y 时间某正点 n 的器差 P_n 则为：

$$P_n = P_x + (P_y - P_x)/(y-x) \times (n-x) \tag{1-3-4}$$

若上式 P 表示的是气温或相对湿度的器差，则上式为气温计或湿度计的器差内插计算方法。

例如：08 时气压计仪器差为 0.4 hPa，14 时气压计仪器差为 -0.2 hPa，$P_y - P_x = -0.2 - 0.4 = -0.6$，则有：

09 时仪器差：$P_9 = 0.4 + (-0.6)/(14-8) \times (9-8) = 0.3$；

10 时仪器差：$P_{10} = 0.4 + (-0.6)/(14-8) \times (10-8) = 0.2$；

11 时仪器差：$P_{11} = 0.4 + (-0.6)/(14-8) \times (11-8) = 0.1$；

12 时仪器差：$P_{12} = 0.4 + (-0.6)/(14-8) \times (12-8) = 0.0$；

13 时仪器差：$P_{13} = 0.4 + (-0.6)/(14-8) \times (13-8) = -0.1$。

（3）日最高、最低值的挑选和订正

① 从自记迹线中找出一日（20—20 时）中最高（最低）处，标一箭头，读出自记数值并进行订正。订正方法：根据自记迹线最高（最低）点两边相邻的定时观测记录所计算的仪器差，用内插法求出各正点的器差值（方法同(1-3-4)式），然后取该最高（最低）点靠近的那个正点的器差值进行订正（如恰在两正点中间，则用后一正点的器差值），即得该日最高（最低）值。

② 按上述订正后的最高（最低）值如果比同日定时观测实测值还低（高）时，则直接挑选该次定时实测值作为最高（最低）值。

1.3.4.4.3 维护

（1）经常保持仪器清洁。感应部分有灰尘时，应用干洁毛笔清扫。

（2）当发现记录迹线出现"间断"或"阶梯"现象时，应及时检查自记笔尖对自记纸的压力是否适当。检查方法：把仪器向自记笔杆的一面倾斜到 $30°\sim40°$，若笔尖稍稍离开钟筒，则说明笔尖对纸的压力是适宜的；若笔尖不离开钟筒，则说明笔尖对纸的压力过大；若稍有倾斜，笔尖即离开钟筒，则说明笔尖压力过小。此时，应调节笔杆根部的螺丝或改变笔杆架子的倾斜度进行调整，直到适合为止。如经上述调整仍不能纠正时，则应清洗、调整各个轴承和连接部分。

（3）注意自记值同实测值的比较，系统误差超过 1.5 hPa 时，应调整仪器笔位。如果自记纸上标定的坐标示值不恰当，应按本站出现的气压范围适当修改坐标示值。

（4）笔尖须及时添加墨水，但不要过满，以免墨水溢出。如果笔尖出水不顺畅或划线粗涩，应用光滑坚韧的薄纸疏通笔缝；疏通无效，应更换笔尖。新笔尖应先用酒精擦拭除油，再上墨水。更换笔尖时应注意自记笔杆（包括笔尖）的长度必须与原来的等长。

（5）若周转型自记钟一周快慢超过 0.5 h，日转型自记钟一天快慢超过 10 min，则应调整自记钟的快慢针。自记钟使用到一定期限（一年左右），应清洗加油。

1.3.4.4.4 自记纸的整理保存

（1）每月应将气压自记纸（其他仪器的自记纸同）按日序排列，装订成册（订口一律装订在左端），外加封面。

（2）在封面上写明气象站名称、地点、记录项目和记录起止的年、月、日、时。

（3）每年按月序排列，用纸包扎并注明气象站名称、地点、记录项目及起止年、月、日。

（4）妥为保管，勿使潮湿、虫蛀、污损。

1.3.4.5 异常数据处理

接近正点的分钟数据可通过自动气象站监控软件"分钟资料查询"查询 P 文件得到,也可通过自动气象站数据质量控制软件打开 ∗.RTD 文件查询。

(1)自动站定时观测气压正点数据异常,数据处理的优先顺序

> 51—59 分接近正点数据代替→01—10 分接近正点数据代替→人工补测气压表数据→订正气压自记纸正点数据→前后 2 h 内插数据 →缺测

注:人工补测尽可能接近正点完成,在正点前后 10 min 内人工补测。连续两个及以上时次数据异常,不能内插(下同)。

(2)其他正点数据异常,数据处理的优先顺序

> 51—59 分接近正点数据代替→01—10 分接近正点数据代替→订正气压自记纸正点数据→前后 2 h 内插数据→缺测

(3)自动站气压传感器异常,日最高、最低值的挑取

综合分析气压自记纸、气压传感器数据,若日极值出现在自动站气压传感器异常时段,则订正气压自记纸挑取日最高、最低值,从气压自记纸订正挑取的日极值、气压传感器正常时段数据和人工补测的定时观测数据中挑取,出现相同值时挑选的优先顺序:

> 气压传感器数据→人工补测的定时观测数据→气压自记纸订正挑取的日极值

挑自气压传感器数据时,出现时间按实际出现时间记录;挑自人工补测的定时观测数据时,出现时间记录为该定时观测的正点 00 分;挑自气压自记纸,出现时间按缺测处理。若日极值出现在自动站气压传感器正常时段,从实有自动站数据中挑取,不做自记纸的日极值订正挑取,异常时段的时极值做缺测处理。相应数据在地面测报业务软件"逐日地面数据维护"中处理,时极值处理完整,则日极值挑取正确。

■ 1.3.5 空气温度和湿度

1.3.5.1 概述

地面观测中测定的是离地面 1.50 m 高度处的气温和湿度。需要获取的项目及其单位如下。

(1)气温

定时气温,日最高、日最低气温。以摄氏度(℃)为单位,取 1 位小数。

(2)湿度

水汽压(e),以百帕(hPa)为单位,取 1 位小数;

相对湿度(U),以百分数(%)表示,取整数;

露点温度(T_d),以摄氏度(℃)为单位,取 1 位小数。

测量气温和湿度的仪器主要有干球温度表、湿球温度表、最高温度表、最低温度表、温度计和湿度计、HMP45D 温湿传感器。用温度计、湿度计和 HMP45D 温湿传感器做气温和相对湿度的连续记录。

将在用的干球温度表、湿球温度表、最高温度表、最低温度表的仪器检定证数据正确录入

地面测报业务软件系统中,方法同气压表。

1.3.5.2 百叶箱

百叶箱门朝南,西边一侧放置 HMP45D 温湿传感器、干球温度表、湿球温度表、最高温度表、最低温度表;东边一侧放置温度计和湿度计,湿度计在上层,温度计在下层。

百叶箱的维护。每年 3 月底前,应加固百叶箱拉线,为防止雪进入箱内,应用纱布对箱体上下和四周进行防护。遇有积雪掩埋百叶箱时,应铲除箱体四周积雪,保持通风和方便操作。若箱内进入积雪,应用毛刷把百叶箱顶、箱内和壁缝中的雪等扫除干净,操作迅速快捷,避免影响仪器正常感应。

1.3.5.3 HMP45D 温湿度传感器

如图 1-3-4 所示,HMP45D 温湿度传感器由铂电阻温度传感器和湿敏电容湿度传感器组成,HM155A 温湿传感器与其原理一致,用来自动连续地测量气温和湿度,作为气温和湿度的正式原始气象数据资料。

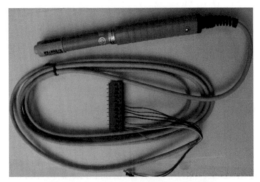

图 1-3-4　HMP45D 温湿度传感器

铂电阻温度传感器是根据铂电阻的电阻值随温度变化的原理来测定温度的,传感器上 4 根线可排序为 1、2、3、4 号,对应黄、白、绿、黑。R_{1-3} 为 1 号和 3 号线之间电阻值,R_{1-2} 为 1 号和 2 号线之间电阻值,通过万用表测量,利用公式可以估算出温度传感器环境温度。铂电阻在 0 ℃时的电阻值 R_0 为 100 Ω,以 0 ℃作为基点温度,在温度 t 时的电阻值 R_t 为:

$$R_t = R_0(1 + \alpha t + \beta t^2) \qquad (1\text{-}3\text{-}5)$$

式中,α、β 为系数,上式可近似改写为:$R_t = 100 + 0.385t$

湿敏电容湿度传感器是用有机高分子膜作介质的一种小型电容器,输出信号为 0～1 V 电压,与相对湿度(RH)有良好的线性关系:

$$RH = V \times 100\% \qquad (1\text{-}3\text{-}6)$$

式中,RH 为相对湿度,V 为传感器输出的信号电压。

传感器上 3 根线可排序为 5、6、7 号,对应棕、蓝、紫色(红色)。5 号棕色湿度输出,6 号蓝色湿度供电正(+)极,7、8 号紫色(红色)湿度供电负(-)极,供电为 12 V。在供电正常情况下,可以测出 5 号湿度输出电压为 0～1 V,如 0.38 V,表示湿度为 38%。即:湿度 $U = V_{5-7} \times 100\%$。

温湿度传感器的维护。温湿度传感器的头部有保护滤膜,防止感应元件被尘埃污染,应定期拆开传感器头部网罩,小心地用干洁毛刷清扫,若污染严重应更换新的滤膜。禁止手触摸湿敏电容,以免影响正常感应。

1.3.5.4 干湿球温度表

干湿球温度表垂直悬挂在温度表支架两侧的环内(图 1-3-5),球部中心距地面 1.5 m 高,干球在左,湿球在右。湿球温度表球部包扎一条短纱布(图 1-3-6)。

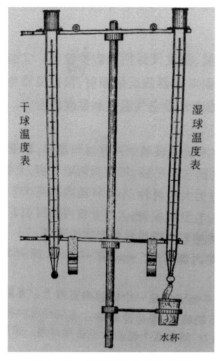

图 1-3-5 干湿球温度表的安装

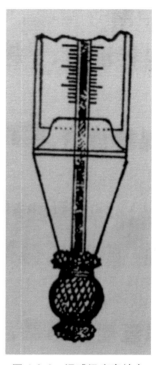

图 1-3-6 湿球温度表纱布

1.3.5.4.1 观测和记录

当自动站温湿传感器工作正常时,无须进行干湿球温度表的观测。当 02、08、14、20 时正点前后 10 min 内气温数据均异常时,补测干球温度表代替气温;当 02、08、14、20 时正点前后 10 min 内湿度数据均异常时,气温≥−10.0 ℃时补测干、湿球温度表代替湿度记录,气温低于 −10.0 ℃时用订正后的湿度计记录代替相对湿度来计算湿度,气温仍以自动站正常记录 为准。

(1)人工补测

补测应在定时观测的正点前后 10 min 内进行,读数记入观测簿相应栏内,录入天气报编报中读数值栏,OSSMO 2004 业务软件根据录入的检定证数据进行仪器差订正。

(2)温度表读数时注意事项

① 观测时必须保持视线和水银柱顶端齐平,以避免视差。

② 读数动作要迅速,力求敏捷,不要对着温度表呼吸,尽量缩短停留时间,并且勿使头、手和灯接近球部,以避免影响温度示度。

③ 注意复读,以避免发生误读或颠倒零上、零下的差错。

(3)湿球观测

气温在 −10.0 ℃ 或以上湿球纱布结冰时,观测前须进行湿球融冰。融冰用的水温不可过

高,相当于室内温度,能将湿球冰层溶化即可。将湿球球部浸入水杯中把纱布充分浸透,使冰层完全溶化。从湿球温度示值的变化情况可判断冰层是否完全溶化,如果示度很快上升到0℃,稍停一会再向上升,就表示冰已溶化。然后把水杯移开,用杯沿将聚集在纱布头的水滴除去。

掌握好融冰和湿润湿球纱布的时间是很重要的,可参照下述情况灵活掌握:当风速、湿度正常时,在观测前30 min左右进行;湿度很小,风速很大时,在观测前20 min以内进行;湿度很大,风速很小时,要在观测前50 min左右进行。

读取干湿球温度表的示值时,须先看湿球示度是否稳定,达到稳定不变时才能进行读数和记录。在记录后,用铅笔侧棱试试纱布软硬,了解湿球纱布是否冻结。如已冻结,应在湿球读数右上角记录结冰符号"B";如未冻结则不记。若湿球示度不稳定,不论是从零下上升到零度,还是从零度继续下降,说明是融冰不恰当,湿球不能读数,只记录干球温度。若在定时观测正点前湿球温度能够稳定,则须补测干湿球温度值,并用此值作为气温和湿度的正式记录;若定时观测正点前湿球温度仍不能稳定,则相对湿度改用湿度计测定(须按规定做相应订正),水汽压、露点温度用干球温度和相对湿度计算得到。

1.3.5.5 最高、最低温度表

最高温度表安装在温度表支架下横梁的一对弧形钩上,感应部分向西稍向下倾斜。高出干湿球温度表球部3 cm。最低温度表水平地安装在温度表支架下横梁下面一对弧形钩上,感应部分向西,低于最高温度表1 cm。

自动站气温正常情况下,最高、最低温度表无须进行观测记录,只在每日20时进行调整。当气温传感器出现异常,观测最高、最低温度表用以代替气温传感器异常时段的极值记录。

(1)观测

观测最高温度表示度时,应注意温度表的水银柱有无上滑脱离窄道的现象。若有上滑现象,应稍稍抬起温度表的顶端,使水银柱回到正常的位置,然后再读数。在观测中发现最高温度表断柱时,应稍稍抬起温度表的顶端使其连接在一起。若不能恢复,则减去断柱的数值作为读数,并及时进行修复或更换。气温在−36.0 ℃以下时,不进行最高温度表的观测记录操作。

观测最低温度表示度时,眼睛应平直地对准游标离感应部分的远端位置;观测酒精柱示度时,眼睛应平直地对准酒精顶端凹面中点(即最低点)的位置。当在观测读数发现最低温度表(包括地面最低温度表)酒精柱中断时,最低温度记录做缺测处理,该表须及时修复或更换。

(2)调整

最高温度表。用手握住表身,感应部分向下,臂向外伸出约30°,用大臂将表前后甩动,甩动方向与刻度磁板面平行,毛细管内水银就可以下落到感应部分,使示度接近于当时的干球温度。调整时,动作应迅速,也不能用手接触感应部分。不要甩动到使感应部分向上的程度,以免水银柱滑上又甩下,撞坏窄道。调整后,把表放回到原来的位置上时,先放感应部分,后放表身。

最低温度表。抬高温度表的感应部分,表身倾斜,使游标回到酒精柱的顶端。

1.3.5.6 温度计

温度计(图1-3-7)是自动记录气温连续变化的仪器,安装在观测场东边百叶箱中下面架子

上,底座保持水平,感应部分中部离地 1.5 m。

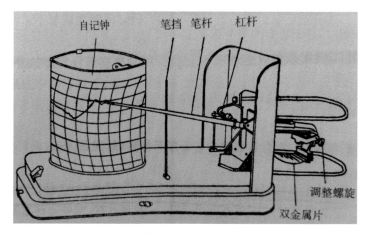

图 1-3-7　温度计

温度计用周转型自记钟筒,每周在固定时间的 14 时换纸,换纸时上好钟机发条,自记纸上填写好站名、日期等信息,将新自记纸右边缘回折 5 mm,即将印有"周记温度计用自记纸⋯⋯中国气象局⋯⋯"字样部分回折在自记纸的下面,以防止对开始时间的遮挡(湿度计方法同温度计)。

当双金属片被雪、冰等覆盖时,应及时用毛刷小心清除。自记纸按年度整理成一册,换纸步骤、自记记录的订正、维护等同气压计。

因南极风雪频繁,去观测场换纸时建议用塑料手提袋携带装好温度纸和湿度纸的钟筒。

若自记笔尖用白色塑料笔尖,建议将白色塑料笔尖尾部塞的连接凸出部分剪除,以免影响正常画线(湿度计方法同温度计)。

1.3.5.7　湿度计

湿度计(图 1-3-8)是自动记录相对湿度连续变化的仪器,稳固地安装在观测场东边百叶箱内上面的架子上,底座保持水平。

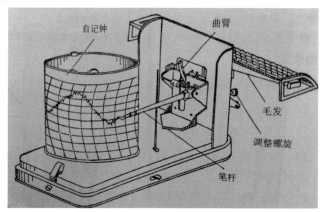

图 1-3-8　湿度计

换纸时须将湿度计取出百叶箱更换,注意防止自记纸被风刮跑,操作时特别注意检查毛发不要脱落,若有脱落应用镊子恢复,切不可用手直接触摸毛发。其他操作同温度计。

1.3.5.8 异常数据处理

在进行数据处理时,接近正点的分钟数据可通过自动气象站监控软件"分钟资料查询"查询 T 或 U 文件得到,也可通过自动气象站数据质量控制软件打开 ∗.RTD 文件查询。

1.3.5.8.1 气温

(1)自动站定时观测气温正点数据异常,数据处理的优先顺序

> 51—59 分接近正点数据代替→01—10 分接近正点数据代替→人工补测气温表数据→订正气温自记纸正点数据→前后 2 h 内插数据→缺测

注:人工补测气温表时,气温≥−36.0 ℃补测干球温度表,气温<−36.0 ℃补测最低温度表酒精柱。

(2)其他正点数据异常,数据处理的优先顺序

> 51—59 分接近正点数据代替→01—10 分接近正点数据代替→订正气温自记纸正点数据→前后 2 h 内插数据 →缺测

(3)自动站气温传感器异常,日极值的挑取

综合分析气温自记纸、气温传感器数据,若日极值出现在自动站气温传感器异常时段,则订正气温自记纸挑取日极值,从气温自记纸订正挑取的日极值、气温传感器正常时段数据和人工补测的定时观测数据中挑取,出现相同值时挑选的优先顺序:

> 气温传感器数据→人工补测的定时观测数据→气温自记纸订正挑取的日极值

挑自气温传感器数据,出现时间按实际出现时间记录;挑自人工补测的定时观测数据时,出现时间记录为该定时观测的正点 00 分;挑自气温自记纸,出现时间按缺测处理。若日极值出现在自动站气温传感器正常时段,从实有自动站数据中挑取,不做自记纸的日极值订正挑取,异常时段的时极值做缺测处理。相应数据在地面测报业务软件"逐日地面数据维护"中处理,时极值处理完整,则日极值挑取正确。

1.3.5.8.2 湿度

(1)自动站定时观测相对湿度正点数据异常,数据处理的优先顺序

> 51—59 分接近正点数据代替→01—10 分接近正点数据代替→人工补测数据→订正湿度自记纸正点数据→前后 2 h 内插相对湿度→缺测

注:气温≥−10.0 ℃时,用干湿球温度表补测湿度(所得相对湿度、水汽压、露点温度作为原始记录,允许自动站气温与相对湿度反差的不一致)。气温<−10.0 ℃时,相对湿度用湿度计记录代替(仪器差用前一定时观测时次仪器差计算),与已得气温数据计算水汽压、露点温度。水汽压、露点温度为气温和相对湿度的计算值,不可内插。

(2)其他正点数据异常,数据处理的优先顺序

> 51—59 分接近正点数据代替→01—10 分接近正点数据代替→订正湿度自记纸正点数据→前后 2 h 内插相对湿度→缺测

注:内插或订正所得相对湿度与气温计算水汽压、露点温度。

（3）自动站湿度传感器异常，日最小相对湿度的挑取

综合分析湿度自记纸、湿度传感器数据，若日极值出现在自动站湿度传感器异常时段，则订正湿度自记纸挑取日最小相对湿度，从湿度自记纸订正挑取的日极值、湿度传感器正常时段数据和人工补测的定时观测数据中挑取，出现相同值时挑选的优先顺序：

湿度传感器数据→人工补测的定时观测数据→湿度自记纸订正挑取的日极值

挑自湿度传感器数据，出现时间按实际出现时间记录；挑自人工补测的定时观测数据时，出现时间记录为该定时观测的正点 00 分；挑自湿度自记纸，出现时间按缺测处理。若日极值出现在自动站湿度传感器正常时段，从实有自动站数据中挑取，不做自记纸的日极值订正挑取，异常时段的时极值做缺测处理。相应数据在地面气象测报业务软件"逐日地面数据维护"中处理，时极值处理完整，则日极值挑取正确。

1.3.6　风向和风速

1.3.6.1　概述

风向是指风的来向，最多风向是指在规定时间段内出现频数最多的风向。人工观测，风向用十六方位法；自动观测，风向以度（°）为单位。

风速是指单位时间内空气移动的水平距离。风速以米/秒（m/s）为单位，取 1 位小数。最大风速是指在某个时段内出现的最大 10 min 平均风速值。极大风速（阵风）是指某个时段内出现的最大瞬时风速值。瞬时风速是指 3 min 的平均风速。

测量风的仪器主要有 XFY3-1 型风向风速传感器和轻便风向风速表。

当测风仪器因故障而不能使用时，须人工目测风向和风力。

1.3.6.2　XFY3-1 型风向风速传感器

XFY3-1 型风向风速传感器（图 1-3-9）自动采集的风向风速作为正式原始风向风速数据资料。该型传感器具有抗强风、耐海洋性气候、测风范围宽、动态特性好等特点。

（1）风速

测量范围：0～95 m/s；抗风能力：100 m/s。

输出信号：方波，范围为 0～1 kHz，其频率与风速成正比关系：

$$V = 0.095938F - 0.04288 \tag{1-3-7}$$

式中，V 为风速（m/s），F 为频率（Hz）。

（2）风向

测量范围：0～360°。

输出信号：直流电压，0～5 V。

风向风速传感器的维护。巡视仪器时要特别注意传感器螺旋桨和尾翼转动情况，若有异常状况，应启动远红外加热灯对风传感器加热（图 1-3-10），比较松脆的雾凇结冰可摇曳拉线去除冰层，若不能解决，则考虑爬风杆进行排除（爬风杆时务必关闭远红外加热灯的电源，同时请示站长给予支援）。每年应定期检查传感器安装座上的"N"标志是否对准正北方位。

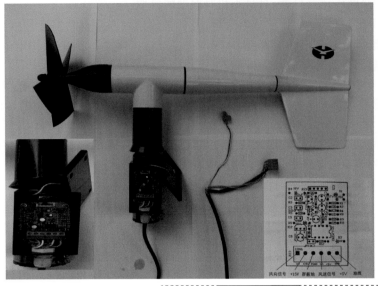

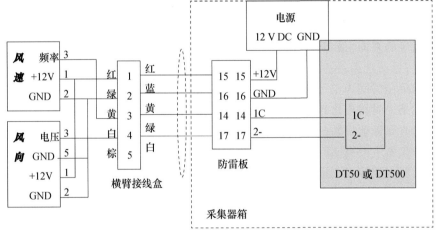

图 1-3-9　XFY3-1 型风向风速传感器

(14:风速电压信号输出;15:风供电电压正极;16:风供电电压负极;17:风向电压信号输出)

图 1-3-10　风向风速传感器远红外加热灯

1.3.6.3　轻便风向风速表

轻便风向风速表(图 1-3-11),是测量风向和 1 min 内平均风速的仪器,常用于野外考察或气象站仪器损坏时的备份。

1.3.6.3.1　仪器组成

仪器由风向部分(包括风向标、方位盘、制动小套)、风速部分(包括十字护架、风杯、风速表主机体)和手柄三部分组成。

1.3.6.3.2　观测和记录

(1)观测时应将仪器带至空旷处,由观测者手持仪器,高出头部并保持与地面垂直,风速表刻度盘与当时风向平行;然后,将方位盘的制动小套向右转一角度,使方位盘按地磁子午线的方向稳定下来,注视风向标约 2 min,记录其摆动范围的中间位置。

图 1-3-11　轻便风向风速表

(2)在观测风向时,待风杯转动约半分钟后,按下风速按钮,启动仪器,又待指针自动停转后,读出风速示值(m/s);将此值从该仪器订正曲线上查出实际风速,取 1 位小数。

(3)观测完毕,将方位盘制动小套向左转一角度,固定好方位盘。

1.3.6.4　人工目测风向风力

当 XFY3-1 型风向风速传感器和轻便风向风速表都不能使用时,可目测风向风力作为编发报和数据处理的资料源。

1.3.6.4.1　估计风力

根据风对地面或海面物体的影响而引起的各种现象,按风力等级表估计风力共分 13 级[1] (表 1-3-9),并记录其相应风速的中数值。

表 1-3-9　风力等级表

风力等级	名称	海面大概波高(m)		海面和渔船征象	陆上地物征象	相当于平地 10 m 高处的风速(m/s)	
		一般	最高			范围	中数
0	静风	—	—	海面平静	静、烟直上	0.0～0.2	0.0
1	软风	0.1	0.1	微波如鱼鳞状,没有浪花。一般渔船正好能使舵	烟能表示风向	0.3～1.5	1.0
2	轻风	0.2	0.3	小波、波长尚短,但波形显著,波峰光亮但不破裂。渔船张帆时,可随风移行每小时 1～2 海里*	人面感觉有风,旗子开始飘动	1.6～3.3	2.0
3	微风	0.6	1.0	小波加大,波峰开始破裂;浪沫光亮,有时有散见的白浪花。渔船开始簸动,张帆随风移行每小时 3～4 海里	旗子展开	3.4～5.4	4.0

① 此处 13 级指 0～12 级,表 1-3-9 中 13～18 级人工无法估测,未列出特征现象。

续表

风力等级	名称	海面大概波高（m）		海面和渔船征象	陆上地物征象	相当于平地 10 m 高处的风速（m/s）	
		一般	最高			范围	中数
4	和风	1.0	1.5	小浪，波长变长；白浪成群出现。渔船满帆时，可使船身倾于一侧	能吹起地面雪、灰尘和纸张	5.5～7.9	7.0
5	清劲风	2.0	2.5	中浪，具有较显著的长波形状，许多白浪形成（偶有飞沫）。渔船须缩帆一部分	内陆的水面有小波	8.0～10.7	9.0
6	强风	3.0	4.0	轻度大浪开始形成；到处都有更大的白沫峰（有时有些飞沫）。渔船缩帆大部分，并注意风险	电线呼呼有声，撑伞困难	10.8～13.8	12.0
7	疾风	4.0	5.5	轻度大浪，碎浪而成白沫沿风向呈条状。渔船不再出港，在海者下锚	迎风步行感觉不便	13.9～17.1	16.0
8	大风	5.5	7.5	有中度的大浪，波长较长，波峰边缘开始破碎成飞沫片；白沫沿风向呈明显的条带。所有近海渔船都要靠港，停留不出	人迎风前行感觉阻力甚大	17.2～20.7	19.0
9	烈风	7.0	10.0	狂浪，沿风向白沫呈浓密的条带状，波峰开始翻滚，飞沫可影响能见度。机帆船航行困难	草房遭受破坏，屋瓦被掀起	20.8～24.4	23.0
10	狂风	9.0	12.5	狂涛，波峰长而翻卷；白沫成片出现，沿风向呈白色浓密条带；整个海面呈白色；海面颠簸加大有震动感，能见度受影响，机帆船航行颇危险	一般建筑物遭破坏	24.5～28.4	26.0
11	暴风	11.5	16.0	异常狂涛（中小船只可一时隐没在浪后）；海面完全被沿风向吹出的白沫片所掩盖；波浪到处破成泡沫；能见度受影响，机帆船遇之极危险	一般建筑物遭严重破坏	28.5～32.6	31.0
12	飓风	14.0	—	空中充满了白色的浪花和飞沫；海面完全变白，能见度严重地受到影响	陆上少见，其摧毁力极大	32.7～36.9	35.0
13						37.0～41.4	39.0
14						41.5～46.1	44.0
15						46.2～50.9	49.0

续表

风力等级	名称	海面大概波高(m)		海面和渔船征象	陆上地物征象	相当于平地 10 m 高处的风速(m/s)	
		一般	最高			范围	中数
16						51.0～56.0	54.0
17						56.1～61.2	59.0
18						≥61.3	—

注:1 海里＝1.852 km。

1.3.6.4.2　目测风向

根据炊烟、旌旗、布条展开的方向及人的感觉,按八个方位估计。

目测风向风力时,观测者应站在空旷处,多选几个物体,认真地观测,以尽量减少估计误差。

1.3.6.5　异常数据处理

接近正点的 2 min 和 10 min 风资料通过自动气象站数据质量控制软件打开 ∗.RTD 文件查询替代,不可利用自动气象站监控软件"分钟资料查询"替代(因该处查询的是 1 min 风向风速资料)。风向风速资料不能用前后 2 h 数据内插。

注:长城站科研栋顶备份风传感器运行正常,可考虑用其数据做相应代替,当现行自动站风传感器异常不能短时间内排除时,也可先保证科研栋顶备份风传感器(图 1-7-2)运行正常,做相应数据替代。

(1)自动站定时观测 2 min、10 min 风向风速正点数据异常,数据处理的优先顺序

> 51—59 分接近正点数据代替→01—10 分接近正点数据代替→科研栋顶备份风传感器数据代替→轻便风向风速表→人工目测→缺测

注:10 min 风资料不能用轻便风向风速表和人工目测资料代替。

(2)其他正点 2 min、10 min 风数据异常,数据处理的优先顺序

> 51—59 分接近正点数据代替→01—10 分接近正点数据代替→科研栋顶备份风传感器数据代替→缺测

(3)自动站风传感器异常,日极值的挑取

从现行实有自动站正常时段和科研栋顶备份风传感器数据中挑取日最大、极大风资料,异常时段的时极值做缺测处理。相应数据在地面测报业务软件"逐日地面数据维护"中处理,时极值处理完整,则日极值挑取正确。

1.3.7　降水

1.3.7.1　概述

降水是指从天空降落到地面上的液态或固态(经融化后)的水。

降水量是指某一时段内的未经蒸发、渗透、流失的降水,在水平面上积累的深度。以毫米(mm)为单位,取 1 位小数。

长城气象站观测定时和日降水量,中山站不观测。采用雨量器进行降水量观测。

1.3.7.2 雨量器

（1）构造

雨量器是观测降水量的仪器，它由雨量筒与量杯组成（图 1-3-12）。雨量筒用来承接降水物，它包括承水器、储水瓶和外筒。长城站采用直径为 20 cm 正圆形承水器，其口缘镶有内直外斜刀刃形的铜圈，以防雨滴溅失和筒口变形。承水器有两种：一种是带漏斗的承雨器，另一种是不带漏斗的承雪器，筒内也不放置储水瓶（长城站固态降水多，采用该类型）。量杯为一特制的有刻度的专用量杯，其口径和刻度与雨量筒口径成一定比例关系，量杯有 100 分度，每 1 分度等于雨量筒内水深 0.1 mm。

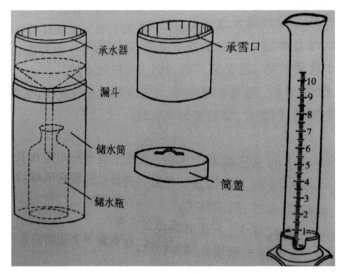

图 1-3-12　雨量筒及量杯

（2）安装

长城站雨量器安装在观测场内固定架子上（见图 1-7-3 观测场仪器设备布局图），器口保持水平。冬季雪深超过 30 cm 时，应把仪器移至观测场围栏上的备份架子上进行观测。

（3）维护

定期检查台秤工作状态，检查其零点和各机械连接部件的工作状态，避免脱钩或过大摩擦力。定期检查雨量器外筒有无漏水现象，定期复测其原筒重量。

1.3.7.3 观测和记录

长城站降水量的测量可采用杯量法和称量法。采用杯量法时，要保证将雨量筒内降水全部倒入量杯内；采用称量法时，要保证雨量筒外壁清除干净。

（1）每天 02、08、14、20 时分别量取前 6 h 降水量，记入观测簿降水量 RR 栏，08、20 时将过去 12 h 降水量合计值记入降水量定时栏。观测液体降水时，将水倒入量杯，要倒净。将量杯保持垂直，使人的视线与水面齐平，以水凹面为准，读得刻度数即为降水量，记入相应栏内。

（2）观测固态或液固混合降水时，将已有降水的外筒用备份的外筒换下，取回室内，将雨量筒外壁周围和底部清除干净，将降水连同外筒用专用的台秤称量，称量后应把外筒的重量（或 mm 数）扣除。

（3）20 时降水量观测时和观测前无降水，而其后至 20 时正点之间（包括延续至次日）有降水；或 20 时观测时和观测前有降水，但降水恰在 20 时正点或正点之前终止。遇有以上两种情况时，应于 20 时正点补测一次降水量，并记入当日 20 时降水量定时栏，使天气现象与降水量的记录相配合。

（4）特殊情况处理。无降水时，降水量栏空白不填。不足 0.05 mm 的降水量记 0.0。纯雾、露、霜、冰针、雾凇、吹雪的量按无降水处理。出现雪暴时，应观测其降水量。

1.3.8　日照

1.3.8.1　概述

日照是指太阳在一地实际照射的时数。在一给定时间，日照时数定义为太阳直接辐照度达到或超过 120 瓦/米²（W/m²）的这段时间的总和，以小时（h）为单位，取 1 位小数。世界气象组织把太阳直接辐照度 $S \geqslant 120 W \cdot m^{-2}$ 定为日照阈值（算为有日照）。

可照时数（天文可照时数），是指在无任何遮蔽条件下，太阳中心从某地东方地平线到进入西方地平线，其光线照射到地面所经历的时间。可照时数由公式计算，也可从天文年历或气象常用表查出。

日照百分率＝（日照时数/可照时数）×100％，取整数。

1.3.8.2　日照传感器

采用 SD4 型日照持续时间传感器（图 1-3-13）自动观测日照时数。

SD4 日照持续时间传感器是测量阳光直射持续时间的对比探测器。在半球遮阳篷下有 4 个完全相同的全方位传感器。嵌入式微控制器执行一个复杂的对比度评价算法，从四射弥漫的阳光中准确区分出太阳直射光，算法每秒和每分钟更新输出一次。用高/低电平输出表示有阳光/无阳光。

SD4 传感器须水平安装，不需要方位对齐。安装时，避免将仪器定位在浅色物体附近，以及靠近人工光源的位置，以避免因为反射辐射到仪器上造成的误差。

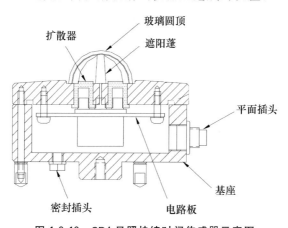

图 1-3-13　SD4 日照持续时间传感器示意图

SD4 传感器有 4 根导线（图 1-3-14）：红色是供电电源，蓝色是电源地，黄色是输出信号电压，绿色（或浅蓝）是信号地。输出电路输出信号为 5 V 表示有日照，0 V 表示无日照。

传感器的维护。保持外玻璃圆顶清洁。只使用清水和温和的洗涤剂，轻轻地清洗表面。

若发现半球部圆顶破坏,应更换备件。注意检查半球圆顶罩内是否有水汽凝结,如果干燥剂从橙色变为透明,则说明干燥剂受潮。

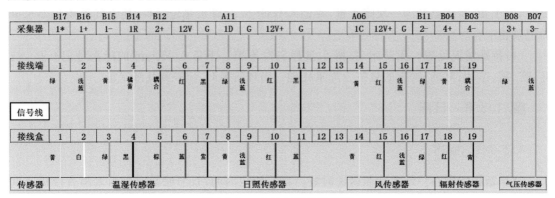

	B17	B16	B15	B14	B12		A11				A06			B11	B04	B03		B08	B07
采集器	1*	1+	1-	1R	2+	12V	G	1D	G	12V+	G	1C	12V+	G	2-	4+	4-	3+	3-
接线端	1	2	3	4	5	6	7	8	9	10	11	12	13	14	15	16	17	18	19
信号线	绿	浅蓝	黄	橘黄	耦合	红	黑	绿	浅蓝	红	黑			黄	红	浅蓝	绿	黄	耦合	绿	浅蓝
接线盒	1	2	3	4	5	6	7	8	9	10	11	12	13	14	15	16	17	18	19
	黄	白	绿	黑	棕	蓝	紫	黄	浅蓝	红	蓝			黄	红	浅蓝	绿	红	青
传感器		温湿传感器				日照传感器				风传感器			辐射传感器		气压传感器		

图 1-3-14　自动气象站接线图

1.3.8.3　异常数据处理

日出日落时间内,小时日照数据异常,若能判定异常时段内为阴雨天气无日照,相应小时日照时数按 0.0 计算(日数据维护中小时数据为空),若不能判定日照传感器异常时段内是否有日照,用前后 2 h 数据内插求得,异常时段≥2 h,按缺测处理。

1.3.9　总辐射

1.3.9.1　概述

地球上的辐射能来源于太阳,太阳辐射能量的 99.9% 集中在 0.2～10 微米(μm)的波段,其中太阳光谱在 0.29～3.0 μm 范围,称为短波辐射,也是观测的总辐射波长范围。

总辐射 $E_g \downarrow$:总辐射是指水平面上,天空 2π 立体角内所接收到的太阳直接辐射和散射辐射之和。

(1)辐照度 E:在单位时间内,投射到单位面积上的辐射能,即观测到的瞬时值。单位为瓦/米²(W/m²),取整数。

(2)曝辐量 H:指一段时间(如一天)辐照度的总量或称累计量。单位为兆焦耳/米²(MJ/m²),取两位小数,1 MJ=10^6 J=10^6 W・s。

总辐射用 TBQ-2-B 型总辐射表(图 1-3-15)测量。

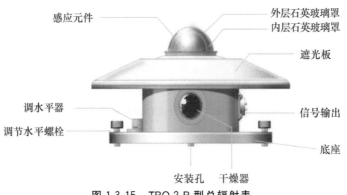

感应元件　外层石英玻璃罩　内层石英玻璃罩　遮光板　信号输出　底座　调水平器　调节水平螺栓　安装孔　干燥器

图 1-3-15　TBQ-2-B 型总辐射表

1.3.9.2 构造原理

TBQ-2-B 型总辐射表由双层石英玻璃罩、感应元件、遮光板、表体、干燥剂等部分组成,主要用来测量波长范围为 $0.3\sim3~\mu m$ 的太阳总辐射。感应元件是该表的核心部分,它由快速响应的绕线电镀式热电堆组成。感应面涂 3 M 无光黑漆,感应面为热结点,当有阳光照射时温度升高,它与另一面的冷结点形成温差电动势,该电动势与太阳辐射强度成正比。双层玻璃罩是为了减少空气对流对辐射表的影响,内罩是为了截断外罩本身的红外辐射而设置的。其接线线路见图 1-3-14 自动气象站接线图。

TBQ-2-B 型总辐射表输出辐射量(W/m²)=测量输出电压信号值(μV)÷灵敏度系数($\mu V/(W\cdot m^{-2})$),每个传感器分别给出标定过的灵敏度系数。测量信号范围为 $0\sim2000~W/m^2$,输出信号是 $0\sim20~mV$。

1.3.9.3 使用和维护

总辐射表可不用加盖,如有必要操作,由于石英玻璃罩贵重且易碎,启盖时动作要轻,不要碰玻璃罩。冬季玻璃罩及其周围如附有水滴或其他凝结物,应小心进行擦拭。

总辐射表的维护:

① 仪器是否水平,感应面与玻璃罩是否完好等;

② 仪器是否清洁,玻璃罩如有尘土、霜、雾、雪和雨滴时,应用镜头刷或麂皮及时清除干净,注意不要划伤或磨损玻璃;

③ 玻璃罩不能进水,罩内也不应有水汽凝结物。检查干燥器内硅胶是否变潮(由蓝色变成红色或白色),否则要及时更换。受潮的硅胶,可在烘箱内烤干变回蓝色后再使用。

1.3.9.4 异常数据处理

(1)在日落之后和日出之前有总辐射,则将其置空处理。

(2)辐射记录的时曝辐量缺测时,可用内插法求得,此时对于跨日出、日落的时次(包括前后两时次),应按梯形法进行内插。处理方法优先顺序如下:

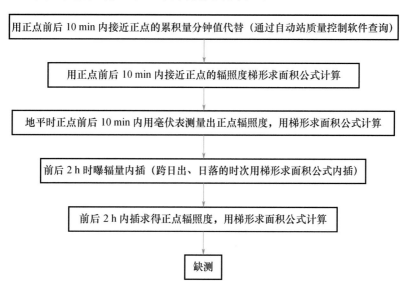

用正点前后 10 min 内接近正点的累积量分钟值代替(通过自动站质量控制软件查询)

用正点前后 10 min 内接近正点的辐照度梯形求面积公式计算

地平时正点前后 10 min 内用毫伏表测量出正点辐照度,用梯形求面积公式计算

前后 2 h 时曝辐量内插(跨日出、日落的时次用梯形求面积公式内插)

前后 2 h 内插求得正点辐照度,用梯形求面积公式计算

缺测

梯形求面积方法：

毫伏表测量正点辐照度：采用精度高的毫伏表（四位半）进行测量，即将辐射表与毫伏表连接，在每个地平时正点前后 10 min 内读出毫伏表的电压值（mV），根据辐射表的灵敏度 K 算出辐照度。

$$E=V/K\times1000 \tag{1-3-8}$$

式中，V 为以毫伏（mV）为单位的电压值，K 为仪器的灵敏度。

然后用两相邻的 E 值，用梯形求面积的公式，计算出每小时总量 H，再求和得出日总量 D。例：某站某日出时间为 06 时 32 分，用毫伏表测得 07 时总辐射表为 2.67 mV，08 时为 5.93 mV。总辐射表的灵敏度为 9.03 μV/(W/m²)，则 06—07 时和 07—08 时的时总量计算如下：

07 时辐照度 $=2.67\times1000/9.03=296$ W/m²

08 时辐照度 $=5.93\times1000/9.03=657$ W/m²

用正点前后 10 min 内接近正点的分钟资料代替的正点辐照度、毫伏表测量的正点辐照度和前后 2 h 内插求得的正点辐照度以下计算方法相同：

06—07 时曝辐量 $H_7=(0+296)/2\times(60-32)\times60=248640$ J/m²$=0.25$ MJ/m²

07—08 时曝辐量 $H_8=(296+657)/2\times(60\times60)=1715400$ J/m²$=1.72$ MJ/m²

（3）总辐射表异常时，日最大辐照度从正常时段实有记录中挑取，在地面测报业务软件"逐日辐射数据维护"中对异常时段的时极值进行处理。

1.4 编发报和数据处理

中国南极气象观测站编发的气象报告一是地面天气报告（每日 02、08、14、20 时编发，及时报时限是正点后 15 min 内），二是气候月报（每月 3 日 08 时前发送），都是通过电子邮件的方式发送，具体的编报规则按《地面气象电码手册》进行。

1.4.1 地面天气报告

各站具体编发方式见 1.7.6 和 1.7.7。

1.4.2 气候月报

1.4.2.1 编报规定

（1）按陆地测站气候月报电码（FM 71-X CLIMAT）规定编报（中国气象局监测网络司，1999）。

（2）务必在对月报数据进行审核无误后进行气候月报编发，保证报文中各组的正确。

（3）当台站使用的多年平均值资料发生更新后（一般以 10 年为周期变更一次，目前使用的是建站至 2010 年多年气象统计资料），在该年度的每月增发气候月报电码（FM 71-X CLIMAT）2 段，其他年度月份编发 0、1、3、4 段。

1.4.2.2 报文形成

报文文件夹为 D:\OSSMO 2004\SYNOP。文件名格式为 XP040000.CCC（后缀根据台

站字母代码确定)。

编报参数已在软件中进行设置,无要求请勿自行更改设置。进入地面气象测报业务软件的"气候月报"界面,见图 1-4-1,检查调入界面的观测数据有无缺测和与月报数据不一致,点击"计算编报",在 D:\OSSMO 2004\SYNOP 中形成 XP040000.CCC 文件,将其剪切保存至 U 盘,在发报主机上以邮件的形式发报。

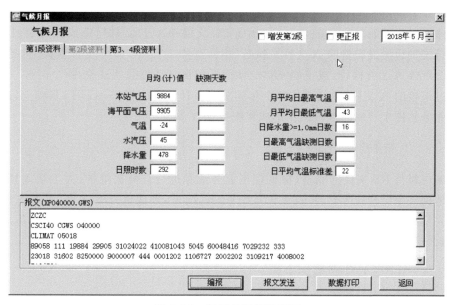

图 1-4-1　气候月报编发界面

1.4.3　数据处理

每月按中国气象科学研究院的要求制作上报的数据文件,包括地面气象观测月数据 A 文件、月分钟数据 J 文件、月辐射数据 R 文件、气象站每月 8 次记录简表资料、常规气象观测月报和气象要素简表等,例如,长城站 2018 年 5 月须制作上报的数据文件如图 1-4-2 所示。每年 1 月底前审核制作形成上年度的地面气象观测年报数据 Y 文件。以邮件方式上报指定邮箱。

图 1-4-2　每月须制作上报的数据文件

1.4.3.1 地面气象观测月数据 A、J 文件和年报数据 Y 文件

首先确保每月 B 文件的完整,每日都按业务流程进行日数据维护,对月末最后一天数据维护时还应结合上、下月记录正确填写"跨月降水量及日期"资料,天气现象最小能见度记录须用 Microsoft Access 数据库打开 B 文件,在 tabPrimObservData2 表中找到相应的日期行与对应的 Weather Phenomenon 列,进行补充记录,须谨慎以避免误操作,建议在打开 B 文件前进行备份。然后执行地面气象测报业务软件中的"B 文件→A(J)文件",形成该月 A、J 文件,对 A 文件进行维护后形成完整的 A 文件。执行"格检审核 A 文件"和"J 文件审核维护"功能,进行人机结合审核 A、J 文件,形成正确完整的地面气象观测月数据 A、J 文件。

在经过审核的 A 文件(包括制作年上年的 7—12 月和制作年 1—12 月)基础上,通过地面气象测报业务软件 1 月底前审核制作形成年报数据 Y 文件。

1.4.3.2 月辐射数据 R 文件

首先确保每月 RB 文件的完整,每日都按业务流程进行日数据维护,人工录入日照时数。然后执行地面气象测报业务软件中的"RB 文件→R 文件",形成该月 R 文件,对 R 文件进行维护后形成完整的 R 文件。执行"格检审核 R 文件"功能,人机结合审核 R 文件后,形成正确完整的月辐射数据 R 文件。

1.4.3.3 每月 8 次记录简表资料

在补充完整 B 文件后,打开桌面"从 B 文件中提取 8 次资料"电子表格,在安全警告提示中,选择"启用宏",按下快捷键"Ctrl + b",选中 D:\OSSMO 2004\BaseData 目录中该月的 B 文件,即可调取相关资料到电子表格中,另存为所需要的文件名,即形成该文件。

1.4.3.4 常规气象观测月报和气象要素简表

在 1.4.3.1 中审核维护形成的 A 文件基础上,执行地面气象测报业务软件"编制地面月报表",常规气象观测月报和气象要素简表所需的气象数据值均可查到。

■ 1.4.4　网络异常

通信网络异常时,应立即告知站上网络通信员,采取措施处理,同时启用站上 BGAN 设备发报。各站具体操作见 1.7.8 和 1.7.9。

1.5　自动气象站

■ 1.5.1　自动气象站结构

自动气象站采用 CAWS600-SE 系列,主采集器为 DT50 型,各传感器独立运行。与业务软件 SAWSS 和 OSSMO 构成了自动气象站系统。目前已经在南极观测站现场运行多年,形成了一套完善的业务体系。

以 DT50 型采集器为主的自动气象站,主要由传感器、防雷板、数据采集系统、供电系统、主控微机、业务软件、打印机和通信部件等几部分组成。自动气象站室外部分有温度、湿度、风向、风速、辐射、日照等传感器;室内部分主要有采集器、气压传感器、主控计算机(运行业务软件)、打印机、UPS 不间断电源等。

每周打开 DT50 采集器机箱查看接线是否松动、电池是否鼓包、各运行指示灯状态是否正常,定期用毛刷清理采集器的灰尘。注意不要带电接插各种接线端子,不要带电撤换或安装传感器。

自动站采集器与业务主机的接线如图 1-5-1 所示。

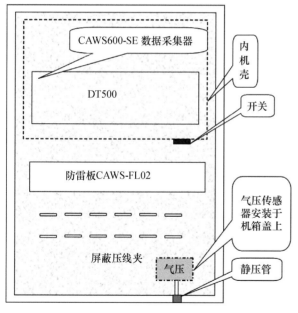

图 1-5-1　CAWS600-SE 系列自动气象站通信接线简图

CAWS600-SE 采集器结构布局如图 1-5-2 和图 1-5-3 所示。

图 1-5-2　CAWS600-SE 系列自动
气象站采集器结构布局

图 1-5-3　CAWS600-SE 系列自动
气象站采集器机箱布局

自动站接线如图 1-5-4 所示。自动站各传感器工作原理已在各要素观测中介绍。

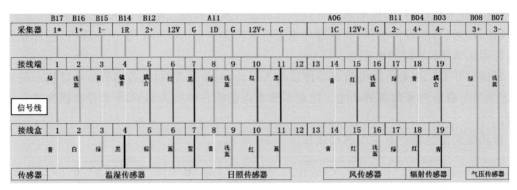

图 1-5-4　自动站接线图

1.5.2　业务软件

南极气象观测站业务软件使用地面气象测报业务软件(Operational Software for Surface Meteorological Observation,英文简写为 OSSMO),本软件为数据处理软件。该软件与自动气象站监控软件(SAWSS)相结合使用,构成地面气象测报业务系统软件。SAWSS 用于采集数据,OSSMO 用于处理数据。该套软件已在南极观测站使用多年,具有系统较稳定、易操作、维护方便等特点,目前版本号为 V3.0.19(2009.12.22 最后次修改)。

1.5.2.1　软件安装

① 执行安装程序包,点击"下一步"(专门为南极业务开发);
② 安装序列号 12345,安装目录选在 D 盘 OSSMO,安装完毕后重启电脑;
③ 配置 SAWSS 和 OSSMO 参数:SAWSS 有自动站参数设置、系统参数下选项,OSSMO 有台站参数等设置;
④ 参数配置:由于台站备份了参数文件,可将 SysConfig 参数文件覆盖到安装目录下。

1.5.2.2　业务软件运行

业务软件运行必须在参数设置正确后才能通过,特别要注意驱动选取、时间设置以及端口选择是否正确。当所有配置正确后即可运行采集。每天要对软件有关数据进行备份(BaseData、AwsSource 文件内容)。

1.5.2.3　业务软件重要文件夹说明

具体见软件操作说明书(表 1-5-1)。

表 1-5-1　业务软件重要文件

系统软件安装文件夹和文件名		内容
文件夹	文件名	
（软件安装文件夹）	OSSMO. exe	地面气象测报软件执行程序
	SAWSS. exe	自动气象站监控软件执行程序
	BaseData. mdb	逐日地面气象观测基本数据库模板文件
	RBaseData. mdb	逐日气象辐射基本数据库模板文件
	Help. chm	系统帮助文件

续表

系统软件安装文件夹和文件名		内容
文件夹	文件名	
Components	AwsDrivers	CAWS600SE. drv	华创升达高科技发展中心和天津气象仪器厂自动气象站(带辐射)接口

文件夹	文件名	内容
Components / AwsDrivers	CAWS600SE. drv	华创升达高科技发展中心和天津气象仪器厂自动气象站(带辐射)接口
	CAWS600SE_N. drv	华创升达高科技发展中心和天津气象仪器厂新型自动气象站接口
	CAWS600BS. drv	华创升达高科技发展中心和天津气象仪器厂自动气象站接口
	Milos500. drv	Vaisala 公司 Milos500 型自动气象站接口
	Milos520. drv	Vaisala 公司 Milos520 型自动气象站接口
	DYYZII. drv	长春气象仪器厂自动气象站接口
	DYYZIIB. drv	长春气象仪器厂新型自动气象站接口
	ZQZ_CII. drv	江苏无线电研究所自动气象站接口
	ZQZ_CIIB. drv	江苏无线电研究所新型自动气象站接口
	ZDZII. drv	广东省气象技术装备中心自动气象站接口
	RadPara. ini	辐射传感器参数配置文件
Controls	Graph. ocx	要素曲线和直方图显示控件
	Woei. ocx	要素图形显示控件组
	IPEdit. ocx	IP 地址输入控件
	NewEX. ocx	文件夹浏览器控件
	Threed32. ocx	3D 控件
	FlexCell. ocx	仿电子表格控件
RegDll	SawssParaSet. dll	SAWSS 参数设置动态链接库
	SysDemand. dll	系统配置文件处理动态链接库
	AwsFile. dll	自动气象站数据文件处理动态链接库
	SysTool. dll	SAWSS 工具项动态链接库
	ParameterSet. dll	OSSMO 参数设置动态链接库
	Tools. dll	OSSMO 工具项动态链接库
	DataPrint. dll	各定时和日数据打印输出动态链接库
	AuditingFile. dll	各类数据文件审核动态链接库
	Year15TimeSegmentR. dll	挑选年时段最大降水量和雨量连续曲线显示的动态链接库
	FileConvert. dll	各类数据文件读写和转换动态链接库
	ReportPrint. dll	各类报表输出动态链接库
	WorkManage. dll	管理工具动态链接库
	JpegEncoder. dll	JPG 文件解码器
	Encryption. dll	文件加密器

续表

系统软件安装文件夹和文件名		内容
文件夹	文件名	
SysConfig	SysPara. ini	系统运行配置文件
	UserOpt. ini	系统运行界面和文件打开路径配置文件
	Comset. ini	自动气象站与采集器通信端口参数配置文件
	NetSet. ini	自动气象站组网通信传输参数配置文件
	SysLib. mdb	台站参数数据库文件
	AuxData. mdb	台站辅助参数数据库文件
AWSSource	SAWSS 运行时生成	存放自动气象站采集生成的原始数据文件
AWSNet	SAWSS 运行时生成	存放自动气象站组网上传的数据文件
BaseData	OSSMO 运行时生成	存放经过人工处理的,包括人工和自动观测的全部数据的文件,即月基本数据文件
SYNOP	OSSMO 运行时生成	存放各类气象报文文件
ReturnReceipt	OSSMO 运行时生成	存放上传报文文件后的回执文件
ReportFile	OSSMO 运行时生成	存放月、年地面气象观测数据文件及其相关内容
AuditingList	OSSMO 运行时生成	存放月、年地面气象观测数据文件的格检审核信息文件
InfoFile	OSSMO 运行时生成	存放月地面气象观测数据信息化文件
Rpic	OSSMO 运行时生成	存放月、年报表的位图文件
WorkQuality	DailyNote. mdb	值班日记数据库
	WorkLog. cel	值班日记输出模板文件
	WorkQualityA. cel	自动观测站地面测报工作质量报告模板文件
	WorkQualityM. cel	人工观测站地面测报工作质量报告模板文件

注:引自中国气象局监测网络司(2005)。

1.5.3 自动气象站常见故障处理

1.5.3.1 温湿度传感器故障处理

在实际运行过程中温湿度故障最多,它的线路也是最多的,温度信号有 4 根线(1、2、3、4),湿度有 3 根线(5、6、7;还有一根为屏蔽线,建议接)。

温度故障:测量 1、2、3、4 信号线的电阻,一般先在防雷板处测量阻值,在逐步去接线盒处测量。1、2 为一组,3、4 为一组,万用表通断档 12 蜂鸣、34 蜂鸣。$R13 \approx R14 \approx R23 \approx R24$,$R12 \approx R34$。

将接线端子从通道防雷板 1、2、3、4 端取下,利用万用表的蜂鸣档测量,温湿度传感器正常时,12 为短接蜂鸣、34 为短接蜂鸣,万用表 200 Ω 档测量 12 线和 34 线阻以及 13 线、14 线。利用公式可估算 T,即:$T=(R13-R12-100)/0.385$。

湿度故障:同样一般先在防雷板处测量阻值,在逐步去接线盒处测量。首先查看万用表电压挡 20 V 测量 6 端为电源,7 端为地,供电是否为 12 V,一直测到接线盒处。供电正常情况下,测量 5 端湿度传感器电压信号输出端,正常时为 0~1 V,分别线性对应湿度 0~100,例如,5 端电压为 0.35 V,那么测量的湿度输出应在 35％左右。

一般温湿度故障大多是室外线路故障,容易造成信号线断路或短路。只要一环节一环节地排查,就可以找出故障所在,而传感器损坏概率不是很大,所以并没有必要故障一出现就去换温湿度传感器。

1.5.3.2 气压传感器故障处理

在实际运行过程中气压传感器几乎不会出现故障,偶尔的跳变是由于静电或干扰造成的。当气压出现无数据的时候,首先检查防雷板上给气压供电是否在 12 V 左右,再依次检查气压两端的信号接线是否稳定,可脱开检查后重新连接。若气压数据出现跳变,可将采集器关机后,把有关信号接头重新接入,有关屏蔽线重接,再开机运行观察。若气压数据还跳变或漂移,一般是干扰造成,重点查找气压传感器附近的用电设备,如卫星接收器、UPS 电源或大功率用电设备,可将有关电子设备关机重启或接地,关闭不用的电子设备或将采集器移动位置等方法消除干扰。

1.5.3.3 风传感器故障处理

在实际运行过程中风传感器的故障也较多,以信号线路故障为主,一般风传感器不会损坏。尽管南极风大,但采用的是强风仪,抗风性好,这也是南极现场用的设备与国内设备不同和优胜之处,这是该套自动站经过 30 多年南极现场检验后,匹配出的一套高性能、适合南极现场的气象设备。

风传感器的通信线路为:风传感器—接线盒(接线端子)—风信号线—防雷板—DT50 采集器,风的信号线为 4 根线:14 号线风速信号线、15 号线风传感器供电正极、16 号线风传感器供电负极、17 号线风向信号线。

如果风速风向都没有数据,首先检查 15、16 两端的供电是否正常,直到接线盒处有 12V 给风传感器供电。风向风速 2 个要素而言,若有其一有数据,另外一个没有数据,不会是供电问题,但可复查供电。

若只有风速故障,风向正常,用万用表电阻 20 V DC 电压挡量取:防雷板标号 14 端与 16 端之间的电压值是否在 6 V 左右,逐级量值至横臂接线盒处。正常情况下,风杯转动,电压为 6 V 左右。风速是一个脉冲频率信号,$V=0.1 F$。若电压不正常,可考虑 14 号线出现故障或短路。

若只有风向故障,风速正常,用万用表电阻 20 V DC 电压挡量取:防雷板标号 17 端与 16 端之间的电压值是否在 0~2.5 V,逐级量值至横臂接线盒处。正常情况下,风向输出电压为 0~2.5 V,由于风向标在不停摆动,电压是一个不稳定的数值。

若线路供电都正常,可考虑更换传感器,但实际工作中经验做法是,将新传感器直接接在防雷板上,再在室内观测风的数据,可进一步判断是否由采集器内部电路板故障造成的。对于其他传感器一样,出现故障后,检查线路和供电都无问题时,可将新的传感器接在防雷板上,判断防雷板—信号线—DT50 采集器这一线路是否存在故障,而不是贸然地去换传感器,但防雷板—信号线—DT50 采集器由于在室内,一般出现故障概率很小。就算 DT50 采集器上 PCM-CIA 卡程序出现故障,表现的一般都是所有要素都无,具体 PCMCIA 卡程序问题后续讨论。

1.5.3.4 日照和辐射故障处理

日照和辐射传感器安装在观测场一根横臂支架上,通过接线盒用一根总线连接到采集器防雷板上。日照传感器需要 12 V 供电,信号输出接到防雷板 8 口上。日照传感器故障后,还是先查供电到接线盒处,供电正常,再查输出信号,为电压信号。辐射传感器不需要供电,正是利用辐射特性,两根信号线存在电势差原理来测量辐射,一般查两根信号线是否存在短路或断路。

1.5.3.5 采集器启动后自动站软件会提示"溢出"

DT50/DT500 采集器内部有一块 3.6 V 充电电池,如图 1-5-5 所示,以维持其初始设置。通信参数设置正确后,如果该电池失效,采集器启动后自动站软件会提示"溢出",同时系统时间显示 1989 年 1 月 1 日(计算机时间同时被修改),须更换同型号电池。电池失效后,采集器内部时钟也会为 1989 年 1 月 1 日。如果用自动站业务软件修改时间选项修改不成功,可以用 DeTransfer 文本编程软件修改时间、日期。

图 1-5-5 DT50/DT500 采集器内部充电电池

注意:此故障不建议在站修复,站上也未配备该电池,应换用备份 DT 采集器使用。下一班人员带新的 DT 采集器过来,将电池失效的 DT 采集器带回更换。一般不要打开采集器内部,以免碰坏内部芯片或碰到 DIP 开关设置。

1.5.3.6 如何排查线路故障

所有的供电和信号及通信都离不开线路,线路故障是造成自动站运行故障最高的原因。线路故障有断路或短路,首先对检查的线路顺着走线仔细观察一遍,看中间是否有直接的断开。在实际工作中,我们可以利用万用表协助排查。例如,温湿度线路有 7 根线,1~4 线温度用,5~7 线湿度用。将万用表档位调在通断档(蜂鸣档),红黑表笔对碰会有蜂鸣声,这里注意万用表使用过程中要确保表内 9 V 电池供电足,否则检修过程中会造成误判。我们可以通过观察某一数据来确定一根线是没有问题的,如湿度供电正常,说明 6、7 号线是正常的,我们选取 7 号线来作为借用线。我们想查 1 号线的情况,断开温湿度传感器,只检查温湿度主线路。在蜂鸣档下,黑表笔放在防雷板 7 号线上,将红表笔放在 1 号线上,若蜂鸣则 1、7 短路,若无蜂鸣证明 1、7 2 根线为短路,同时我们可以将红表笔依然放在 1 号线上,黑表笔顺次移到 2、3、4、5、6 线上,只要蜂鸣就为短路。

若想看 1 号线是否有断路,由于我们之前查的 7 号线为正常,未发现和其他线短路,因此可以在一端将 7 号线与 1 号线连接起来,形成一个回路,在另外端检查 1、7 号线,若蜂鸣表示 1 号线没有断路,若无蜂鸣则表明 1 号线某处有断路。

排查线路故障,可根据现场情况来借用好线路判断,不要贸然地直接换线,要建立好排查思路。

1.5.3.7　采集器电源故障和指示灯状态

DT50 采集器供电为直流电压 12 V,首先交流 220 V 经过变压器(站区为 CAWS-DY01 电源,现在新配的电源为黑色方块朝阳电源,其原理都一样)降压稳压后分成二路,一路给 12 V 蓄电池供电,另旁路给主采集器 DT50 直接供电,以保证任一旁路断开后能不间断给 DT50 采集器供电。

电源故障最多部位:保险管烧断,直接更换。用万用表通断档或肉眼可以判断。

若保险管烧毁,电池不能持续充电,采集器会从蓄电池获取 12 V,运行中会慢慢地损耗蓄电池电压,首先表现的是气压缺测,再接着风、温度等要素缺测。当蓄电池电压低于 9 V 左右,所有要素缺测。若出现故障,应检查各部位供电,确保给主采集器 DT50 供电为稳定的 12～13 V 电压。

电源充电指示灯位于电源模块右上角:红色亮为充电,红色不亮为充满。

CAWS-DY01 电源交流输入指示灯:绿色,常亮;故障:不亮。处理步骤:检查 CAWS-DY01 电源模块直流输出是否正常,若正常则电源模块充电部分故障,维修或更换电源模块;若不正常则检查电源系统。

DT50 采集器指示灯:正常运行采集数据,红色灯 6 s 左右会 2 闪,表明正常采集数据。若卡内无程序或故障,红色灯会一秒一闪。

1.5.4　业务软件使用注意事项

1.5.4.1　软件运行方式

运行软件最好用管理员身份运行,在有些电脑上受权限问题,若不用管理员身份运行,会造成正点数据能采集但写入不到 B 文件,也有通过 SAWSS 软件校时不能保存等问题。因此建议大家运行软件使用管理员身份运行。

1.5.4.2　日期时间设置问题

在软件运行采集中,必须保证电脑系统时间和 DT 采集器日期和时间匹配,软件才能正常采集。可利用 SAWSS 的时间设置或 DT 采集器软件进行日期和时间设置,建议用 DT 采集器软件检查和设置日期及时间。

1.5.4.3　长时间卸载历史数据问题

运行软件时,发现软件界面在卸载以前的数据,是由于电脑系统时间和 DT 采集器中时间不匹配,一般是软件退出采集后,而采集器中时间和数据在更新造成,让卸载完数据。对于新装的业务软件或不想卸载,直接进入采集界面,可通过更改参数文件夹下的(D:\OSSMO 2004\Sys Config)SysPara 文本中 StartTime = 2018-06-07 07:31:15　RunTime = 2018-06-07 12:24:11 时间来设置。将日期时间都设置成现在系统运行的北京时间。进入界面采集后,再

通过 SAWSS 的常规数据卸载功能来根据需要卸载定时数据到 B 文件中。

1.5.4.4 日照数据问题

由于日照采用的是自动日照观测,采用地方平均太阳时 24 时为日界,故每日在 20 时不进行数据维护保存,而在次日进行 B 文件维护保存。若不小心进行了当日 B 文件保存,会造成当天后续日照小时数据写不进 B 文件中,可在次日通过 SAWSS 数据采集菜单下"辐射数据卸载"重新卸载后,进行补录后再对逐日数据存盘,保存 B 文件。

1.5.4.5 白天修改非定时数据问题

在业务工作中,在非 4 次定时观测时,发现要素数据异常,如更改天气现象、温度数据异常、小时极值重挑取等。由于受日照时制的影响,不能当天保存逐日数据维护,否则造成 B 文件存盘后,日照数据写不进去的问题。不处理数据,又会影响到下一次定时发报时刻的有些关联要素数据。此时在处理修改数据的时候,应该通过 OSSMO 业务软件下菜单"观测编报"的定时观测修改对应时刻的要素有关数据,保存后数据并未写入 B 文件,出现日照数据未写入 B 文件的问题。

1.5.4.6 业务软件备份

在备份业务电脑上,安装好有关业务软件,并将参数配置好,处于准运行工作状态,平时处于关闭状态,每周打开一次保证运行正常。切换时,将通信线接到电脑端口上。运行业务软件,此时通过修改 D:\OSSMO 2004\SysConfig 文件夹下 SysPara 文本中 StartTime 和 RunTime 来进入运行,并将缺少的 BaseData、AwsSource 文件内容拷入覆盖。注意:每个电脑的通信端口号不一样,一般都是 COM1,但要根据实际情况来查看通信端口,设置正确的通信端口号。

■ 1.5.5 DT 业务软件使用方法

DT 业务软件是给 DT50 采集器进行调试的工具,一般利用此软件给 DT 采集器设置日期、时间以及给 DT 采集器运行程序 PCMCIA 卡写入数据程序等。该软件使用方便,可清晰明了检查采集器运行状态。

1.5.5.1 DT 采集器软件调试程序使用说明

1.5.5.1.1 程序介绍
该程序用于气象采集器 DT 系列的调试使用,DeTransfer3.27 兼容 64 位版本,可用于 Windows 7 操作系统下 64 位和 32 位以及 XP 系统下。安装简单,配置参数方便,具有一键自动连接功能。

1.5.5.1.2 安装介绍
(1)解压 DeTransfer3.27 兼容 64 位到当前电脑桌面上。

(2)点击运行 DeTransfer3.27 兼容 64 位文件夹下的 DeTransfer.msi 文件,按照提示进行下一步点击。安装完成后,去电脑左下角开始所有程序里打开应用程序 DeTransfer 或者发送到电脑桌面上使用。具体见图 1-5-6~1-5-10 详细步骤。

图 1-5-6　DeTransfer 软件安装示意一

图 1-5-7　DeTransfer 软件安装示意二

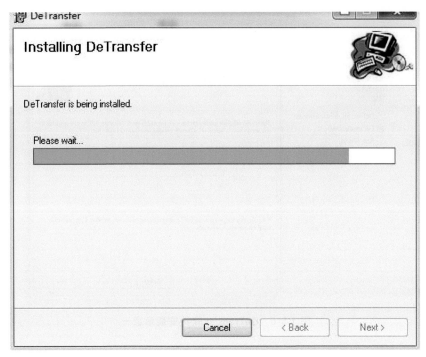

图 1-5-8　DeTransfer 软件安装示意三

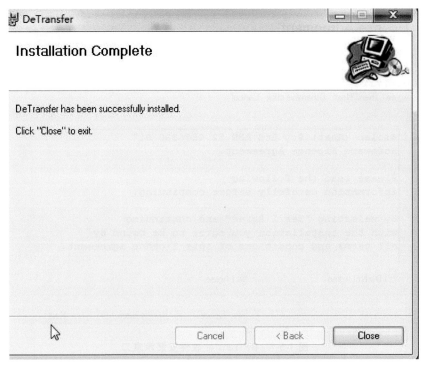

图 1-5-9　DeTransfer 软件安装示意四

图 1-5-10　DeTransfer 软件安装示意五

1.5.5.1.3　运行使用介绍

（1）将 DT 采集器通信线与电脑或笔记本连接好，并将 DT 采集器通电运行（若笔记本无 COM 口，使用 COM 转 USB 转接线），运行安装完毕的 DeTransfer 软件 。

（2）此时由于 DeTransfer 软件默认的端口号为 COM1，假设 DT 采集器通信线连接电脑或笔记本的端口不为 COM1，就需要更改配置端口。

（3）如何检查 DT 采集器通信线连接电脑或笔记本的端口？通过点击计算机图标右键—属性—设备管理器来查看通信端口。

如笔记本无 COM 口，将通信线连接了 COM 口转 USB 连接线使用，可看出 COM 口为 COM7，此时就应该将 DeTransfer 软件中端口配置为 COM7 使用，如图 1-5-11 所示。

图 1-5-11　COM 口查看

（4）打开 DeTransfer 软件，菜单 Connections 下 properties 为配置 COM 界面，如图 1-5-12、图 1-5-13 配置好对应的 COM 口。

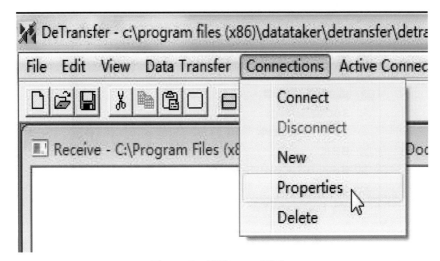

图 1-5-12　配置 COM 界面一

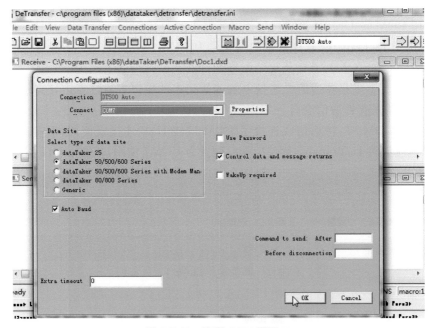

图 1-5-13　配置 COM 界面二

（5）配置完毕后，运行 DeTransfer 软件的 Connect 图标（绿色），软件会自动进行连接，连接成功后，旁边的 DisConnect 图标变为红色，证明与 DT 采集器连接成功，可以使用 T、D 等命令来进行通信，进行时间、日期、相关数据的设置和读取。见图 1-5-14～1-5-16。

注意图 1-5-16 中的日期格式：

D

05/09/2018

表示 2018 年 5 月 9 日，而不是 2018 年 9 月 5 日（CAWS600-SE 系列 DT 采集器日期是这样）。

对于观测站区使用的 CAWS600-SE 系列 DT 采集器设置日期时间命令参考如下：

若要设置 2018 年 7 月 8 日 16：34：20，可在 SEND 命令区键入：

T＝16:34:20 回车

D＝07/08/2018 回车

则可在 Receive 区见到对应的输出。

所有命令都为大写字母,用回车换行进行执行。建议逐个命令执行回车操作。

连接无法进行通信,首先检查 DT 采集器是否通电运行正常,通信线是否连接上,特别是 COM 端口配置是否正确,通过设备管理器和调试软件配置端口检查。

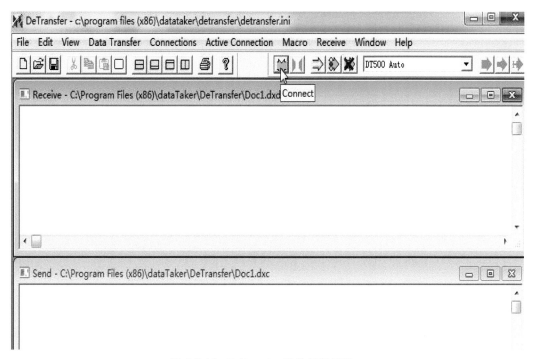

图 1-5-14　DeTransfer 软件运行示意一

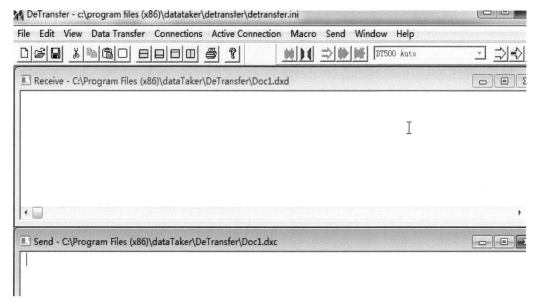

图 1-5-15　DeTransfer 软件运行示意二

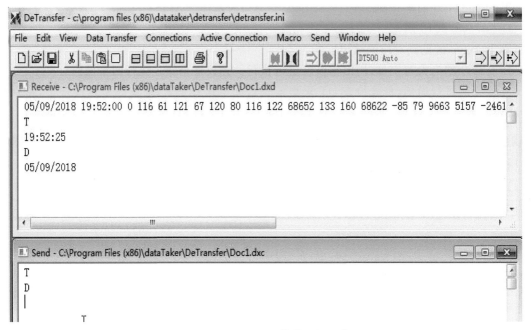

图 1-5-16　DeTransfer 软件运行示意三

1.5.5.2　DT 业务软件对 PCMCIA 卡写入程序方法

在业务运行中,DT 采集器的 PCMCIA 卡是采集器的核心,不能出现问题或拔出,运行中出现问题后,要对卡进行检查或重新写入新的程序。

关闭计算机上的 SAWSS 采集软件,打开 DT 软件连接成功后,图标变成红色,说明与采集器连接成功。可以在 SEND 窗口区输入命令 D 或 T 回车查看在显示区是否显示日期或时间,来判断通信是否正常。

在 SEND 窗口区输入命令 STATUS 回车,可以显示出卡内信息。在信息框内倒数第二行,第一组数据为卡内程序区剩余空间,第二组数据为程序已占有的空间。若第二组数据为"0"或小于"2374"左右,则说明卡内没有程序或程序已被破坏。

写入卡程序方法:

① 将卡程序 1971 拷贝到电脑桌面上;

② 在 SEND 窗口区输入 CPROG 命令回车,清除卡内以前信息;

③ 在 SEND 窗口区输入 STATUS 命令回车,确信卡内占用空间为 0,打开软件左上角第 2 个文件夹图标,将桌面上的 1971 卡程序加载进来,此时程序自动由计算机输入到 DT50 卡内,输入完成后,再输入"STATUS",回车,确认程序是否完整输入卡内。如果完整输入,可以看到相关信息在卡内显示。

④ 在确认程序已完整输入卡内后,在命令框内输入"RESET",回车,清除 DT50 内存,启动 DT50 卡内程序。

注意:所有命令符必须大写,命令输入后需要通过回车换行执行。

1.6 工 作 流 程

1.6.1 日工作流程

1.6.1.1 长城站日工作流程

表 1-6-1　长城站日工作流程

时间	工作内容
01:10—01:30	完成前一日地面和辐射观测日数据维护、备份,地面观测日数据抄入观测簿。检查 21 时至次日 01 时正点数据,遇有异常、错误数据在 02 时正点前完成处理。判断记录 20 时至次日 01 时出现的天气现象。巡视观测场和值班室的仪器设备、电源系统、地面测报业务系统软件状态,查看监控软件显示数据是否正常
01:45—02:00	顺序完成云、能见度、天气现象和降水量的人工观测记录。02 时前完成云状和天气现象的编码和记录
02:00—02:15	在地面气象测报业务软件天气报中录入人工观测数据,同时检查气温、湿度、气压、风向、风速自动观测数据,遇有异常及时按异常数据处理方法进行处理。完成报文发送,出现异常在 03 时前完成编发。点击"数据保存"按钮完成数据保存
02:15—02:30	完成天气报菜单中自动观测数据在观测簿中的记录填写。登录 http://www.ogimet.com/synops.phtml.en 网站查看报文传输情况
07:10—07:30	检查 03—07 时正点数据,遇有异常、错误数据在 08 时正点前完成处理。判断记录 02—07 时出现的天气现象。巡视观测场和值班室的仪器设备、电源系统、地面测报业务系统软件状态,查看监控软件显示数据是否正常
07:45—08:00	顺序完成云、能见度、天气现象和降水量的人工观测记录。08 时前完成云状和天气现象的编码和记录
08:00—08:15	在地面气象测报业务软件天气报中录入人工观测数据,同时检查气温、湿度、气压、风向、风速自动观测数据,遇有异常及时按异常数据处理方法进行处理。完成报文发送,出现异常在 09 时前完成编发。点击"数据保存"按钮完成数据保存
08:15—08:30	完成天气报菜单中自动观测数据在观测簿中的记录填写。登录 http://www.ogimet.com/synops.phtml.en 网站查看报文传输情况
08:00—20:00	连续守班,随时观测记录天气现象
	每小时正点前 10 min 巡视仪器设备、电源和软件运行状态,正点后查看正点数据是否正常,遇有异常及时按异常数据处理方法进行处理,确保 14,20 时天气报的正常编发
	雨雪天气注意查看风传感器是否被冻住,日照、辐射传感器有无被雪覆盖遮挡,百叶箱内是否灌进雪而影响设备工作,遇有以上情况及时处理
13:30	巡视观测场和值班室的仪器设备、电源系统、地面测报业务系统软件状态,查看监控软件显示数据是否正常
13:45—14:00	顺序完成云、能见度、天气现象和降水量的人工观测记录,每周固定日期更换气温和湿度自记纸并上弦。14 时前,更换气压自记纸(每周三、六自记钟上弦),完成云状和天气现象的编码和记录

时间	工作内容
14:00—14:15	在地面气象测报业务软件天气报中录入人工观测数据,同时检查气温、湿度、气压、风向、风速自动观测数据,遇有异常及时按异常数据处理方法进行处理。完成报文发送,出现异常在 15 时前完成编发。点击"数据保存"按钮完成数据保存
14:15—14:30	完成天气报菜单中自动观测数据在观测簿中的记录填写。登录 http://www.ogimet.com/synops.phtml.en 网站查看报文传输情况
19:00	对自动站计算机和采集器进行对时,保证时差在 30 s 以内。超过误差范围在正点数据采集完成后进行校时
19:30	巡视观测场和值班室的仪器设备、电源系统、地面测报业务系统软件状态,查看监控软件显示数据是否正常
19:45—20:00	顺序完成云、能见度、天气现象和降水量的人工观测记录,调整最高、最低温度表。20 时前完成云状和天气现象的编码和记录
20:00—20:15	在地面气象测报业务软件天气报中录入人工观测数据,同时检查气温、湿度、气压、风向、风速自动观测数据,遇有异常及时按异常数据处理方法进行处理。完成报文发送,出现异常在 21 时前完成编发。点击"数据保存"按钮完成数据保存
20:15—20:30	完成天气报菜单中自动观测数据在观测簿中的记录填写。登录 http://www.ogimet.com/synops.phtml.en 网站查看报文传输情况

1.6.1.2 中山站日工作流程

根据中山站历史沿袭和工作现状,整理日工作流程和定时观测流程如下。

(1)每日 02、08、14、20 时(北京时)4 次定时人工观测、编发报文通过邮件发送到国家气象信息中心。每日 05、11、17、23 时(北京时)4 次补充观测(云、能见度、天气现象及编码),输入"8 次记录简表"中。

(2)天气现象按照白天(08—20 时)守班,夜间(20—08 时)不守班记载,夜间天气现象只记对应天气现象符号。天气现象按 34 种记载,与国内现行业务记载不同。

(3)正点前 30 min 巡视所有仪器设备(含 3 个自记钟)和自动站数据,遇有不正常情况应及时处理;校对上次(班)全部观测记录和编报是否正确。

(4)定时观测时次的 45—47 分观测云、能、天。

(5)每周日 13 时 47—49 分更换自记钟温度计(周转)、湿度计(周转)纸张、上钟并做时间记号。

(6)每日 13 时 57 分更换气压计纸(日转)并做时间记号。并及时整理对应自记纸。

(7)定时观测正点后 01—03 分,输入人工观测数据、编发报文;抄录有关数据到气簿—1;抄录数据到"8 次记录简表"。

(8)定时观测正点后 04—10 分,拷贝天气报文到备份计算机,用专用 E-mail 将报文发送至国家气象信息中心。

(9)每日 20 时在天气报后增发臭氧数据(冬季无观测期间除外)。报文格式为 333 80000 00 DDD(DDD 为臭氧观测人员提供的臭氧值)。每日 08 时左右对前一天数据(含辐射日数据)进行地面气象日数据维护和保存备份。

(10)每日都需要巡查设备、线路、用电等运行情况,做好记录,遇到问题及时报告处理。每日填写 8 次记录简表(4 次定时观测和 4 次补充观测记录)。

上述流程解释权属中国气象科学研究院极地室。

1.6.2 月、年工作流程

表 1-6-2 月、年工作流程

时间		工作内容
每月	3 日前	月报资料审核制作。利用地面气象测报业务软件审核制作上月 A、J、R 文件。制作上月 8 次记录简表资料数据文件、常规气象观测月报、气象仪器工作状况月报表
	3 日	08 时前,在地面气象观测月数据 A 文件审核完成后,编发气候月报 XP040000.CCC
	5 日	上报制作形成的 7 个文件至中国气象科学研究院指定的邮箱
	6 日	资料整理。完成上月气压自记纸的整理装订。完成上月报表的制作打印和 A、J、R 文件、参数文件的备份存档
1 月 31 日		审核制作地面气象观测年报数据 Y 文件,并上报中国气象科学研究院指定的邮箱
不定期		自动气象站监控软件观测次数达 6000 次时,应重新启动业务主机和软件系统
		UPS 电源系统每 2~3 个月放电维护一次
		每年 3 月前,对自动站信号电缆进行全面检查,加固百叶箱和风杆拉线
		按气科院要求上报年度器材需求计划
返程		返程须带回交给气科院的资料:年度内气压、气温、湿度自记纸、气簿-1、备份 U 盘、数据刻录光盘。每次队带回的数据文件,除规定的以外,还应将地面气象测报业务软件中的 Restore、AwsSource、BaseData 和 ReportFile 文件夹一并带回

注:表中时间是最迟时间节点,工作任务务必在该时间之前完成。

1.7 其 他 说 明

1.7.1 长城站时制和日界

(1)时制

辐射和日照采用地方平均太阳时,其余观测项目均采用西四区 UTC04:00 时(与北京时差 12 h)。按照业务主机运行时间的 02、08、14 和 20 时进行 4 次定时观测并编发报。

(2)日界

辐射和日照以地方平均太阳时 24 时为日界,其余观测项目均以西四区 UTC04:00 时 20 时为日界。

1.7.2 中山站时差

中山地面气象观测业务系统采用时间都为北京时,即有关业务计算机设置的都为北京时,与国内台站计算机时间一样。4 次定时发报也按北京时执行。南极中山站当地时=GMT+5=北京时-3 h。对应时刻见表 1-7-1。

表 1-7-1 中山站时差

北京时	02	08	14	20
中山时	23	05	11	17
世界时	18	00	06	12

在中山时 23、05、11、17 时刻观测发送对应北京时报文；

在中山时 02、08、14、20 时刻补充观测记载 8 次记录简表中。

■ 1.7.3 长城气象站观测场、气象室

为便于新进站队员迅速找到工作地点，本小节以图片形式表示观测场、气象室在站区的位置，以及业务和发报主机、自动站采集器、传感器、电源、观测记录表簿、自记纸等所处位置。自动站风传感器红外加热灯开关设在发电栋值班室（内线电话 6007），观测场照明灯（已设为光感式）在发电栋东北门口。

观测场、气象室在站区的位置以及室内工作主界面、学习工作台、设备文件保存柜和备份设备的存放位置如下各图所示。

如图 1-7-1 所示，从智利机场方向进站，观测场位于科研栋西北方向，气象室在科研栋三楼。

图 1-7-1 长城站鸟瞰图

如图 1-7-2 所示，气象室在科研栋的位置，1 套备份风传感器已安装在科研栋楼顶。

观测场内的器测项目包括降水量、风向、风速、气温、湿度、日照、总辐射，图 1-7-3 所示为各仪器设备在观测场中的位置。当雪深超过 30 cm 时应将雨量筒放置围栏上的雨量筒架中。

如图 1-7-4 所示，自动站采集器与在用业务主机相连，利用业务主机进行数据处理和编报，用 U 盘拷贝报文和数据文件至发报主机进行邮件发送。图中标注了在用业务主机、发报主机、采集器、UPS 电源、备份温湿度传感器、自记纸和钟筒等所处位置。

图 1-7-2　科研栋

图 1-7-3　观测场仪器设备布局

图 1-7-4　工作主界面

图 1-7-5 所示为自动站设备备件和观测自记纸、表簿等存放位置。

图 1-7-5　设备文件保存柜

办公学习工作台(图 1-7-6)在工作主界面的背面,包括降水量观测设备雨量筒、毫米台秤、量杯和维修工具、纱布、酒精、爬风杆的设备等。

风机房(图 1-7-7)在气象室西面,橱柜存放有温度表、雨量筒、自记仪器、加热灯泡、毫米台秤和打印纸等,备份电脑位于风机主控机下方。

图 1-7-6　办公学习工作台

图 1-7-7　风机房内储存物资

1.7.4　能见度目标物

1.7.4.1　长城站能见度目标物

中国南极长城站能见度目标物分布图如图 1-7-8 所示,能见度目标物(灯)登记表见表 1-7-2。

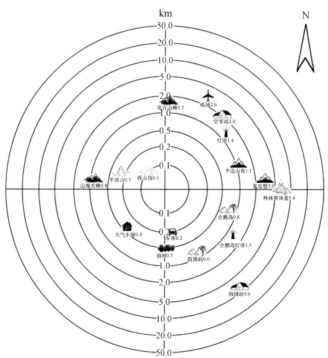

图 1-7-8　中国南极长城站能见度目标物分布图

长城站 SE-S 方向为海面,该方向的能见度可根据水天线的清晰程度,参照表 1-7-3 来判定。

表 1-7-2　中国南极长城站能见度目标物(灯)登记表

编号	名称	方位(°)	特征	距离(km)	测距方法
1	化石山峰	5	化石山高峰	1.6	大比例尺地图
2	机场	25	灯光	2.6	大比例尺地图
3	空军站	40	灯光	2.0	大比例尺地图
4	灯塔	45	红色灯光	1.4	大比例尺地图
5	半边山角	70	黑色山石	1.1	大比例尺地图
6	鬼见愁	80	黑色山石	3.0	大比例尺地图
7	科林斯冰盖	90	鬼见愁后的冰盖	5.4	大比例尺地图
8	企鹅岛	110	最近海岸	0.8	大比例尺地图
9	企鹅岛灯塔	125	最高峰塔	1.5	大比例尺地图
10	韩国站	140	灯光	9.0	大比例尺地图
11	鼓浪屿	150	最近海岸	0.8	大比例尺地图
12	车库	175	红色房子	0.2	大比例尺地图
13	油罐	180	红色油罐	0.5	大比例尺地图
14	大气小屋	225	山顶小房	0.4	大比例尺地图
15	山海关峰	275	黑色最高峰	0.8	大比例尺地图
16	平顶山	285	厨房后黑山	0.3	大比例尺地图
17	西山包	320	发电栋后山	0.1	大比例尺地图

表 1-7-3　海面能见度参照表

水天线清晰程度	能见度(km)
清楚	≥50.0
勉强可以看清	20.0~50.0
隐约可辨	10.0~20.0
完全看不清	<10.0

1.7.4.2 中山站能见度目标物

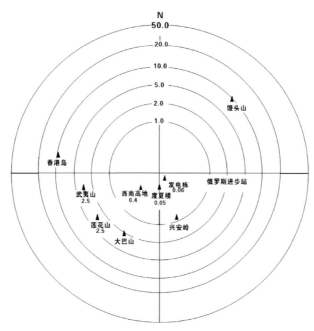

图 1-7-9 中国南极中山站能见度目标物分布图(单位:km,2018 年 5 月 34 次队重绘)

1.7.5 风玫瑰图

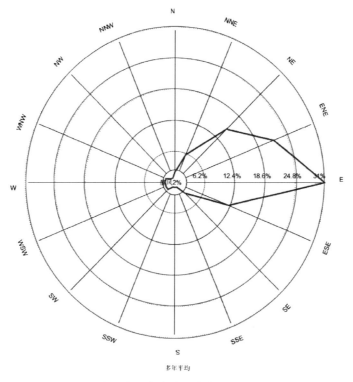

图 1-7-10 中国南极中山站风玫瑰图(1989—2017 年)

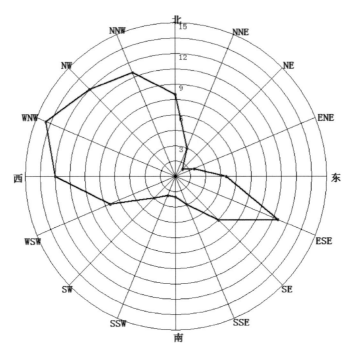

图 1-7-11　长城站风向频率玫瑰图(1985—2017 年)

1.7.6　长城站地面天气报告补充说明

1.7.6.1　电码型式

SYNOP

0 段　　AAXX　YYGG4

1 段　89058　$i_R i_x hVV$　Nddff　$1 s_n TTT$　$2 s_n T_d T_d T_d$　$3 P_0 P_0 P_0 P_0$　4PPPP　5appp
6RRR1　$7 ww W_1 W_2$　$8 N_h C_L C_M C_H$

3 段　333××　　$1 s_n T_X T_X T_X$　$2 s_n T_n T_n T_n$

1.7.6.2　符号内容及编报规定

按陆地测站地面天气报告电码(GD-01Ⅲ)规定编报,不同之处做如下说明。

(1)0 段——YYGG4 组

YY——日期(世界时),01 表示该月第一日,02 表示第二日,依此类推。

GG——观测正点时间(世界时),以整时数编报。

4——风的指示码,表示风速用仪器实测,以浬/时为单位编报。

(2)1 段——Nddff 组

ff——风速,用 2 min 的平均风速,以浬/时为单位编报,即以测得的米/秒为单位的风速值

乘以 $\dfrac{3.6}{1.852}$ 进行编报,小数四舍五入。

(3)3 段

在业务主机时间 02 时编 $1 s_n T_X T_X T_X$ 组,14 时编 $2 s_n T_n T_n T_n$ 组。

1.7.6.3　报文文件形成

报文文件夹为 D:\OSSMO 2004\SYNOP。文件名格式为 SPDDGGgg.GWS,其中 SP 为识别码,表示为天气报,DDGGgg 分别为报文的日期、时、分,均按世界协调时(UTC)编码,高位不足时补"0"。

观测时间	UTC 04:00	02	08	14	20
	世界时	18	00	06	12

业务主机时间设为 UTC 04:00。例如,业务运行计算机时间 5 日 14 时形成的报文文件名为 SP050600.GWS。

编报参数已在软件中进行设置,无要求请勿自行更改设置。在每个定时观测后的 01 分开始进入地面气象测报业务软件的"天气报"界面,见图 1-7-12,录入人工观测数据,其中,能见度、降水量扩大 10 倍输入;云量、云高按实际输入;检查自动观测数据,云状、天气现象录入并正确编码后,点击"计算编报",在 D:\OSSMO 2004\SYNOP 中形成相应时次的 SPDDGGgg.GWS 文件,将其剪切至 U 盘,在发报主机上以邮件的形式发报。

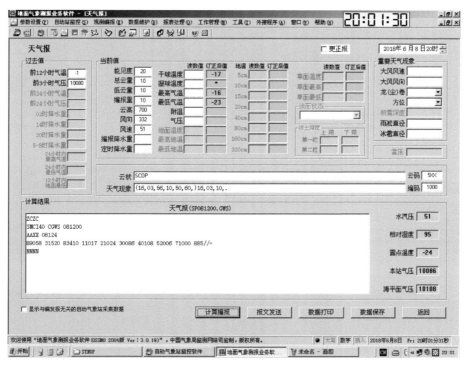

图 1-7-12　天气报编发界面

1.7.7　中山站地面天气报告补充说明

在北京时 02、08、14、20(中山时 23、05、11、17 时)进行正点观测后,在正点 01 分后将人工观测云、能、天和相关自动气象站采集的数据通过业务软件 OSSMO 观测编报下的天气报界面

(图 1-7-13)输入相关数据和信息后,编制气象电报,保存后,在软件 SYNOP 下形成气象报文 SP 文件(该文件为世界时),例如,SP081200 表示北京时 8 日 20 时的报文。

站内特殊规定:按照历次交班的规定,有以下需要在发报时刻对生成的 SP 文件更改的情况,主要是中山站无降水观测而特殊规定,需要对报文更改后保存。

① 对于电码报文 SP 文本中 1 段中第 2 组,$i_R i_x hVV$ 组的 $i_R i_x$ 需要手动更改(表 1-7-4)。

当发报时刻内 6 h 内无降水现象(无降雪、吹雪、雪暴等天气现象),软件自动对应 $i_R i_x$ 编码为 32,表示为无降水而不编报的人工站,此时应手动将 $i_R i_x$ 编码改为 35,表示为无降水而不编报 6RRR1 组和不编报 7wwW1W2 组的自动站。

当发报时刻 6 h 内有降水现象,软件自动对应 $i_R i_x$ 编码为 31,此时应手动将 $i_R i_x$ 编码改为 44,表示为有降水但未观测而不编报 6RRR1 组和需要编报 7wwW1W2 组的自动站。

当发报时刻 6 h 内只有雾或吹雪或雪暴等天气现象,软件自动对应 $i_R i_x$ 编码为 31,此时应手动将 $i_R i_x$ 编码改为 34,表示为无降水而不编报 6RRR1 组和需要编报 7wwW1W2 组的自动站。

具体规定解释见《地面气象电码手册》第 7 页关于 $i_R i_x hVV$ 组规定。

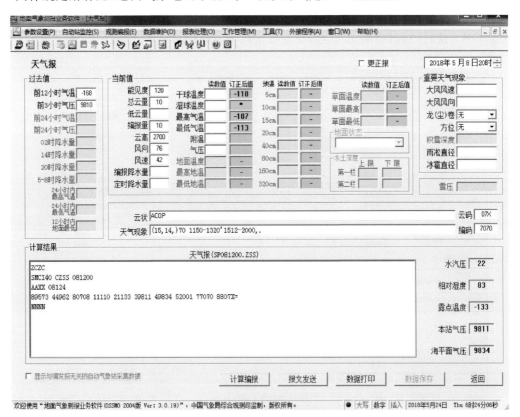

图 1-7-13 中山站天气报编发界面

② 对于电码报文 SP 文本中云码 8$N_h C_L C_M C_H$ 组,遇到如云 10/0 ACOP 的情况,软件对 $C_L C_M C_H$ 编为 07/,此时应该将"/"改为"X"。

③ 其他规定,北京时 20 时在报文最后一组加上当天臭氧值,格式为 333 80000 00XXX,XXX 表示为臭氧值。若当天该值为 0,则该组省略。

表 1-7-4 中山站 $i_R i_x h V V$ 组编报规定

时间段	天气现象	$i_R i_x$ 编码
	过去 6 h 天气现象无降水现象出现	35
过去 6 h	过去 6 h 天气现象有降水现象出现	44
	过去 6 h 天气现象只有雾或吹雪或雪暴出现（因为不算降水）	34

将生成正确的报文 SP 文件文本通过中山站专用邮箱发送到国家气象信息中心邮箱（图 1-7-14）。

在发报时刻将对应的 SP 报文文件在 10 min 内通过邮件发送到国家气象信息中心，国家气象信息中心取得文件后，进行后台处理后按流程传送至 WMO。台站可以在接下来 1 h 通过网站（http://www.ogimet.com/synops.phtml.en）查询报文到报情况，如图 1-7-15 所示。

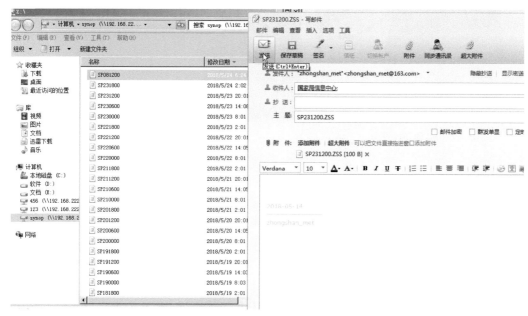

图 1-7-14 中山站天气报发送界面

图 1-7-15 查看天气报文到报情况界面

1.7.8 长城站网络异常处理

长城站比干(BGAN)设备在气象室对面"电波观测 & 通信室"内,如图1-7-16所示,网线与笔记本网口连接,笔记本电脑上预先安装"网易邮箱大师"客户端软件,BGAN状态调至"OK"状态即可利用邮箱发报,长时间不用BGAN会返回"READY"准备状态,按下"OK"键调至正常工作状态,如图1-7-17所示,发报完毕应及时拔下网线,避免产生不必要的流量费用。

图1-7-16 BGAN设备

工作状态
窗口
OK键

图1-7-17 BGAN工作状态

1.7.9 中山站网络异常处理

在发报前巡检完设备后,在发报电脑上运行桌面的PING命令(ping www.163.com),若有数据包返回表明网络通。遇到网络不通,立即联系通信员,先利用比干系统将报文发送。

比干系统:在综合楼报房旁边,比干系统是紧急通信设备,应在通信员指导下使用,每次使用时需要重启动比干系统。将发送报文拷贝到自己笔记本电脑上,个人笔记本电脑要提前装好网易闪电邮软件,通讯录里配置国家气象信息中心邮箱地址,IP地址为自动获取。每次队员交接完毕后,调试好自己的笔记本电脑,利用比干系统发送一次报文,以备应急之需。

气象栋网络结构:综合楼机房→新发电栋2楼机柜交换机→网线到气象栋(2根网线,一主一备),接到气象栋窗户的交换机→气象栋交换机接到空调下交换机→依次接各电脑。由于光纤损坏,主通信网线采用一主一备网线,受户外环境影响,1年半换一次。

1.7.10 自动气象站故障案例

1.7.10.1 一次线路故障引发温湿度传感器数据异常

中山气象站一次温湿度传感器故障修复

详细处理步骤案例(2018年03月26)

(1)故障现象描述

2018年3月26日凌晨03时左右(以下为北京时)发电栋打电话告知气象要素显示平台上温度为−24.6 ℃,并且1 h没有变化,平时给发电栋值班人员交代过,24 h值班期间帮忙留意,以便迅速发现故障。接到电话后立即感觉不对,此刻环境温度感知没有这么低,而且对于 DT50 采集器输出温度当温度传感器线路断后,软件界面表现显示的为 $-24.6\ ℃$。

（2）初步修复思路建立

到达气象栋后,查看了干球温度表和温度自记纸后,实况应为 $-10.0\ ℃$ 左右。此时,重启动了软件和插拔了温度接线段以及重启采集器后温度依然显示是 $-24.6\ ℃$。用万用表通断档在采集器防雷板接线处测量温度 1、2、3、4 端。1 和 2 端有蜂鸣表示正常,3 和 4 端无蜂鸣表示短路,又用万用表欧姆挡分别测量 1 和 3、1 和 4 端无阻值。说明 1 和 4 信号线出现问题,就需要查是哪一根断了,或是否 2 根都断了。也有可能是温度传感器坏了,这是第一时间考虑到的故障诊断思路。

（3）故障详细排查

接下来,打开温湿度接线盒,在接线盒端分别测量 12 和 34 二端,发现都有正常蜂鸣,并且通过 $T=(R_{1-3}-R_{1-4}-100)/0.385$ 估算出温度值与实况环境温度相差不多,说明温度传感器正常。此时应该重点排查 3 和 4 二根线哪根出现问题,我们可以利用 1 号线（正常线）来进行故障线路定位（借 1 号线分别与 3、4 线形成回路）。分别将 1 号线与 3 号线连接一起,在采集器防雷板处测量 1 和 3 线通断,测量为通,说明 3 号线正常。再将 1 号线与 4 号线连接一起,在采集器防雷板处测量 1 和 4 线通断,此时发现不通,定位出 4 号线断了。

在排查故障的过程中,湿度开始有数据,后来湿度无数据,并出现了所有要素都采集不到的现象。同样在温湿度接线盒处测量 6 和 7 供电电压为 12 V,说明供电正常。此时将温湿度接线从防雷板上脱开后,其他数据恢复正常,说明湿度线也出问题了。

接下来,对 5 号湿度输出信号线和 6 号线及 7 号线分别进行通断检查,发现 5 和 7 号线是通的,说明 5 和 7 号线短路了,造成了湿度信号输出异常,从而引起采集器紊乱。由于受湿度信号输出线故障,采集器出现采集不到数据的现象,将湿度线从采集器断开后,由于采集器内部时钟紊乱,以及采集软件 SAWSS 不匹配采集不到数据,此时应该通过 DT 软件连接采集器利用 T 和 D 命令来设置当前正确的北京时间和日期,设置成功后,就可以与 SAWSS 进行通信采集数据。

（4）故障定位

根据排查的步骤分析得到此次故障是:温度 4 号线断,湿度信号 5 和 7 号地线短路。接下来顺着线路查找,在温湿度盒子 20 m 处,发现以前有接头,打开接头发现了问题,对其处理后,再进行测量即恢复正常。

（5）小结

故障出现后,先不要急着去排查故障,应该建立好故障思路,从最简单的部位测量入手,首先在防雷板处进行测量。在排查故障过程中,为确保数据三性的完整,及时进行人工补测工作,做好有关备注和登记、故障总结,为以后人员积累现场经验提供参考。

相关修复过程见图 1-7-18～图 1-7-21。

此次报表中 2018 年 3 月 26 日温湿度传感器故障数据处理 A 文件备注如下。

26 日:因温湿度传感器线路故障,先是温度 3 号线短路,几小时后湿度 5 号线短路,造成温湿度数据故障,值班员第一时间进行处理及更换,故障原因是大风导致百叶箱接头处出现故障,处理方法为重新接线包扎好。同时为确保数据连续性不受影响,及时启用备份线路,以下为相关数据按照地面气象观测业务数据处理方法进行处理。

26 日:因温湿度传感器线路故障,今日 21—22 时（北京时 25 日 21—22 时）:A、J 文件中分钟温度 21 时 02 分做缺测处理,小时最高气温从实有记录中挑取为 $-9.1\ ℃$,出现时间 21 时 01 分。

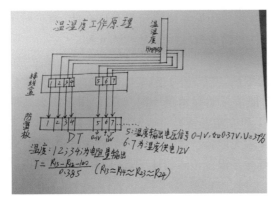

图 1-7-18　温湿度传感器修复一

图 1-7-19　温湿度传感器修复二

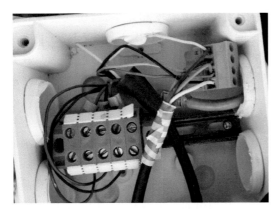

图 1-7-20　温湿度传感器修复三

图 1-7-21　温湿度传感器修复四

23—24 时(北京时 25 日 23—24 点):分钟温度 23 时 24—25 分做缺测处理,小时最高气温从实有记录中挑取为 −9.5 ℃,出现时间 23 时 23 分。

00—01 时:分钟温度 00 时 49—52 分、00 时 56 分—01 时 00 分做缺测处理,01 时正点温度用 00 时 55 分值代替,为 −10.2 ℃。并重新计算水汽压为 1.4 hPa,露点温度为 −18.4 ℃。小时最高气温从实有记录中挑取为 −9.9 ℃,出现时间 00 时 16 分,小时最低气温从实有记录中挑取为 −10.2 ℃,出现时间 00 时 53 分。该时段分钟湿度 00 时 51 分做缺测处理,该小时湿度最低从实有记录中挑取为 45%,出现时间 00 时 03 分。

01—02 时:分钟温度 01 时 03—04 分、01 时 18 分、01 时 20—21 分做缺测处理。小时最高气温从实有记录中挑取为 −9.9 ℃,出现时间 01 时 13 分,小时最低气温从实有记录中挑取为 −10.5 ℃,出现时间 02 点 00 分。

03—04 时:分钟温度 03 时 31、39、41 分、03 时 46—47 分、03 时 53 分做缺测处理。小时最高气温从实有记录中挑取为 −10.8 ℃,出现时间 03 时 13 分。

04—05 时:分钟温度 04 时 23—24 分、04 时 30 分—05 时 00 分做缺测处理,05 时正点温度用干球表值代替,为 −10.4 ℃。并重新计算水汽压为 1.4 hPa,露点温度为 −18.4 ℃。小时最高气温从实有记录中挑取为 −9.2 ℃,出现时间 04 时 02 分,小时最低气温从实有记录中挑取为 −11.2 ℃,出现时间 04 时 29 分。

05—06 时:分钟温度 05 时 00—28 分做缺测处理。小时最高气温从实有记录中挑取为

−9.3 ℃,出现时间 05 时 56 分,小时最低气温从实有记录中挑取为−9.9 ℃,出现时间 05 时 30 分。

08—09 时:分钟温度 08 时 36 分—09 时 00 分做缺测处理,09 时正点温度用干球表值代替,为−10.4 ℃。分钟湿度 08 时 36 分—09 时 00 分做缺测处理,09 时正点湿度用干湿球表读数反查求得,为 47%,并重新计算水汽压为 1.3 hPa,露点温度为−19.5 ℃。小时温度最高从实有记录中挑取为−9.6 ℃,出现时间 08 时 12 分,小时最低气温从实有记录中挑取为−10.5 ℃,出现时间 08 时 29 分。小时湿度最小从实有记录中挑取为 37%,出现时间 08 时 10 分。因湿度信号线短路,气压也受影响,分钟气压数据 08 时 36—40 分做缺测处理,小时气压最高从实有记录中挑取为 999.5 hPa,出现时间 08 时 11 分,小时气压最低从实有记录中挑取为 996.5 hPa,出现时间 08 时 54 分。

09—10 时:分钟温度 09 时 00—18 分做缺测处理,分钟湿度 09 时 00—18 分做缺测处理。小时温度最高从实有记录中挑取为−9.8 ℃,出现时间 09 时 35 分,小时最低气温从实有记录中挑取为−10.2 ℃,出现时间 09 时 46 分。小时湿度最小从实有记录中挑取为 66%,出现时间 09 时 40 分。因湿度信号线短路,气压也受影响,分钟气压数据 09 时 11 分做缺测处理,小时气压最高从实有记录中挑取为 997.0 hPa,出现时间 09 时 18 分,小时气压最低从实有记录中挑取为 996.1 hPa,出现时间 09 时 33 分。

27 日:受温湿度故障维修影响,27 日 16—17 时:该时段分钟温度 16 时 47 分做缺测处理,小时温度最高从实有记录中挑取为−5.3 ℃,出现时间 16 时 51 分,小时最低气温从实有记录中挑取为−5.9 ℃,出现时间 16 时 49 分。

28 日:受温湿度故障维修影响,20—21 时(北京时 27 日 20—21 点):该时段分钟温度 20 时 10 分、20 时 30—40 分做缺测处理,小时温度最高从实有记录中挑取为−6.5 ℃,出现时间 20 时 01 分,小时最低气温从实有记录中挑取为−7.3 ℃,出现时间 20 时 50 分。该时段分钟湿度 20 时 10 分、20 时 30—40 分做缺测处理,该小时湿度最低从实有记录中挑取为 43%,出现时间 20 时 58 分。

1.7.10.2 外部干扰源引发气压数据异常

故障现象描述:气压无规律地跳变,在排查线路、气压传感器及供电等多方面后跳变依然存在。

排查:最后发现是采集器附近的一老发报无线电接收系统故障,未断电,造成干扰引起的气压跳变,将该设备断电后,故障消除。

1.7.10.3 采集器电源故障后引发风数据跳变

在这里讲一个特殊的经典案例,虽然现实中在南极气象站还未出现,但在湖北钟祥基准站当初用的也是 DT50 设备,和南极站设备一样,出现一个特殊案例。

故障:风速跳变,无规律。通过线路、供电、更换风传感器、DT50、卡程序等一系列能考虑到的故障诊断排除工作后,故障仍然存在。因此又对接地检查,消除各部件静电后故障还是没有解除。此时,思考风速工作原理,风速是一个频率脉冲信号,出现跳变,可能是风速输出频率受到了一定的干扰。而最近的干扰就是电源供电系统 CAWS-DY01,但检查输出电压在 12 V 左右,并无故障,对采集器供电和电流都正常。为彻底排查电源系统引起的故障,关闭了 220 V 交流电源,断开供电系统,采集器直接独立由蓄电池供电,经过 1 天采集风速再无故障出现。因此,更换了新的供电系统 CAWS-DY01,故障完全排除。

故障原因定位和验证:将怀疑有问题的供电系统 CAWS-DY01 经过用示波器采集输入端接入 14 号风速信号线,检查脉冲波形,发现方波峰处有 1 V 左右在 100 Hz 干扰信号,正是此干扰信号造成风速跳变。据分析此干扰信号为交流电源经全波整流产生的脉动直流引起,判断出电源板滤波电路故障或老化。为验证故障所在是否正确,将运行正常的风速信号输出接在示波器上,可以明显地看出方波峰未有干扰信号。而风速采集原理是利用脉冲计数计算风速值,正是由于电源上出现了高频率干扰脉冲信号,导致达到风计数器阈值而虚假计数,造成风速采集数据异常变高。

总结:在自动气象站某一要素出现故障后,排除了一切本身问题,换了能想到的部件后,如果问题还存在,就应该考虑外部因素,如相关电源、业务软件、干扰等问题。排查百思不得其解的故障时,要冷静去分析工作原理,在外部环境中查找问题,并不断总结收集整理特殊案例,从一些特殊案例中找出特殊的原因加以解决。

■ 1.7.11 长城站地面气象测报业务系统软件参数

长城站地面气象测报业务系统软件有地面气象测报业务软件(OSSMO 2004 版)和自动气象站监控软件(SAWSS)构成。两个软件的参数存储在 D:\OSSMO 2004\SysConfig 目录中,该参数目录应逐月进行备份。下面具体说明两软件的参数设置。

1.7.11.1 地面气象测报业务软件(OSSMO 2004 版)参数

1.7.11.1.1 台站基本参数

历年平均气温、历年平均本站气压每 10 年更新一次。台站虽无直接辐射观测项目,为实现日照的自动采集应勾选"直接辐射"(图 1-7-22)。

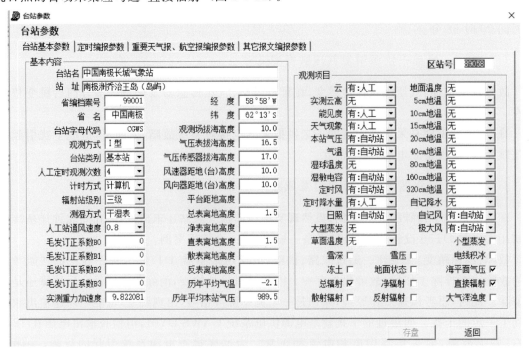

图 1-7-22 台站基本参数页面

1.7.11.1.2 定时编报参数(图 1-7-23,图 1-7-24)

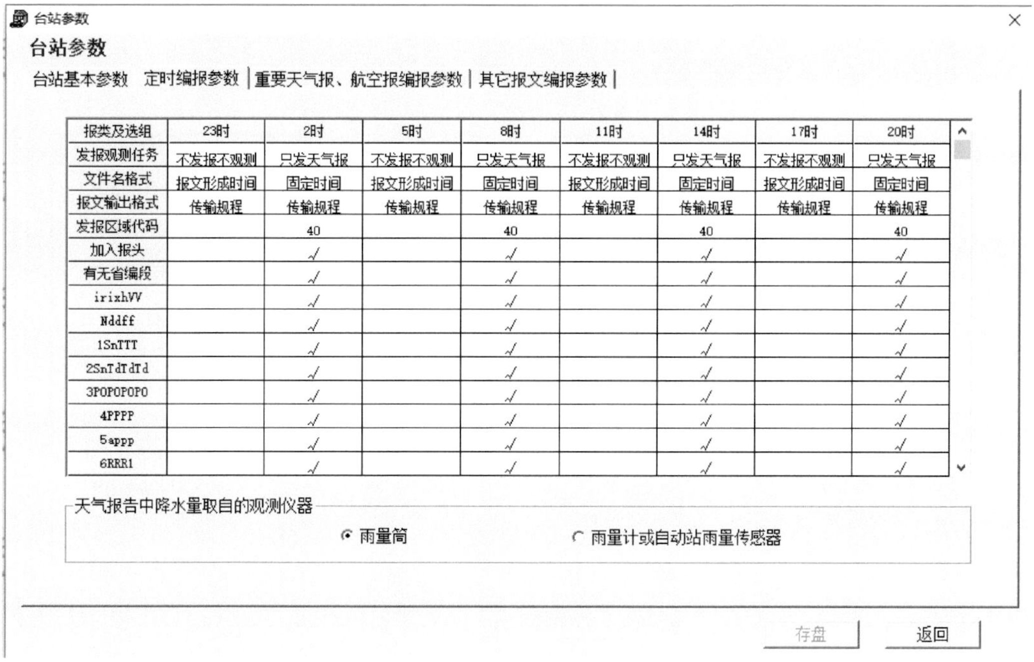

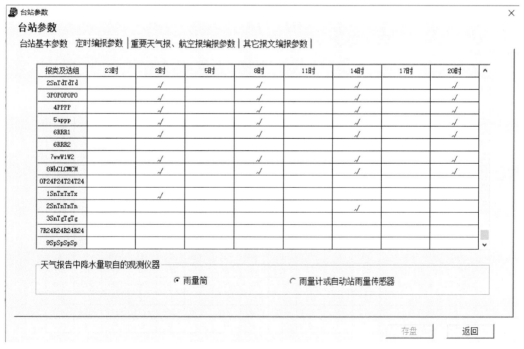

报类及选组	23时	2时	5时	8时	11时	14时	17时	20时
发报观测任务	不发报不观测	只发天气报	不发报不观测	只发天气报	不发报不观测	只发天气报	不发报不观测	只发天气报
文件名格式	报文形成时间	固定时间	报文形成时间	固定时间	报文形成时间	固定时间	报文形成时间	固定时间
报文输出格式	传输规程	传输规程	传输规程	传输规程	传输规程	传输规程	传输规程	传输规程
发报区域代码		40		40		40		40
加入报头		√		√		√		√
有无省编段		√		√		√		√
irixhVV		√		√		√		√
Nddff		√		√		√		√
1SnTTT		√		√		√		√
2SnTdTdTd		√		√		√		√
3POPOPOPO		√		√		√		√
4PPPP		√		√		√		√
5appp		√		√		√		√
6RRR1		√		√		√		√

图 1-7-23 定时编报参数页面一

报类及选组	23时	2时	5时	8时	11时	14时	17时	20时
2SnTdTdTd		√		√		√		√
3POPOPOPO		√		√		√		√
4PPPP		√		√		√		√
5appp		√		√		√		√
6RRR1		√		√		√		√
6RRR2								
7wwW1W2		√		√		√		√
8NhCLCMCH		√		√		√		√
0P24P24T24T24								
1SnTxTxTx		√						
2SnTnTnTn						√		
3SnTgTgTg								
7R24R24R24R24								
9SpSpSpSp								

图 1-7-24 定时编报参数页面二

1.7.11.1.3 气候月报参数

如图 1-7-25～图 1-7-27 所示，其中，图 1-7-26 气候月报参数二和图 1-7-27 气候月报参数三中的历史气象数据每 10 年更新一次。

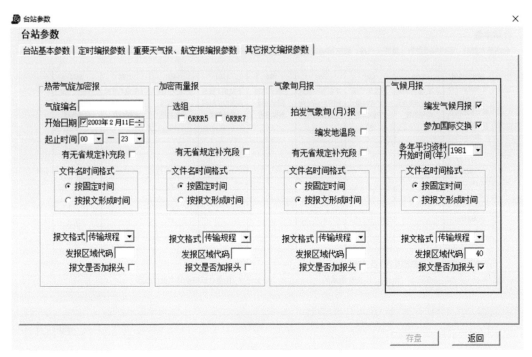

图 1-7-25　气候月报参数页面一

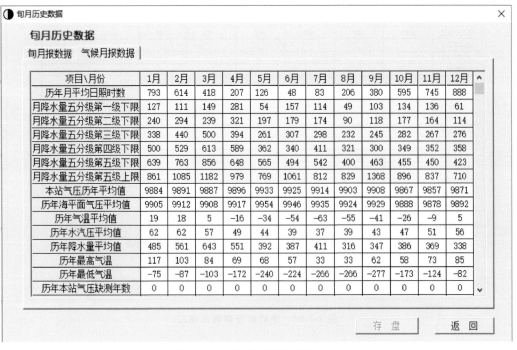

图 1-7-26　气候月报参数页面二

句月历史数据 ✕

句月历史数据

句月报数据　气候月报数据

项目\月份	1月	2月	3月	4月	5月	6月	7月	8月	9月	10月	11月	12月
本站气压历年平均值	9884	9891	9887	9896	9933	9925	9914	9903	9908	9867	9857	9871
历年海平面气压平均值	9905	9912	9908	9917	9954	9946	9935	9924	9929	9888	9878	9892
历年气温平均值	19	18	5	−16	−34	−54	−63	−55	−41	−26	−9	5
历年水汽压平均值	62	62	57	49	44	39	37	39	43	47	51	56
历年降水量平均值	485	561	643	551	392	387	411	316	347	386	369	338
历年最高气温	117	103	84	69	68	57	33	33	62	58	73	85
历年最低气温	−75	−87	−103	−172	−240	−224	−266	−266	−277	−173	−124	−82
历年本站气压缺测年数	0	0	0	0	0	0	0	0	0	0	0	0
历年气温缺测年数	0	0	0	0	0	0	0	0	0	0	0	0
历年水汽压缺测年数	0	0	0	0	0	0	0	0	0	0	0	0
历年降水量缺测年数	0	0	0	0	0	0	0	0	0	0	0	0
历年极端气温缺测年数	0	0	0	0	0	0	0	0	0	0	0	0
历年日照缺测年数	0	0	0	0	0	0	0	0	0	0	0	0
历年日平均气温月标准差	36	35	36	38	43	51	58	54	50	42	37	35
历年日降水量≥1.0mm平均日数	18	19	22	22	21	21	22	21	22	22	20	18

存 盘　　返 回

图 1-7-27　气候月报参数页面三

1.7.11.1.4　仪器检定证数据

应对图 1-7-28、图 1-7-29 所示的观测仪器信息进行登记录入，人工补测时软件正确计算相关数据。

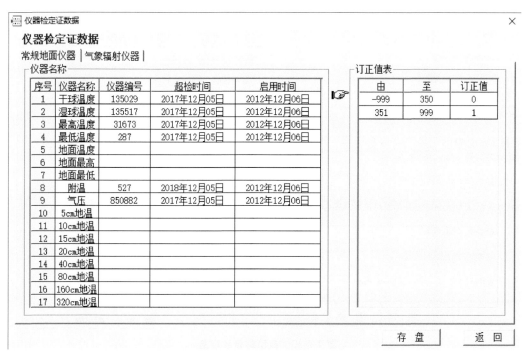

图 1-7-28　常规地面仪器数据

图 1-7-29　气象辐射仪器

1.7.11.2　自动气象站监控软件(SAWSS)参数

1.7.11.2.1　自动站参数设置

在自动站维护菜单中选中"自动站参数设置"(图 1-7-30)进行如下基本参数和端口设置。

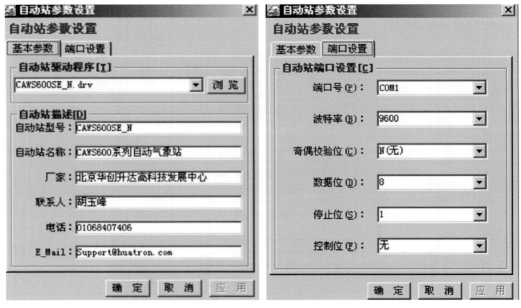

图 1-7-30　自动站参数设置

1.7.11.2.2 地方时信息传送到采集器

长城站有总辐射观测项目,此处设置中应勾选"地方时信息传送到采集器",如图 1-7-31 所示,软件根据本站经度计算地方时差传送到采集器。

图 1-7-31 地方时信息传送到采集器

1.7.11.2.3 总辐射仪器信息录入

在系统参数菜单下选中"辐射表检定数据"正确录入总辐射表信息(图 1-7-32),以实现总辐射的正确采集。

图 1-7-32 总辐射仪器信息录入

■ 1.7.12 长城站历史气象资料统计

对长城站自建站至2017年的气象数据资料进行统计。

1.7.12.1 气象要素极值

如表1-7-5所示，月最低本站气压、月极大风速较1985—2010年有更新。最高本站气压1034.6 hPa，最低本站气压929.4 hPa，波动变化幅度105.2 hPa。最高气温11.7 ℃，最低气温－27.7 ℃，温差39.4 ℃。一日最大降水量为35.6 mm。最大风速33.0 m/s，风向为NNW，极大风速为38.0 m/s，风向ESE。气象要素极值有变动应及时在地面气象测报业务软件"地面审核规则库"中进行设置，以保证软件进行数据审核和必要的质控报警提示。

表 1-7-5　1985—2017 年长城站气象要素极值统计

时间	月最高本站气压（hPa）	月最低本站气压（hPa）	月最高气温（℃）	月最低气温（℃）	月最大水汽压（hPa）	月最小水汽压（hPa）	月最小相对湿度（%）	月日最大降水量（mm）	月日最大降水量的最小值（mm）	月最大风速（m/s）	月最大风速的风向	月极大风速（m/s）	月极大风速的风向
1 月	1015.3	959.7	11.7	－7.5	9.4	3.2	37	18.3	4.0	26.0	SE	28.9	ESE
2 月	1028.0	945.9	10.3	－8.7	9.3	2.8	41	25.1	2.6	24.8	NW	30.5	SE
3 月	1022.7	948.5	8.4	－10.3	10.0	2.2	18	29.6	3.9	27.3	NW	36.2	W
4 月	1026.4	953.0	6.9	－17.2	8.5	1.3	45	33.4	4.4	26.4	E	32.4	ESE
5 月	1031.5	946.0	6.8	－24.0	8.9	0.8	41	21.1	2.0	29.1	SE	35.9	SE
6 月	1030.0	941.5	5.7	－22.4	8.7	0.8	42	35.6	1.5	29.0	ESE	37.7	ESE
7 月	1031.4	944.1	3.3	－26.6	6.9	0.5	42	27.7	2.0	30.7	NW	36.8	NW
8 月	1029.0	929.4	3.3	－26.6	6.8	0.6	40	34.3	1.2	32.2	ESE	38.0	ESE
9 月	1034.6	938.3	6.2	－27.7	8.2	0.7	25	26.2	2.0	33.0	NNW	36.6	NW
10 月	1025.5	940.7	5.8	－17.3	7.4	1.5	25	25.9	32.0	30.7	SSE	34.1	SE
11 月	1022.4	946.1	7.8	－12.4	8.0	1.5	41	35.5	2.6	28.5	SE	37.2	SE
12 月	1018.3	952.8	8.5	－8.2	8.6	2.5	43	18.6	1.8	25.8	W	31.9	N
年极值	1034.6	929.4	11.7	－27.7	10.0	0.5	18	35.6	1.2	33.0	NNW	38.0	ESE
出现时间	2000-9-7	2015-8-17	1985-1-24	1998-9-10	2003-3-17	1987-7-12	2004-3-17	1988-6-26	1995-8-19	1987-9-9		2013-8-19	

1.7.12.2 气象要素平均值

表 1-7-6 1985—2017 年长城站气象要素平均值统计

时间	月平均本站气压(hPa)	月最高本站气压(hPa)	月最低本站气压(hPa)	月平均海平面气压(hPa)	月平均气温(℃)	月平均最高气温(℃)	月平均最低气温(℃)	月平均水汽压(hPa)	月平均相对湿度(%)	月平均总云量(成)	月平均低云量(成)	月平均2 min平均风速(m/s)	月平均10 min平均风速(m/s)
1 月	988.0	991.8	984.6	989.6	1.7	3.8	0.1	6.1	87.8	9.1	7.1	6.2	6.0
2 月	988.7	993.2	984.1	990.0	1.7	3.7	0.2	6.2	88.8	9.0	7.2	6.8	6.6
3 月	989.0	993.7	984.1	990.9	0.6	2.4	−1.1	5.8	88.8	8.9	7.4	6.9	7.0
4 月	989.6	994.2	984.8	990.7	−1.7	0.1	−3.6	4.9	88.6	8.9	7.4	7.3	7.4
5 月	992.8	997.6	987.8	993.4	−3.2	−1.2	−5.4	4.5	89.2	8.6	7.1	7.4	7.4
6 月	991.0	995.6	986.2	991.0	−5.4	−3.0	−8.0	3.9	88.6	8.6	6.9	7.9	7.6
7 月	991.0	996.3	985.4	993.0	−6.2	−3.5	−9.1	3.7	89.9	8.5	6.8	7.5	7.4
8 月	990.4	995.5	984.9	993.2	−5.7	−3.2	−8.5	3.9	89.0	8.7	7.2	7.9	7.9
9 月	990.6	995.9	985.0	993.3	−4.3	−2.0	−7.0	4.3	90.6	8.9	7.2	8.2	8.1
10 月	986.4	991.5	981.2	987.4	−2.5	−0.5	−4.6	4.7	89.4	9.0	7.2	8.4	8.4
11 月	985.2	989.6	980.5	986.8	−0.9	1.0	−2.8	5.1	88.6	9.1	7.2	7.3	7.2
12 月	986.7	990.3	982.8	988.0	0.6	2.6	−1.1	5.6	87.0	9.1	6.9	6.6	6.5
年平均	989.1	993.8	984.3	990.6	−2.1	0.0	−4.3	4.9	88.9	8.9	7.1	7.4	7.3

1.7.12.3 日数、回数、频率值

表 1-7-7 1985—2017 年长城站雪、雨出现天数统计(d)

	1 月	2 月	3 月	4 月	5 月	6 月	7 月	8 月	9 月	10 月	11 月	12 月
雪平均日数	13.2	10.9	15.5	20.5	21.6	22.9	24.0	23.7	23.8	23.8	21.4	17.7
雨平均日数	18.6	17.7	17.2	12.1	10.7	8.9	8.9	8.9	9.6	9.3	11.0	13.1

表 1-7-8 1985—2017 年长城站各月最低气温≥0.0 ℃与≤−10.0 ℃出现天数统计(d)

最低气温日数	1 月	2 月	3 月	4 月	5 月	6 月	7 月	8 月	9 月	10 月	11 月	12 月
≥0.0 ℃	17.7	17.8	12.4	4.9	1.5	0.2	0.0	0.1	0.2	0.3	1.4	7.6
≤−10.0 ℃	0.0	0.0	0.0	1.8	4.5	10.6	12.9	11.1	7.7	1.9	0.2	0.0

1.7.12.4　总量值

统计月平均降水总量值显示(表1-7-9),3月份降水量最大,12月最少,年变化不明显。月最大降水量出现在5月为173.4 mm,其中最小值出现在12月为82.4 mm。月最小降水量5、8、12月低于10 mm,8月最小为4.9 mm。12月降水量最少。

表1-7-9　1985—2017年长城站各月降水总量值统计(mm)

月份	月平均	月最大	月最小
1	47.9	86.1	12.7
2	57.3	108.5	11.1
3	71.5	131.9	23.1
4	57.5	117.5	28.1
5	49.4	173.4	5.4
6	47.3	138.8	15.7
7	46.6	107.3	11.4
8	40.5	155.0	4.9
9	45.3	136.8	10.3
10	47.7	148.8	13.4
11	43.1	171.3	13.6
12	35.5	82.4	6.1
年值	49.1	173.4	4.9

表1-7-10　1985—2017年长城站各月日照时数量别日数统计

量别	1月	2月	3月	4月	5月	6月	7月	8月	9月	10月	11月	12月	年
≤20%	22.2	20.9	24.7	25.2	27.6	28.0	28.3	25.8	23.4	23.5	21.0	21.8	24.4
≥60%	1.3	1.4	1.0	0.8	0.8	0.4	0.9	1.2	1.2	1.2	1.2	1.1	1.0

■ 1.7.13　其他工作建议

(1)鉴于长城站风雪很大,每次定时观测可用非正式气簿进行记录,到室内再将其写到正式气簿上。这样可防止气簿被大风刮走,还可保证记录干净整洁。遇有大风或暴风雪天气且要更换温湿度自记纸时,建议再找一名队员进行协助。

(2)测报软件正点观测自动弹出的"天气报"对话框经常没有数据,应将其关闭后,等50 s后再打开就会有数据。

(3)每天要巡检仪器,及时清除日照、辐射传感器上的积雪、雨凇、雾凇及雨雪水,防止影响数据采集;暴风雪时要及时清理百叶箱中的积雪。在清除日照、辐射传感器上的冰雪时,千万注意即使不能除掉结冰也不能用力过大,以防损坏仪器。勿用硬物尖利工具刮或砍,以防遗留刮痕或损坏。

(4)当温度在0 ℃左右且有降水时,风传感器很容易结冰,因雾凇、雨凇致使传感器结冰停转,摇动风杆拉线将雾凇、雨凇震掉,如果不掉,需要爬到风向杆顶进行清理,清理前应向站领导报告批准后,等风较小时再进行。在爬杆时,一边爬一边敲掉扶手上的冰,并且注意安全,须带上安全带、防护帽等,旁边要有人进行守护。清除螺旋桨上的结冰时不要太用力,以免损坏。红外灯开关在发电房程控开关盒内,建议在 2—4 月重新更换红外灯泡。

(5)因空气中含盐量较高,温度计、湿度计的传动部分容易氧化和形成铁锈,要经常用酒精进行清洗;若腐蚀严重,就要更换备用仪器。

(6)百叶箱在 3 月时应更换顶部和门上的纱布,防止风雪进入。此外,在 9—10 月间出现暴风雪后经常被埋没,若出现这种情况要及时报告站长组织队员协助挖雪。

(7)在风很大时,观测时所带的换用雨量器一定要放置好,以防止雨量筒被风刮走,可请队友协助。

(8)气压传感器离极轨卫星接收机很近,接收机的电源盒产生的电磁辐射对气压传感器信号产生影响,所以一定要将接收机箱体的门关好。静电对气压传感器影响较大,室内空气干燥,地线暂时接到暖气上。

(9)定时对雨量筒进行称重,一定做好吹雪与雪暴天气的判断,在测量降水时一定要将筒外所黏附的雨雪和积冰清除干净,当承水器或雨量筒出现缝隙时要进行维修。

(10)由于监控软件影响,自动站用计算机每采集 5000 次或每周应重启一次,否则写入电脑的采集器数据文件会有缺测记录,需要重新卸载数据。

(11)自动站的 UPS 应当每 2~3 个月放电维护 2~3 h,现在 UPS 电池可支持计算机运行6 h 左右。

(12)度夏期间站上人员比较多,要注意自动站计算机和备用计算机不要让其他人使用,确保业务用机的安全。

(13)气象播发 MeteCast 是武汉大学传输自动站数据的程序,气科院同意在自动站电脑中运行。已经将该程序写为后台运行,电脑重启后会自动在后台运行,不需要人工维护。若自动站电脑更换,须安装该程序,该程序安装文件在 E 盘。

(14)定期检查水银气压表水银面是否氧化,若氧化须进行人工调整清洁水银面。

(15)在站期间,应按照站上规定出入站,若确需出站应请示站长。外出时必须 2 人以上同行,9 月至次年 4 月期间外出,还要注意防范嘴鸥等动物的攻击。

(16)注意在观测簿纪要栏对长城站东南面海水封冻、解冻情况的记载。

(17)每天都有规定的工作任务,调整好休息、保持好工作状态非常重要。在规定的工作任务前务必做好闹钟提醒。

(18)气科院业务培训结束后,针对培训内容欠缺问题应及时进行查漏补缺,与上一批在站队员充分沟通,以便针对 DT50 采集器和 OSSMO 业务软件、报表制作进行学习,能独立判断排除有关故障。

(19)在业务培训时,应动手操作实验室的 DT 自动气象站,测量有关要素物理量,弄清工作原理、线路接线、常见故障判断维护更换、与业务软件连接调试等。

第 2 章

极地大气化学观测

2.1 目的与意义

全球大气成分的变化已经威胁到人类赖以生存的大气环境和气候。科学研究已经证实,始于20世纪后半叶的三大全球性大气环境问题——酸雨、臭氧层破坏和全球气候变暖问题,都与人类活动导致全球大气(化学)成分的明显改变有关。为了准确地认识全球大气成分的改变,就需要了解全球各个区域的大气组成,特别是对气候、环境、生态等具有重要意义的微量气体成分在全球范围内的分布及其平均状况,即所谓的"大气本底"。南极是地球上最后一块人类活动罕至的大陆,了解南极地区的大气本底状况,对于研究全球大气成分的变化状况,进而研究全球大气环境变化及其对其他地球系统的影响问题,如全球气候变化、生态系统影响等,都具有十分重要的意义。

西方发达国家较早就在南极开展大气成分观测,如美国的极点站、德国的纽梅因站因为其建站历史长,开展的观测项目多,成为全球24个最完备的全球大气成分观测站之一。此外,日本的昭和站和英国的哈利(雷)站也因为首先发现南极的臭氧洞而闻名。还有法国、澳大利亚等其他西方国家也不同程度地开展了大气成分长期观测和研究。

为了提升我国对南极的观测和研究能力,2007/2008年中国第24次南极考察度夏期间,在中山站建设了大气化学观测系统,开始了地面臭氧、一氧化碳、黑碳气溶胶的长期连续观测,并定期释放臭氧探空气球以及开始二氧化碳和甲烷的气瓶采样观测。2009/2010年中国第26次南

本章主笔:汤洁、田彪,主要作者:张东启。

极考察度夏期间,中山站大气化学观测系统又增加了一套采用衰荡腔激光光谱测量技术(CRDS)的大气二氧化碳、甲烷在线测量系统,使中山站成为继美国极点站、日本昭和站等发达国家考察站之后初步具备在南极进行连续在线测量、精确获取各种大气成分本底状况研究能力的考察站。之后,随着大气中的可持续性污染物、痕量重金属、氧化亚氮等观测项目的陆续增加,中山站已发展成为国际知名度较高的大气化学观测基地。

2.2 观 测 系 统

2.2.1 观测仪器

2.2.1.1 AE33 型黑碳监测仪

2.2.1.1.1 仪器原理

AE33 型黑碳监测仪(Aethalometer,美国 Magee Scientific 公司生产)基于滤膜采样－光学吸收的工作原理(图 2-2-1),气泵连续抽取环境空气,使之过滤通过石英(或复合光学纤维)滤带,空气中的气溶胶颗粒便被采集到滤(膜)带上,再利用从近紫外、可见、近红外的 7 波长光源(370 nm,470 nm,520 nm,590 nm,660 nm,880 nm 和 950 nm)同时照射滤膜上的颗粒物采样点位和采样点位以外的空白滤膜对照区,即可测量得到滤膜上所采集颗粒物对投射光线的光学衰减率。因为该光学衰减率与颗粒物样品中的黑碳含量成正比,根据一定时间间隔内光学衰减率的变化量,即可计算得出在该段时间内所采集空气中黑碳气溶胶的浓度。为了消除随颗粒物在滤带上沉积量不断增加所带来的光学衰减率的非线性变化,即所谓的"负载"效应,AE33 型黑碳监测仪采用了"双点位"采样方式工作,即同时将环境空气以不同的体积流速过滤通过滤带上 2 个采样点位,计算 2 个点位上"过载"效应,从而实现对"过载"效应的实时订正。

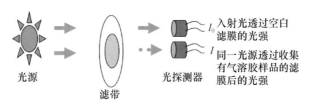

图 2-2-1　AE33 型黑碳监测仪测量原理

由于气溶胶颗粒中还存在一些具有一定光学吸收性物质,有可能在其余波长通道上对黑碳气溶胶的浓度测量造成一定的测量干扰,因此一般将通道 6(880 nm)测定的黑碳气溶胶浓度作为黑碳气溶胶浓度的标准报告值。

黑碳浓度:　BC＝BC6

2.2.1.1.2 仪器结构

AE33 型黑碳监测仪采用模块化设计(图 2-2-2),仪器由多个子系统构成,所以替换单元很容易更换。整个仪器是密封性设计的,这样可以减少粉尘进入。

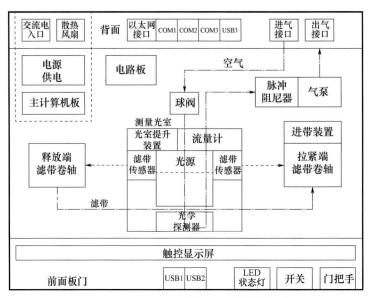

图 2-2-2　AE33 型黑碳监测仪功能模块图解

（1）仪器外部结构

AE33 型黑碳监测仪具有如图 2-2-3 所示的外部结构，主要包括外壳、前面板、彩色触摸屏、进气和出气接口、LED 状态指示灯、电源开关、USB 接口、散热风扇等。其外部硬件介绍见表 2-2-1。

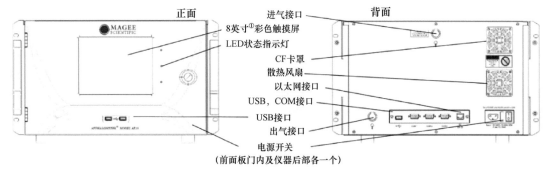

图 2-2-3　AE33 型黑碳监测仪外部结构

表 2-2-1　AE33 型黑碳监测仪外部硬件介绍

硬件名称	介绍
外壳	AE33 型黑碳监测仪的外壳非常坚固，由金属制成，很好地保护着仪器的内部精密测量器件。外壳的尺寸能与标准机柜匹配
前面板	前面板门可打开，方便用户更换过滤带和清洁光室
彩色触摸屏	触摸屏是仪器主要操作界面，通过此界面操作者能够对仪器执行基本操作
进气出气接口	仪器通过进气口和出气口与外界空气接触。被测量大气从仪器的进气口进入，从出气口排出
LED 状态指示灯	红色、黄色、绿色 LED 灯状态显示仪器运行是否正常，这种状态重复出现在屏幕上并显示状态标记
电源开关	副开关置于前门的后面，它与仪器后面的主开关串联

———————————————

①　1 英寸（in）＝2.54cm。

硬件名称	介绍
USB 接口	前方面板门上有两个 USB 接口,可用于连接键盘,鼠标或 U 盘上传下载数据。后方允许连接标准 USB 接口的设备,如外部传感器或数据处理单元
散热风扇	散热风扇也是电源供电模块的一部分。控制电子部件检测到供电区的温度以开启或关闭散热风扇

（2）仪器内部结构

AE33 型黑碳监测仪具有如图 2-2-4 所示的测量装置内部结构,主要包括光室提升装置、进带装置、滤带卷轴、滤带传感器、光源、检测器等。其内部硬件介绍见表 2-2-2。

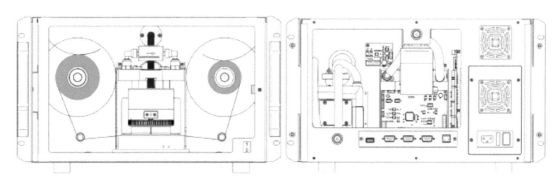

图 2-2-4　AE33 型黑碳监测仪内部结构

表 2-2-2　AE33 型黑碳监测仪测量装置内部硬件介绍

硬件名称	介绍
光室提升装置	光室提升机械装置允许光室手动提升或电动提升。滤带进位期间光室自动提升程序被调用。更换滤带期间光室手动提升程序占用。手动提升光室机械装置设计了一个特殊的固定装置,简化了更换滤带和清理光室的步骤。光室提升机械装置的主要电子组件是步进电机和位置传感器
进带装置	滤带步进装置让仪器测量时滤带自动向前进带。主要电子部件是一个步进电机和两个滤带传感器
滤带卷轴	滤带卷轴用于安置滤带。滤带自动前移期间,滤带从一端的卷轴释放前移并绕在另一端的卷轴上。如果释放端的卷轴上滤带空了,仪器会通过传感器自动检测到。滤带的更换则需要使用者手动更换。测量滤带是系统的主要部分之一
滤带传感器	两个滤带传感器用来测量两边卷轴上的滤带的剩余量
光源	光源是由几组不同波长的 LED 灯组成,也是系统的主要部件之一
检测器	光量检测器检测透过测量滤带的光强。把光量检测器和流量计的数据用一种特殊的算法能计算出黑碳的质量浓度

2.2.1.1.3　用户界面和设置

在触摸屏用户界面的第一级菜单中有四项菜单可以操作浏览。

（1）HOME 选项显示（图 2-2-5）

① 黑碳的测量数值（测量 880 nm,BC）和 UV 紫外吸收颗粒物（计算 370 nm,UVPM）;

② 流量测量；

③ 时间周期设置；

④ 滤带剩余量；

⑤ 状态：绿色(全 OK)，黄色(检查状态)，红色(停止)的状态标志(可参考 2.5.2 节 AE33 型黑碳监测仪的仪器参数设置)，在主界面点击状态颜色按钮将显示详细信息；

⑥ 日期与时间

注意：BC 和 UVPM 的数值通常很相近，但并不完全一样。如果芳香族化合物出现在样气中(例如，当采样木头烧出的烟雾时)，UVPM 的浓度将会大大地超过 BC 浓度的数值，可依据烟雾的量和所含有机物的类型来判断。

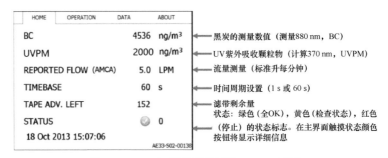

图 2-2-5　AE33 型黑碳监测仪 HOME 界面

（2）OPERATION 选项

如图 2-2-6 所示，有四个子菜单：GENERAL，ADVANCED，LOG 和 MANUAL，GENERAL 菜单可以改变以下设置：

① 流量(LPM)；

② 流量报告标准：这些压力和温度用于仪器使用的一些流量报告。通过选择质量流量标准(101325 Pa，21.11 ℃)，就会把仪器测量的质量流量转换成对应状态下的体积流量(这些数值被用于 AE33 型黑碳监测仪的流量计)。也可以选择其他状态下(压力，温度)的流量显示，如可以选择0 ℃ 或25 ℃时仪器的显示流量；

③ 时间周期(s)；

④ 设置黑碳仪滤带走点的最大衰减值 TA ATNmax；

⑤ 设置黑碳仪滤带走点的最大时间间隔 TA INT；

⑥ 黑碳仪滤带走点的时间－TA Time；

⑦ 时间和日期：仪器的时间/日期设置使用 DST(夏时制)格式。当仪器开关设成打开状态时，时间/日期设置使用 DST 格式，在正常运行期间时间格式不做更新。

ADVANCED 菜单，包含全部黑碳仪可设置的参数。

LOG 菜单，包含最新的状态运行报告、参数更改、数据下载。

MANUAL 菜单，包含硬件运行的基本命令(电磁阀、泵、光室、AT)。

（3）DATA 选项

有两个子菜单条：TABLE 和 EXPORT，如图 2-2-7 所示。

TABLE 菜单报告原始测量值、基于每个单独点(BC1,BC2)计算的 BC 浓度值、补偿修正 BC 值，浓度的单位都是 ng/m³。

EXPORT 菜单，选择数据复制到 USB。

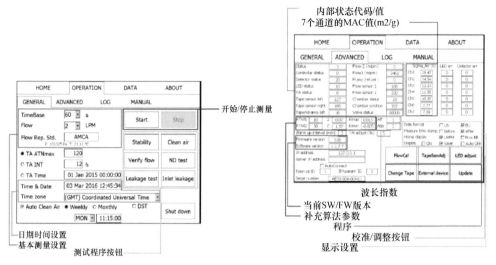

图 2-2-6　AE33 型黑碳监测仪 OPERATION 界面

SYSTEM RESTORE 用于将整台仪器恢复到之前的设置。可选择按日期、时间命名的设置文件。

DATA IMPORT 用于数据导出。导出的数据将存放在同一个文件夹。

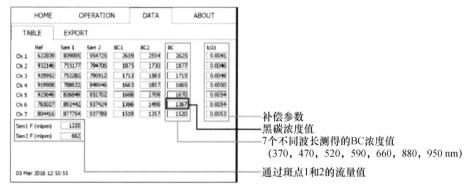

图 2-2-7　AE33 型黑碳监测仪 DATA 界面

（4）ABOUT 选项

如图 2-2-8 所示，主要显示仪器特征及联系信息。

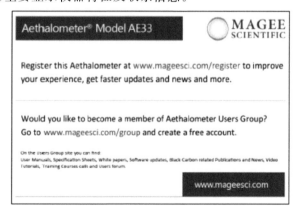

图 2-2-8　AE33 型黑碳监测仪 ABOUT 界面

2.2.1.2　TE49i 型臭氧分析仪

2.2.1.2.1　仪器原理

（1）基本原理

TE49i 型臭氧分析仪（Ozone analyzer，美国 Thermo Scientific 公司生产）采用波长为 254 nm 的紫外光源，基于光度吸收法原理测量大气中的臭氧浓度（图 2-2-9）。根据 Lambert-Beer 定律，臭氧对紫外光强的吸收衰减（I/I_0）与其浓度之间存在以下关系：

$$I/I_0 = e^{-KLC} \tag{2-2-1}$$

式中，K 为分子吸收系数，$K=308$ cm^{-1}（0 ℃，1 个大气压）；L 为单元长度，$L=38$ cm；C 为臭氧浓度（ppm[①]）；I 为有臭氧样品（环境空气）时的紫外光强度；I_0 为无臭氧样品（参比气）时的紫外光强度。

图 2-2-9　TE49i 型臭氧分析仪

（2）气路原理

如图 2-2-10 所示，环境空气进入 TE49i 型臭氧分析仪后分成两路气流，一路气体通过 O_3 涤去器（或称去除器）成为参比气，其零臭氧含量为零，流向参比气（切换）电磁阀，另一路气体直接流向样气（切换）电磁阀，参比气电磁阀和样气电磁阀每 10 s 协同切换一次，交替地将样气和参比气分别导入 A、B 光室和 B、A 光室。由于参比气中不含有 O_3，因此，比较 A、B 两光室（或 B、A 两光室）的吸收光强，即可得到光室中臭氧对紫外光源的吸光度，该吸光度与光室中臭氧浓度成正比。随着参比气电磁阀和样气电磁阀每 10 s 切换一次，TE49i 型臭氧分析仪即可完成一次臭氧浓度的测量，其浓度值可在前方屏幕显示，同时还可通过模拟输出口、串口或以太网分别输出模拟/数字方式的测量数据。

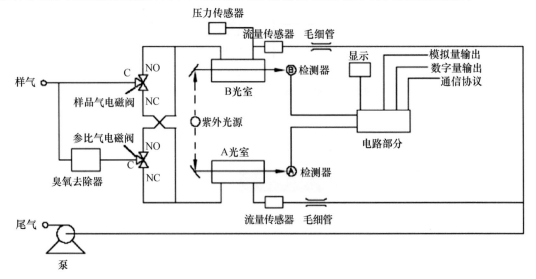

图 2-2-10　TE49i 型臭氧分析仪流程示意图

[①]　1 ppm＝10^{-6}。

2.2.1.2.2 仪器结构

（1）仪器前面板

图 2-2-11 是仪器的前面板，屏幕上可显示 O_3 浓度、仪器运行状态、仪器参数、仪器控制信息、帮助和报警等信息。通过前面板上的操作键，可实现对仪器的检查、设置、校准等项操作。各操作键的使用说明见表 2-2-3。

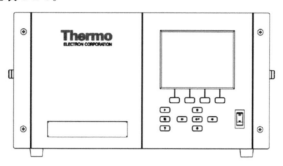

图 2-2-11　TE49i 型臭氧分析仪前面板

用户可以用前面板按钮在不同的屏幕/菜单之间进行切换。

表 2-2-3　TE49i 型臭氧分析仪前面板按钮介绍

操作键	介　绍
☐ =软键	☐软键可以被用作快捷方式，让用户跳至"用户选择菜单"屏幕
▶ =运行	▶用于显示"运行"屏幕。"运行"屏幕通常显示 NO、NO_2 和 NO_x 浓度
■ =菜单	■用于在"运行"屏幕或回到菜单系统的上一级菜单时显示主菜单
? =帮助	?与当前内容相关，即提供与正在显示的屏幕相关的附加信息；按 ? 可以显示当前屏幕或菜单的简要说明；"帮助"信息用字母显示以明显区别于操作屏幕；按 ■ 或 ? 返回上一个屏幕，或按 ▶ 返回"运行"屏幕，可以退出"帮助"屏幕
↑ ↓ =上、下 ← → =左、右	这 4 个箭头按钮（↑ ↓ ← 和 →）可上、下、左、右移动指针或调整特定屏幕内的数值或状态
↵ =输入	用于选择菜单项，接受/设置/保存变更和/或启动/关闭各项功能

（2）仪器后面板

如图 2-2-12 所示，TE49i 型臭氧分析仪的背面由交流电输入端口、样气进气接口、尾气排气接口、以太网通信接头、RS-232/485 通信（两个接头）、带有电源故障继电器的 I/O 接头、16 位数字输入端口、6 位模拟电压输出端口等组成。各部件介绍详见表 2-2-4。

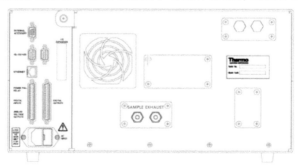

图 2-2-12　TE49i 型臭氧分析仪后面板

表 2-2-4　TE49i 型臭氧分析仪背面硬件介绍

硬件名称	介绍
交流电输入端口	适用于 220～240 V AC 端口内有两根保险丝,市电正常情况下的设备断电,注意检查保险丝是否熔断。如果有一根保险丝熔断,则将两根保险丝都予以更换
样气进气接口	由透明的 1/4 英寸特氟隆管将样气从进气总管经由过滤器后导入仪器内
尾气排气接口	由透明的 1/4 英寸特氟隆管将分析后的尾气导入尾气集气管后排放到室外
以太网通信接头	一个 RJ45 接头用于 10 Mbps 以太网接头,通过网线连接其他电脑,用于下载数据

（3）仪器内部结构

TE49i 型臭氧分析仪的内部硬件零部件（图 2-2-13）包括：光度计灯的光座、探测器系统、流量传感器、压力传感器、泵、臭氧发生器总成、母板、样气/参比电磁阀、光座温度热调节器等。零部件具体介绍见表 2-2-5。

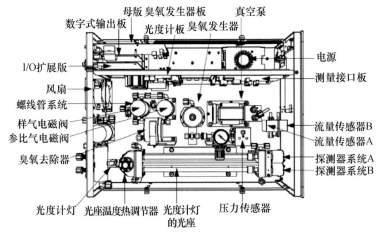

图 2-2-13　TE49i 型臭氧分析仪内部硬件零部件

表 2-2-5　TE49i 型臭氧分析仪内部硬件零部件介绍

硬件名称	介绍
光度计光座	光座有两个密封的室,包括样气和参比气,一个公用的光度计灯,末端有两个探测器
探测器系统	每个探测器的光电二极管传播光的强度信息给测量面板用来计算样品浓度
流量传感器	流量传感器用于测量在测量系统内的试样气体的流量
压力传感器	压力传感器测量反应室的压力。压力传感器输出通过测量样品气体压力和环境气压之间产生的压力差
真空泵	真空泵将反应后的气体从反应室中抽出
毛细管	毛细管和泵一起用来控制样品管中的流量
母板	母板包括主处理器、电源、子处理器,作为仪器的通信口; 母板接收来自安装在前面板上的键盘和/或来自后面板上的 I/O 连接处的操作员输入,将命令发送到其他控制板以控制仪器的功能,并且收集测量和诊断信息。母板输出仪器状态和测量数据给安装在前面板上的图像显示器和后面板上的 I/O
测量接口板	测量接口板作为仪器中所有测量电子元件的中央连接区域。它包括电源和用于测量系统传感器和控制仪器的接口电路。它发送状态数据到母板并从母板接收控制信号
数字式输出板	数字式输出板与母板相连接,向位于仪器后面板上的接头提供电磁阀驱动器输出和继电器接触输出。提供了 10 个通常打开的继电器(电源关闭)接触,它们在电气连接上是彼此隔离的。在连接器上和一个相对应的 +24 V DC 供电针脚一起提供了 8 个电磁阀驱动器输出(开式接头)

2.2.1.2.3 主菜单及其结构

除仪器的开机屏幕和运行屏幕外,TE49i 型臭氧分析仪的各种操作和参数设置均通过菜单(屏幕)选择实现。主菜单下包含若干个子菜单,子菜单下则包含各种操作(或显示)屏幕。图 2-2-14 显示的是 TE49i 型臭氧分析仪的菜单结构,包括全部子菜单及其下属的操作(显示)屏幕的条目(每个菜单的具体介绍请见说明书)。

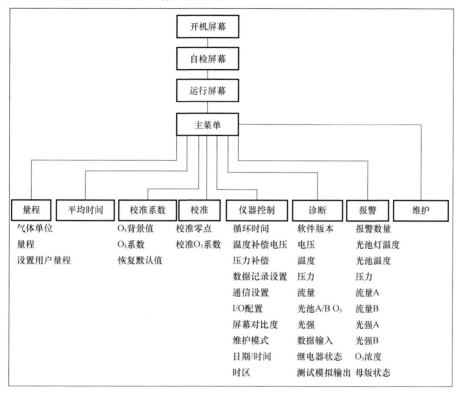

图 2-2-14 TE49i 型臭氧分析仪菜单控制软件流程图

2.2.1.3 TE49i-PS 型臭氧校准仪

图 2-2-15 TE49i-PS 型臭氧校准仪

2.2.1.3.1 仪器原理

(1)仪器工作原理

由于 O_3 是化学活泼性气体,无法利用含有确切浓度(含量)的标准气体作为标准量值溯源的载体,因而只能使用标准仪器作为标准量值溯源的载体,来对现场观测的仪器进行校准。TE49i-PS 型臭氧校准仪被设计用来在臭氧的标准测量仪(Ozone Standard Reference Photometer,SRP)与现场测量仪器之间进行标准量值的溯源传递。可以将 TE49i-PS 型臭氧校准仪看作是 TE49i 型臭氧分析仪的扩展改造,在后者的机箱内增加了一个臭氧发生器及相应的配套控制电路和气路。

(2)气路原理

如图 2-2-16 所示,TE49i-PS 型臭氧校准仪工作时需要零气气源,其流量应大于 TE49i-PS 型臭氧校准仪与待校准的 TE49i 型臭氧分析仪两者工作流量之和的 1.2 倍。零气气源连接至 TE49i-PS 型臭氧校准仪,零气通入臭氧校准仪后分成两路气流,一路通过背压调节器连接至参比气(切换)电磁阀成为参比气;另一路零气先后流经背压调节器、臭氧发生器后,成为含有稳定臭氧含量的气体,随之被分为 3 路气流,分别被导向 TE49i-PS 型臭氧校准仪的样气(切换)电磁阀、待校准的 TE49i 型臭氧分析仪和平衡出口(以保证提供给 TE49i-PS 型臭氧校准仪样气电磁阀和待校准的 TE49i 型臭氧分析仪的入口气体压力与外部大气压平衡)。参比气电磁阀和样气电磁阀之后的气路及其工作模式与 TE49i 型臭氧分析仪完全相同。

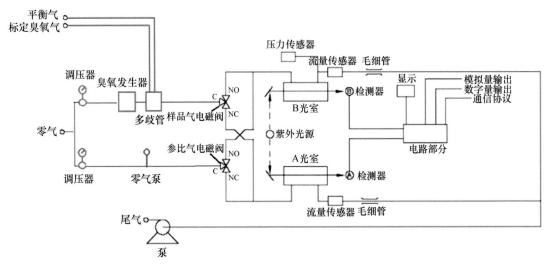

图 2-2-16　TE49i-PS 型臭氧校准仪流程示意图

2.2.1.3.2　仪器结构

(1)仪器前面板

图 2-2-17 是仪器的前面板,液晶显示器显示样品浓度、仪器参数、仪器控制、帮助和错误信息。某些菜单包括可以同时显示更多项目。在这些菜单上可以使用 ⬆ 和 ⬇ 按钮上下移动指针至各个项目。

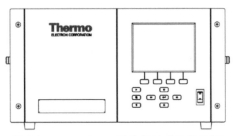

图 2-2-17　TE49i-PS 型臭氧校准仪前面板

用户可以用前面板按钮在不同的屏幕/菜单之间进行切换。各按钮使用说明见表 2-2-6。

表 2-2-6　TE49i-PS 型臭氧校准仪前方面板按钮介绍

操作键	介　绍
▭ = 软键	▭ 软键可以被用作快捷方式,让用户跳至"用户选择菜单"屏幕
▸ = 运行	▸ 用于显示"运行"屏幕。"运行"屏幕通常显示 NO、NO₂ 和 NOₓ 浓度
▮ = 菜单	▮ 用于在"运行"屏幕或回到菜单系统的上一级菜单时显示主菜单
？ = 帮助	？ 与当前内容相关,即提供与正在显示的屏幕相关的附加信息;按 ？ 可以显示当前屏幕或菜单的简要说明;"帮助"信息用字母显示以明显区别于操作屏幕;按 ▮ 或 ？ 返回上一个屏幕,或按 ▸ 返回"运行"屏幕,可以退出"帮助"屏幕
⬆ ⬇ = 上,下 ⬅ ➡ = 左,右	这 4 个箭头按钮(⬆ ⬇ ⬅ 和 ➡)可上、下、左、右移动指针或调整特定屏幕内的数值或状态
↵ = 输入	用于选择菜单项;接受/设置/保存变更和/或启动/关闭各项功能

（2）仪器后面板

TE49i-PS 型臭氧校准仪的背面由交流电输入端口、样气进气接口、尾气排气接口,标定臭氧气体、平衡气接口,以太网通信接头、RS-232/485 通信（两个接头）、带有电源故障继电器的 I/O 接头、16 位数字输入端口、6 位模拟电压输出端口等组成（图 2-2-18）。各硬件介绍详见表 2-2-7。

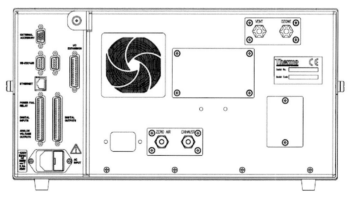

图 2-2-18　TE49i-PS 型臭氧校准仪后面板

表 2-2-7　TE49i-PS 型臭氧校准仪背面硬件介绍

硬件名称	介　绍
交流电输入端口	适用于 220～240 V AC 端口内有两根保险丝,市电正常情况下的设备断电,注意检查保险丝是否熔断。如果有一根保险丝熔断,则将两根保险丝都予以更换
样气进气接口	由透明的 1/4 英寸特氟隆管将样气从进气总管经由过滤器后导入仪器内
尾气排气接口	由透明的 1/4 英寸特氟隆管将分析后的尾气导入尾气集气管后排放到室外
标定臭氧气体接口	季节标定期间,由透明的 1/4 英寸特氟隆管将生成的标定臭氧气体接入 TE49i 型臭氧分析仪的进气口
以太网通信接头	一个 RJ45 接头用于 10 Mbps 以太网接头,通过网线连接其他电脑,用于下载数据

（3）仪器内部结构

TE49i-PS 型臭氧校准仪的内部硬件零部件（图 2-2-19）包括：光度计灯的光座、探测器系统、流量传感器、压力传感器、泵、臭氧发生器总成、母板、样气/参比电磁阀、光座温度热调节器等。各零部件具体介绍见表 2-2-8。

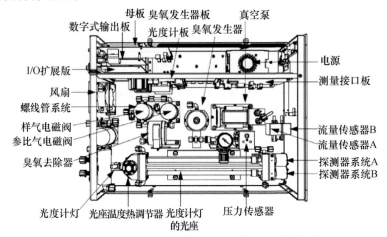

图 2-2-19　TE49i-PS 型臭氧校准仪内部硬件零部件

表 2-2-8　TE49i-PS 型臭氧校准仪内部硬件零部件介绍

硬件名称	介　　绍
光度计光座	光座有两个密封的室，包括样气和参比气，一个公用的光度计灯，末端有两个探测器
探测器系统	每个探测器的光电二极管传播光的强度信息给测量面板用来计算样品浓度
流量传感器	流量传感器用于测量在测量系统内的试样气体的流量
压力传感器	压力传感器测量反应室的压力。压力传感器输出通过测量样品气体压力和环境气压之间产生的压力差
真空泵	真空泵将反应后的气体从反应室中抽出
毛细管	毛细管和泵一起用来控制样品管中的流量
母板	母板包括主处理器、电源、子处理器，作为仪器的通信口； 母板接收来自安装在前面板上的键盘和/或来自后面板上的 I/O 连接处的操作员输入，将命令发送到其他控制板以控制仪器的功能，并且收集测量和诊断信息。母板输出仪器状态和测量数据给安装在前面板上的图像显示器和后面板上的 I/O
测量接口板	测量接口板作为仪器中所有测量电子元件的中央连接区域。它包括电源和用于测量系统传感器和控制仪器的接口电路。它发送状态数据到母板并从母板接收控制信号
数字式输出板	数字式输出板与母板相连接，向位于仪器后面板上的接头提供电磁阀驱动器输出和继电器接触输出。提供了 10 个通常打开的继电器（电源关闭）接触，它们在电气连接上是彼此隔离的。在连接器上和一个相对应的 +24 V DC 供电针脚一起提供了 8 个电磁阀驱动器输出（开式接头）

2.2.1.3.3　主菜单及其结构

除仪器的开机屏幕和运行屏幕外，TE49i-PS 型臭氧校准仪的各种操作和参数设置均通过菜单（屏幕）选择实现。主菜单下包含若干个子菜单，子菜单下则包含各种操作（或显示）屏幕。图 2-2-20 显示的是 TE49i-PS 型臭氧校准仪的菜单结构，包括全部子菜单及其下属的操作（显示）屏幕的条目（每个菜单的具体介绍请见说明书）。

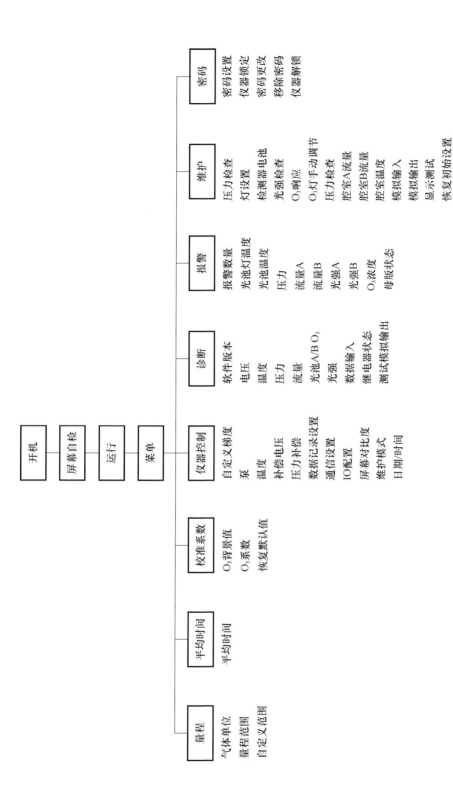

图2-2-20 TE49i-PS臭氧校准仪菜单控制软件流程图

2.2.1.4 LGR-CO$_2$/CH$_4$/H$_2$O 温室气体分析仪/阀箱/标气系统

2.2.1.4.1 仪器原理

GGA-24r-EP 型 CO$_2$/CH$_4$/H$_2$O 分析仪(美国 Los Gatos Research 公司生产,图 2-2-21)采用了离轴积分腔输出光谱(OA-ICOS)测量技术(图 2-2-22)和近红外激光光源,可以亚秒级的时间分辨率在线连续测量大气中的 CO$_2$、CH$_4$、H$_2$O 含量。该技术采用离轴积分腔作为光谱吸收测量单元,腔室两端使用高反射率(大于 99.99%)镜片,使得入射激光在腔室内产生数千次的反射,其有效光程可达几千米以上,由此在显著地增强了腔室内的光学吸收,可进行大气中多种痕量气体吸收光谱的精准测量,从而实现对多种大气痕量气体浓度的准确测量。因为该技术的有效光程长度仅取决于腔体中的光学损耗,而不依赖于独特的光束轨迹(如传统的多通道单元或腔体环向下系统),所以光学对准非常精确,与光腔衰荡光谱(CRDS)技术相比,在光谱 OA-ICOS 测量过程中无需为保证光腔与激光波长匹配而频繁进行复杂的激光准值调整、温度控制和波长监控等,即可实现与 CRDS 技术大体相同的测量精度、漂移稳定性和时间分辨率。

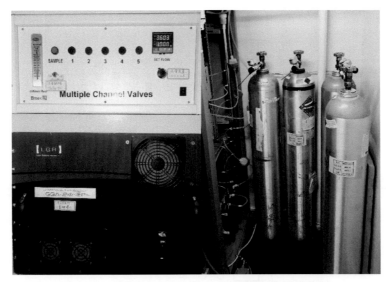

图 2-2-21 LGR-CO$_2$/CH$_4$/H$_2$O 分析仪/阀箱/标气系统

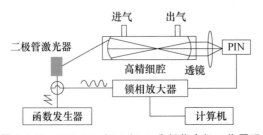

图 2-2-22 LGR-CO$_2$/CH$_4$/H$_2$O 分析仪主机工作原理

2.2.1.4.2 仪器结构

观测系统由 LGR-CO$_2$/CH$_4$/H$_2$O 温室气体分析仪/阀箱/标气等多个部件组成,在安装之前请确保各个部件都完整。如下列清单:

① 增强型温室气体分析仪；

② 仪器电源线；

③ 分析仪用户手册；

④ 串口连接线（非调制解调器类型）；

⑤ USB 闪存；

⑥ 标气瓶及相关连接管线；

⑦ 电磁阀箱；

⑧ 多路器电源线；

⑨ 25 针信号控制线。

温室气体分析仪的背板上有一个带保险的电源输入模块，要运行仪器，须将电源线的一端插入电源输入模块接口，另一端接通到电源。

温室气体分析仪的电源开关在仪器面板上，开关附近还有一个 USB 数据接口，如图 2-2-23 所示。

温室气体分析仪的背板上有多种数据接口（图 2-2-24），接口会因分析仪的不同配置要求而略有差异：

① "SERIAL"串口用于实时数字测量输出；

② "CH_4" "CO_2"是 BNC 接口，分别用于 2 种气体浓度的模拟量输出；

③ "VIDEO" "MOUSE" "KEY BOARD"分别用于连接外置显示器、鼠标、键盘；

④ "ETHERNET"以太网口用于将仪器接入局域网（LAN），通过其他的电脑进入数据目录；

图 2-2-23　电源开关

⑤ "USB"用于 U 盘数据下载及其他 USB 连接；也可以通过内置的文件传输程序从硬盘中传送数据文件；

⑥ "TO MIU" 25 针数据接口，用于连接电磁阀箱。

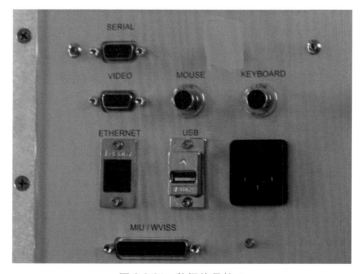

图 2-2-24　数据信号接口

进气口和出气口在仪器背板上(图 2-2-25、2-2-26)。仪器起运时,进气口和出气口都用螺帽堵住加以保护。

图 2-2-25　外置泵接口(3/8")(如果使用
外置泵则内置泵排气口是不用的)

图 2-2-26　进气口(1/4")
(小心进气压力不可过大)

在一般模式下操作时,使用随机带的外置泵从仪器的进气口抽入样品气体(1/4"Swage-lok 接头),进气压力范围是 0～10 psig。外置泵通过 3/8"管路和 Swagelok 接头与仪器连接。正确的 Swagelok 连接需要使用 9/16"扳手(用于 1/4"管路)或 11/16"扳手(用于 3/8"管路),用手指拧紧后再用扳手旋紧 1/4～1/2 圈,保留缝隙＜ 3.5 mm(图 2-2-27)。

外置泵电源线一端应该插入仪器后部标记为"Ext. Pump Power"的接口处(图 2-2-28),另一端与外置泵连接。确保外置泵上的电源开关处于"ON",同时外置泵上的速度控制旋钮选到最大位置的 2/3 处(大约指向 2 点钟方向)。

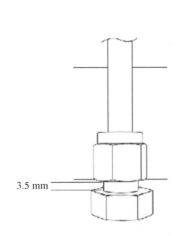

3.5 mm

图 2-2-27　正确的 Swagelok 连接

图 2-2-28　外置泵电源接口

系统硬件主要包括两大部分:①LGR 分析主机;②标气(参照气)自动检查气路单元,主要包括流量计、过滤膜盒、电磁阀箱等,其中电磁阀箱通过 LGR 主机设置阀门时序来实现自动控制。主要功能为控制环境空气或标气进入系统分析。图 2-2-29 为 LGR-CO_2/CH_4/H_2O 分析仪/阀箱/标气系统的气体管路连接示意图。

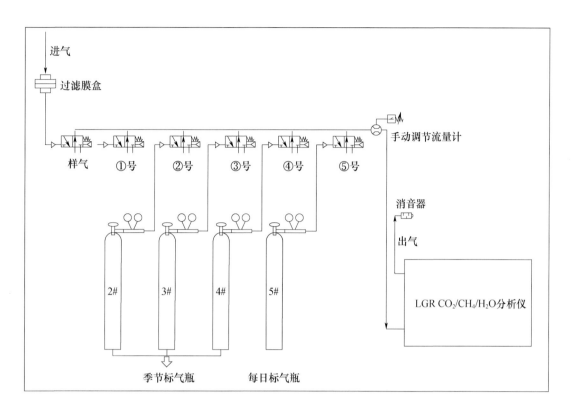

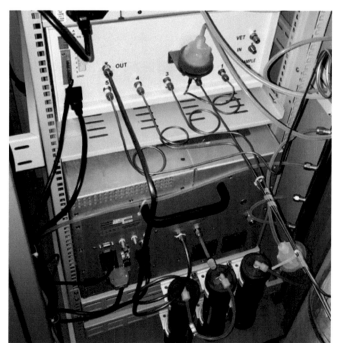

图 2-2-29 LGR-CO_2/CH_4/H_2O 分析仪/阀箱/标气系统的气体管路连接示意图

2.2.1.5　LGR-CO/N₂O 分析仪/阀箱/标气系统

2.2.1.5.1　仪器原理

23d-EP 型 $N_2O/CO/H_2O$ 分析仪（美国 Los Gatos Research 公司生产）采用与 GGA-24r-EP 型 $CO_2/CH_4/H_2O$ 分析仪相同的离轴积分腔输出光谱（OA-ICOS）测量技术（图 2-2-30），使用中红外激光光源。可以亚秒级的时间分辨率在线连续测量大气中的 N_2O、CO、H_2O 含量。

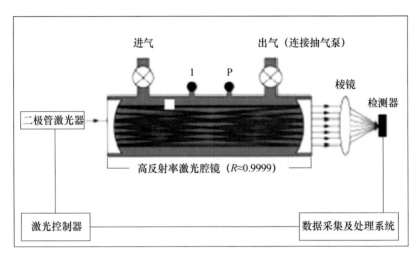

图 2-2-30　离轴 ICOS 分析仪的原理图

2.2.1.5.2　仪器结构

（1）外观与开关说明

图 2-2-31 为 LGR-CO/N₂O 气体分析仪外观，图 2-2-32、图 2-2-33 分别显示了 CO/N₂O 气体分析仪的正反面结构图。

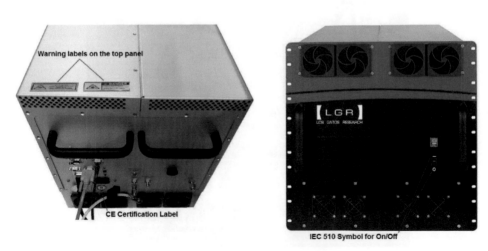

图 2-2-31　LGR-CO/N₂O 气体分析仪

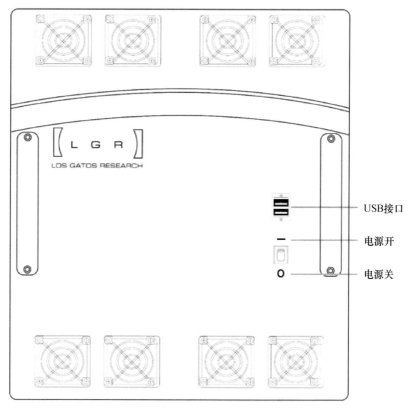

USB接口

电源开

电源关

图 2-2-32　CO/N$_2$O 气体分析仪前面板

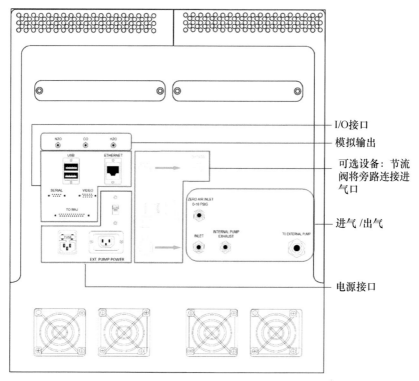

I/O接口

模拟输出

可选设备：节流
阀将旁路连接进
气口

进气 /出气

电源接口

图 2-2-33　CO/N$_2$O 气体分析仪后面板

图 2-2-34 显示了后面板上的电源连接,表 2-2-9 描述电源连接选择。

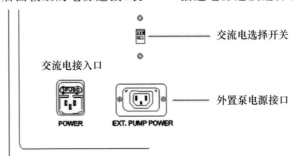

图 2-2-34　电源连接和交电压选择开关

表 2-2-9　电源连接和交流电压选择

交流电源	将分析仪连接到电源
交流电压选择	将输入电压切换到 115 V AC 和 230 V AC 之间的分析仪电源,由使用分析仪的国家/地区决定; 设置不正确的电压可能会损坏分析仪。更改电源电压时须验证:分析仪已关闭或未连接电源;分析仪上的交流电压选择与电源提供的交流电压相匹配
外置泵	操作分析仪时为外部泵提供电源

(2)数据接口连接端口

图 2-2-35 显示了典型的端口配置,下面详细描述端口元素。

USB 端口:用于将数据传输到 USB 存储设备。可以使用内置的文件传输程序从硬盘驱动器传输数据文件。USB 端口还可用于将键盘和鼠标连接到分析仪。

以太网端口:将分析仪连接到局域网(LAN)和外部计算机访问的数据目录。

串行端口(9 针 D-sub):用于实时数字测量输出。

模拟端口:模拟端口提供与测量的 CO/N_2O 浓度成比例的直流电压。

视频端口(15 针 D-sub):将外部监视器连接到分析仪。

25 针数据端口:用于连接多端口入口单元(可选)。

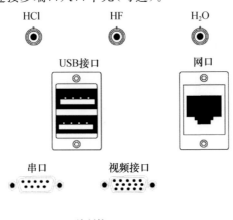

图 2-2-35　数据接口连接端口

（3）管路图

图 2-2-36 显示了分析仪的管道图。

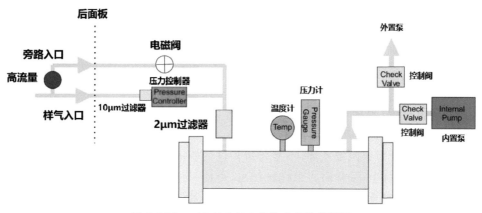

图 2-2-36　LGR-N$_2$O/CO 气体分析仪管道图

（4）进气口/出气口连接

气体入口和出口位于分析仪的后面板上。这些端口在图 2-2-33 中详细显示。

排气口可以连接到所提供的消声器以将排气排出到室内空气中，或者可以使用 1/4"管道将排气输送到设施通风系统。

该装置带有入口和出口，用于保护。连接使用世伟洛克配件 ISO 螺纹尺寸 1/4"和 3/8"。见图 2-2-37。

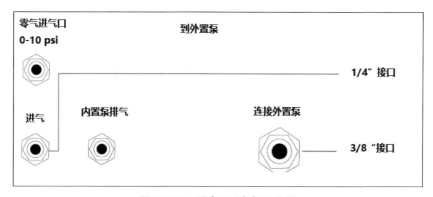

图 2-2-37　进气口/出气口连接

2.2.1.6　温室气体瓶采样仪

2.2.1.6.1　仪器原理

采用无油惰性隔膜泵，利用正压将本底大气压入用样品气体充分冲洗过的玻璃采样瓶并采集至预定压力。

2.2.1.6.2　仪器结构

温室气体瓶采样仪包括硬质玻璃采样瓶、采样器。

（1）采样瓶

采样瓶材质为耐热玻璃，是经超声清洗和高温灼烧等预处理的玻璃瓶，耐压＞2.5 个大气压,容积为 2 L。采样时通常为 2 个采样瓶串联。为防止采样瓶超压后意外炸裂伤人,采样瓶体外侧包有防爆保护层。采样瓶含有进气口和出气口,其中进气口伸入采样瓶底以便冲洗完全。采样瓶的材料对分析组分惰性,采样瓶口安装有旋阀用于密封。采样瓶实物如图 2-2-38 所示。

图 2-2-38　温室气体采样瓶

（2）采样器

采样器包括进气管、采样瓶连接管、采样泵、压力表、流量计、控制阀和供电设备（包括蓄电池、外接电源）等,它们装在一个易于携带的坚实的箱子里。其中进气管壁厚 1～2 mm,内径 5～10 mm,材质为聚四氟乙烯,不易弯折。进气管固定在一个可拉伸的采样杆上,采样时将采样杆拉出,可使采样管进气口的高度升至距地面约 5 m 高处,以避免人为或其他污染。采样泵为化学性能稳定的直流电驱动无油隔膜泵;采样压力视实际需求可自行调节,通常设定为 6.5 psi,达到此压力后控制阀自动打开,开始泄气。采样器示意图及实物图参见图 2-2-39 和图 2-2-40。

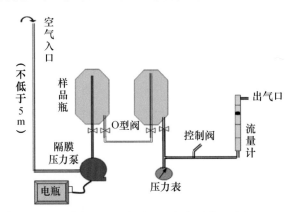

图 2-2-39　温室气体瓶采样仪结构示意图

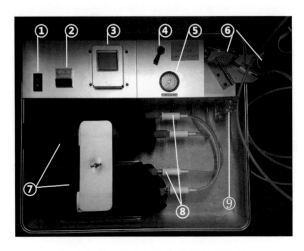

图 2-2-40　温室气体瓶采样仪实物图

（1:电池电压表,2:石英表,3:压力表,4:控制阀,5:压力表,6:采样管线和拉杆,
7:采样瓶,8:采样瓶 O 形旋塞开关和连接管线,9:流量计）

■ 2.2.2 观测场地、机房及系统安装

2.2.2.1 场地选址及要求

2.2.2.1.1 地理环境

应避开地震、活火山、泥石流、山体滑坡、洪涝等自然灾害多发或频发地区;应避开陡坡、洼地、山谷等地形崎岖起伏、局地环流复杂多变的环境。

全球大气本底站应选在具有全球尺度代表性的地区,30~50 km(在主导和次主导风向上取较大值,在非主导风向上取较小值)范围内人为活动稀少、四周开阔、气流通畅的地区。

区域大气本底站应选在具有较大区域尺度代表性的地区,20~30 km(在主导和次主导风向上取较大值,在非主导风向上取较小值)范围内人为活动相对较少、四周相对开阔、气流通畅的地区。

在极地地区,一般应参考全球大气本底站的选址条件来选址建设。

2.2.2.1.2 污染气象条件

应选在当地主要污染源主导风向的上风或侧风方向;应避开燃烧、交通以及工农业生产等局地污染源和其他人类污染活动。在全球大气本底站主导风向上风方向 50 km 范围内不应有对全球尺度大气本底状态有影响的持续性的固定污染源。在区域大气本底站主导风向上风方向 30 km 不应有对区域尺度大气本底状态有影响的持续性的固定污染源。

2.2.2.1.3 净空条件

全球和区域大气本底站四周 360°范围内障碍物的遮挡仰角不宜超过 5°。大气成分观测站、环境气象观测站四周至少 270°范围内障碍物的遮挡仰角不宜超过 5°。

观测站仪器采样口的架设应符合以下条件:

① 天顶方向净空角应大于 120°,周围水平面应保证 270°以上的自由气流空间;

② 当一边靠近建筑物时,采样口距支撑墙体或建筑物的水平距离应大于 1.5 m,周围水平面应有 180°以上的自由气流空间;距附近最高障碍物之间的水平距离,应至少为该障碍物与采样口高度差的 2 倍以上;

③ 距附近最近树木的水平距离应大于 10 m。

2.2.2.2 观测机房及要求

2.2.2.2.1 观测场

观测场内仪器设施的布设应参考《地面气象观测规范》的有关要求和仪器设备的安装要求,互不影响,便于操作。

2.2.2.2.2 观测机房

根据仪器设备安装运行的技术要求进行布设和安装,确保仪器之间互不影响,便于操作。

有屋顶管线的室内仪器设施的布设应与屋顶平台布局相对应。

室内装有空调时,应注意避免空调出风直吹仪器,中央空调的出风口不宜在仪器上方。

根据仪器安装要求,配备稳固、耐用、阻燃的工作台面或机柜。

2.2.2.2.3 屋顶平台

进气管线设施、采样及其他观测设备应根据外观尺寸及工作方式合理布设,高的设施设备安置在北侧,低的安置在南侧。

进气口尽量选择在主导风向方位安装,如有多个进气口,应避免相互干扰和影响。采样设备的排气口应安装在对各观测设备进气干扰和影响最小的位置。

2.2.2.3 系统安装及集成

2.2.2.3.1 气体管路系统

(1)进气总管

极地大气化学观测系统采用一个进气总管(图2-2-41)将室外空气引入室内,为各仪器设备提供可靠的样气。为应对极地风雪和低温环境,进气总管的室外部分采用不锈钢材料,表面镀氟,防止粘雪,防雨(雪)帽高度加深到30 cm,防止风雪吹入进气管路,内衬特氟隆管以减少臭氧等活性气体成分的器壁损耗;室内部分则全部采用特氟隆材料加工制作。采用4级串列风扇抽气,以提高系统的可靠性和稳定性。进气总管的内部体积约为0.9 L,风扇的抽气速率按照最保守估计的10 L/min计算,采样气体在管路内的滞后时间不超过6 s。

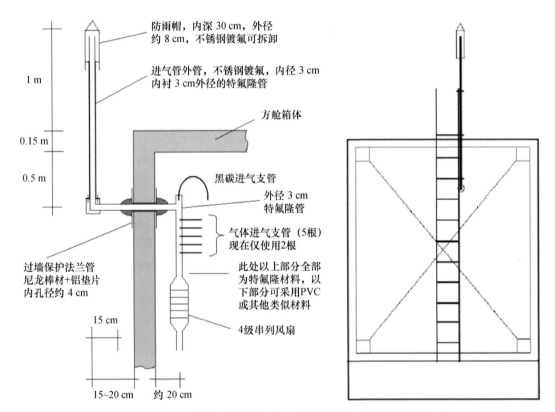

图2-2-41 进气总管结构(左)和室外安装外观(右)示意图

(2)尾气总管

TE49i型臭氧分析仪、AE33型黑碳监测仪和TE49i-PS型臭氧校准仪的尾气先经过左机柜的集气管(外径30 mm,不锈钢管),再通过黑色3/8"管径塑料管连接到2级串列风扇上,最后经外径40 mm/50 mm的融焊PPR管导向室外20 m远处(图2-2-42)。LGR-CO_2/CH_4/H_2O分析仪的尾气接消音器后直接排放到室内。

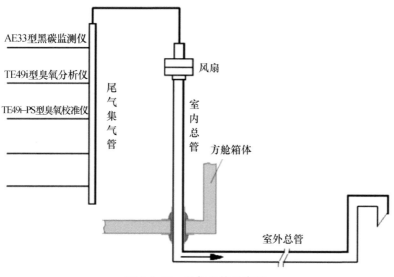

图 2-2-42　尾气总管示意图

（3）仪器气路系统

仪器连接气路系统如图 2-2-43 所示。LGR-CO_2/CH_4/H_2O 与 LGR-CO/N_2O 分析仪/阀箱/标气系统的气体管路连接情况也显示在图 2-2-43 中。

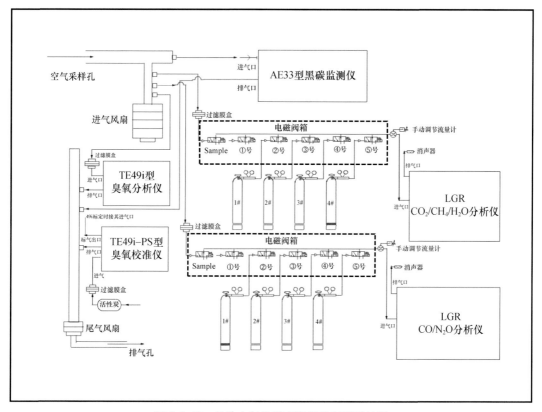

图 2-2-43　极地大气化学观测系统气路系统图

(4)管路规格

室内各仪器设备的连接采用了 4 种类型的管材,规格和用途如下:①1/8″不锈钢管(图 2-2-44):标准气瓶至电磁阀箱之间的管路;②透明 1/4″特氟隆管(图 2-2-45):TE49i-PS型臭氧校准仪、TE49i 型臭氧分析仪的连接管路及 LGR-CO₂/CH₄/H₂O 分析仪的出口管路;③3/8″管径塑料管(图 2-2-46):黑碳仪进气管和尾气排气总管;④1/4″铜管(图 2-2-47):分别用于连接 LGR-CO₂/CH₄/H₂O 分析仪、LGR-CO/N₂O 分析仪与电磁阀箱。

图 2-2-44　1/8″不锈钢管

图 2-2-45　透明 1/4″特氟隆管

图 2-2-46　3/8″管径塑料管

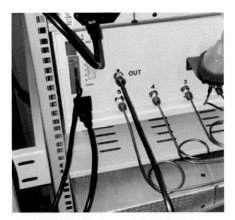

图 2-2-47　1/4″管径铜管

2.2.2.3.2　供电系统

大气化学栋的电源使用三相电缆。三相电进入大气化学栋后,在配电盘分三路使用,每一路对应一相。第一路:大气化学观测仪器用电,在配电盘上用一个空气开关和一个欠压保护开关串联控制,对应东侧墙上的 2 个电源插座;第二路:一般室内用电,在配电盘上用一个空气开关控制,对应南侧和北侧墙上的 3 个电源插座;第三路:室内照明用电。

东侧墙上的 2 个电源插座为大气化学观测系统专用,不可以连接其他电器。大气化学观测系统以外的设备,如电暖气、烘箱等,应使用北侧和南侧墙上的电源插座。

2.2.2.3.3　交流电路

大气化学观测系统的仪器设备中,只有进气总管风扇、尾气总管风扇、风速风向传感器CR-1000 数据采集模块采用 DC 12 V 供电,其余设备直接采用 AC 220 V 供电。

图 2-2-48 为方舱内部全部用电设备及左右机柜仪器的 AC 220 V 供电线路图。配电盒一路电源线路连接了南北两侧的墙壁插座,其中南侧插座目前为空余,北侧插座连接 UPS 并为整个左右机柜供电。配电盒二路电源线路为方舱内部东侧两个插座供电,其中东北侧插座目前未使用,东南侧插座连接了 UPS 为整个方舱外部 BREWER、辐射观测、SAOZ、风速风向传感器及室内 CR1000 数采模块、3 台电脑、摄像头、对讲机供电。配电盒上三孔插座有 2 个,其中一个空余,另一个为室内空调供电。

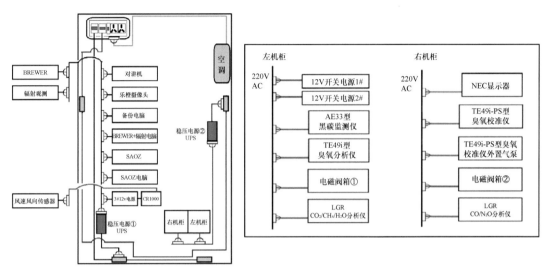

图 2-2-48　观测系统的供电线路示意图(AC 220 V)

2.2.2.3.4　直流电路

为仪器供电安全起见,在一般情况下,采用多个小型开关电源(12 V,20 A)为进气总管风扇、尾气总管风扇供电,除了耗电功率较小的风扇等设备外,一般每台仪器使用一个开关电源单独供电。图 2-2-49 为左右机柜及 CR1000 数采模块使用的 3 台开关直流电源的连接线路图。

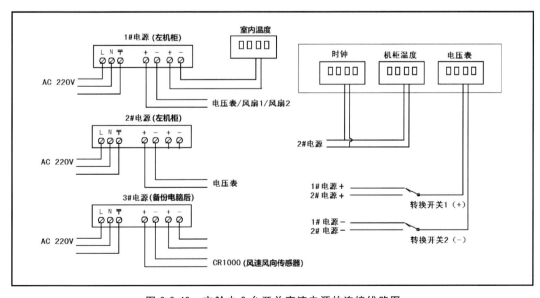

图 2-2-49　方舱内 3 台开关直流电源的连接线路图

2.2.2.3.5 耗电功率

左机柜全套设备的最大总耗电约为 455 W。其中交流供电的设备耗电约为 0.6 kW,包括:AE33 型黑碳监测仪功耗 85 W,49i 臭氧分析仪功耗 150 W,LGR-CO_2/CH_4/H_2O 分析仪最大功耗 150 W,1 个电磁阀箱的最大功耗为 30 W。直流供电设备的最大总功耗约为 0.3 kW。

右机柜各台仪器设备的最大峰值耗电功率如下:NEC 显示器功耗均小于 100 W,LGR-CO/N_2O 分析仪最大功耗 170 W,TE49i-PS 型臭氧校准仪功耗 150 W,TE49i-PS 型臭氧校准仪外置气泵功耗 30 W,1 个电磁阀箱的最大功耗为 50 W,总计功率消耗约为 490 W。

正常运行时,左机柜仪器设备正常运行,因此左机柜的平稳运行功率消耗小于 500 W。右机柜的 TE49i-PS 型臭氧校准仪与外置气泵每三个月使用一次,因此右机柜的平稳耗电功率不应超过 300 W。整套仪器设备正常运转时,平均功率消耗应小于 1 kW。

2.2.2.3.6 数据采集系统及软件

(1)时间体制

除有特别说明外,全部仪器的运行时间均设为北京时间,数据记录时间也采用北京时间。

(2)数据采集流程

AE33 型黑碳监测仪实时采集 1 min 的观测数据,每天生成约 500 K 的数据文件,不定时生成约 4 K 的日志文件,所有文件写入仪器的内存中。仪器内存剩余的存储时间显示在"DATA"界面中。

TE49i 型臭氧分析仪与 TE49i-PS 型臭氧校准仪(进行季节标定期间)实时采集 1 min 平均的观测数据,TE49i 型臭氧分析仪每月生成约 5 M 的数据文件,所有文件写入仪器的内存中。每 10 天一次从长城数据备份电脑的 RJ45 网口下载备份数据。

LGR-CO_2/CH_4/H_2O 分析仪与 LGR-CO/N_2O 分析仪的 CPVU 内置有一台完整的台式计算机,直接用 U 盘从计算机获取数据,每天各生成 100~110 M 的数据。

观测人员定期将仪器采集并记录保存下来的数据下载后,备份到电脑中并通过软件再次备份到综合楼办公室电脑内,进行适当的处理、打包后,每月将数据发送至气科院。具体要求和操作说明见 2.3.5 节。

中山站极地大气化学观测系统数据采集流程见图 2-2-50。

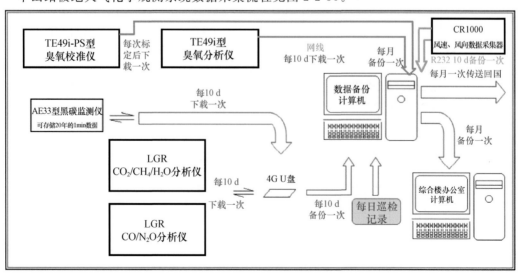

图 2-2-50 中山站极地大气化学观测系统数据采集流程图

（3）软件

系统保存下列软件备用：

① CR1000 数据下载软件，LoggerNet 4.1 保存在长城备份电脑上。每日天鹅岭风速风向数据生成 1 个文件，名称为 Zhongshan Atmospheric Station_Wind_Min. dat，每日约生成 53 k 内存数据，保存在 CR1000 内存卡和长城备份电脑 C 盘上。

② TE49i 型臭氧分析仪/TE49i-PS 型臭氧校准仪通信软件 Thermo，保存在备份电脑上。

2.3 日常工作要求

2.3.1 值班日程及要求

（1）每日 09:40—10:30（中山时）巡视仪器并填写大气成分观测记录表（7 个：Brewer 观测资料表、Brewer 仪器工作日记、Brewer 值班记录表、SAOZ 工作日记、大气成分仪器工作日记、大气化学监测系统值班记录、辐射仪器工作日记）。

（2）每周五上午大气瓶采样、更换气溶胶采样膜。周五工作时间 09:20—10:30，多留出采样换膜时间。注意：风速大于 2 m/s 才能采样，下雪和大风天气可延迟采样。采样后要填写气溶胶采样记录表和大气采样记录表。

① 3、6、9、12 月标定 LGR 气体分析仪和 TE49i 型臭氧分析仪并更换过滤膜。一般月初 2 日进行，3 日下载 LGR 气体分析仪标定数据后，日标时间调整为 08:50。

② 每 12 个月更换一次 C14 采样器过滤器中的滤膜（如有 C14 采样任务）。

③ 当发现 AE33 型黑碳监测仪滤膜将要用完时更换滤膜。下面为外置颗粒物过滤器滤膜的更换操作步骤：

• 准备好滤膜（直径 47 mm，5 μm 微孔）、一把干净的镊子、一张洁净的白纸、一次性手套（如果没有一次性手套，可以用一次性食品袋代替）。

• 用手旋开滤膜盒盖（图 2-3-1）。打开盒盖后可见滤膜和密封 O 形圈。

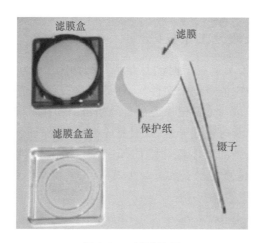

图 2-3-1 滤膜取用

- 轻轻用镊子挑出密封 O 形圈,放在准备好的白纸上。挑出密封 O 形圈时,注意不要刺伤和污染密封 O 形圈。之后再用镊子轻轻挑出旧的滤膜,将其放到一边。

- 戴上一次性手套,小心用镊子从储存滤膜的盒子中取出一张新的滤膜,同样要注意不要刺伤滤膜。注意区分滤膜和保护纸片,不要误将保护纸片作为滤膜,保护纸片带有浅蓝色。

- 先将新滤膜平平地放入滤膜盒中,再将密封 O 形圈放回滤膜盒中,轻轻按密封 O 形圈,让密封 O 形圈平整地嵌入滤膜盒。操作过程中,注意保护滤膜和密封 O 形圈,不要刺破、挂伤、污染滤膜和密封 O 形圈。

- 小心旋上滤膜盒盖,拧紧。

(3)定期下载、备份、上传数据资料:每月 1 日,下载上月所有数据、整理后发送至气科院。每月的 1 日、11 日、21 日需要下载各观测设备的 10 天观测记录。每月 1 日还需要将下载的上月所有数据整理后发送至气科院。这 3 天工作时间为 08:30—10:30,为了保证 LGR 每天的日标气时间为 08:50(中山时),所以必须在 08:49 前下载好数据,LGR 下载完数据一退出就自动进入日标模式。

(4)定期校准仪器。每 3 个月校准一次 TE49i 型臭氧分析仪和 LGR-CO_2/CH_4/H_2O 气体分析仪。如无特殊情况,应选择 3 月、6 月、9 月、12 月进行校准,其中 12 月的校准应由交接班越冬队员共同完成。

(5)每周的周一或周二需要重启一次气溶胶仪器并记录所有数据,不要让仪器连续工作时间超过 96 h(4 d),否则记录数据会丢失。

(6)及时发现和解决仪器异常、故障,如不能现场解决,应及时联络气科院寻求解决办法。

(7)爱护仪器设备,妥善保存观测数据和技术资料,不使遗失。仪器设备的备件和消耗品应定点收藏,不得挪作他用。

(8)保持室内环境整洁和室温平稳,禁止无关人员在室内长时间逗留,室内和观测房周围 20 m 范围禁止吸烟。

(9)做好年度仪器维护工作。在每年的 10 月底以前,编制一份年度维护维修计划,并报送气科院。得到气科院回复后,按计划实施(尽量在交接过程中由交接班越冬队员(或度夏队员)共同完成年度维护工作)。

(10)做好越冬交接班工作。

2.3.2 值班记录表及工作日记

应每天上午巡视仪器(每天巡视的时间尽量固定,以中山站为例,建议定在中山时(东五区)09:40—10:30,并填写相应值班记录文件)。如遇恶劣天气等情况,推迟或不能巡视仪器,应在值班记录文件中说明。填写值班记录表的目的是帮助和提示操作人员全面检查仪器的运行状况,进行日常仪器维护,及时发现异常,及时排除故障,以保证仪器的稳定运行。

值班记录文件存储在电脑的具体盘符路径:C:\大气成分资料\ZS-Other\中山站科考工作－××次队\文件夹内。值班记录表为 Excel 表格,每天填写一行,填写内容和填写要求说明见 2.5.1 节。

填写记录表时应注意以下几点。

(1)检查各分析仪的流量是否稳定,与前一日是否相差较大,观察时间应在 30 s,如流量有过高、过低或不稳定的情况,应记录在工作日记上并进行检查和报告。

(2)检查分析仪屏幕显示的浓度值是否在正常范围内。黑碳浓度一般在 0～20 ng/m³ 范围内,短期内也可能有较高数值或负值出现,但是不应连续数个 5 min 平均值都是高值或负值;臭氧的浓度也不应超过 50 ppb[①];二氧化碳浓度数值不应超过 410 ppm,甲烷浓度数值不应超过 1.8 ppm,水汽含量不应超过 3%。

(3)注意检查 LGR-CO_2/CH_4/H_2O 分析仪、LGR-CO/N_2O 分析仪相关运行参数是否正常,如 CPU 的温度(45 ℃ 左右)、阀箱流量(3.5~3.6 L/s)以及泵的压力(正常情况下 140 Torr 左右)情况。

(4)注意检查 AE33 型黑碳监测仪的运行状态,49i 臭氧分析仪是否有报警信息。如运行状态不正常或有报警信息,应在值班记录表的备注栏中记录,并及时进行处理。

(5)将值班记录表中的各项参数与前一天或前几天的记录做对照,如发现起伏变化较大时,应引起注意,必要时要做检查,并报告。

(6)风雪较大时,要格外注意检查室外管路是否被积雪结冰堵塞等(暴风雪后进气管内必积雪)。

(7)随时注意发现各种可见的问题,如各种连接件断开或松开,特氟隆管破裂或粘连,过多的灰尘积累在仪器上引起仪器过热、短路而造成元器件损坏。

一切与仪器设备相关的操作均须详细记入大气成分仪器工作日记中,为数据处理与分析提供参考,还为以后设备运行维护方面提供借鉴。要求记录真实、准确、全面。

■ 2.3.3　在线连续观测

2.3.3.1　AE33 型黑碳监测仪的开关机操作

2.3.3.1.1　开机

(1)仪器开机前检查

AE33 型黑碳监测仪开机前要做好各项检查确认工作,包括:

① 仪器的进气、尾气管路连接是否正常;

② 仪器内滤带是否处于正常状态。

(2)开机步骤

仪器连接交流电并开启。仪器有两个电源开关,一个在背后面板上,另一个在前门里面的右下角(图 2-3-2、图 2-3-3)。

图 2-3-2　AE33 型黑碳监测仪背后开关

图 2-3-3　AE33 型黑碳监测仪前门内开关

---

① 1 ppb$=10^{-9}$。

在启动阶段,仪器将会开始一个初始化进程,需要 5 min 左右。不同的子单元在这期间被测试,测试结果用绿色监测框依次序显示(图 2-3-4)。如果不对触摸屏进行操作,几分钟后仪器将自动开始进行测量。

当绿色监测框依次序显示完毕,在 AE33 型黑碳监测仪的 HOME 界面中,"BC"和"UVPM"显示 N/A,"STATUS"显示绿色 1,这是正在推进滤带,等推进完毕后,"BC"和"UVPM"开始显示正常的测量值。

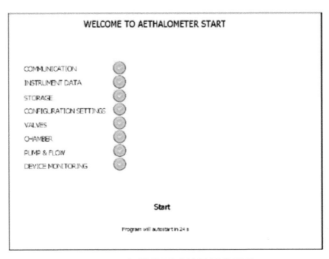

图 2-3-4　初始化测试结果屏幕显示

2.3.3.1.2　关机

进入 OPERATION 下的 GENERAL 界面,先点击右上角的"STOP"按钮,然后再点击右下角的"Shut down"按钮,即可关机。如预先知道需要长时间停机,则须在关机之前记录下仪器的状态参数。预先知道要停电时,可关闭仪器的电源开关,必要时应将仪器的电源插头从电源插座中拔出。

2.3.3.2　TE49i 型臭氧分析仪的开关机操作

2.3.3.2.1　开机

(1)仪器开机前检查

TE49i 型臭氧分析仪开机前要做好各项检查确认工作,包括:

① 确认进气管连接到仪器后面板的 SAMPLE 进气口,进气管中没有杂质和污染物。采样管的材料应为特氟隆,外径为 1/4″,内径不小于 1/8″;

② 排气管从仪器的 EXHAUST(排气口)连接到尾气集气管,而且无堵塞物;

③ 确认颗粒物过滤器内安装 47 mm 的特氟隆过滤膜(2~5 μm 孔径);

④ 仪器接上合适的电源。

(2)开机

打开仪器电源开关,显示启动屏幕,内部部件预热并自动进入自检程序。在完成自检之后,仪器将自动进入 RUN(运行)屏幕,并同时将 O_3 的浓度显示在屏幕上。开机屏幕如图 2-3-5 所示。

运行(RUN)屏幕一般显示 O_3 浓度和当前时间,如图 2-3-6 所示。

仪器在开机后,大约需要 30 min 的预热时间,才能逐渐进入稳定的工作状态。

图 2-3-5　开机(POWER-ON)屏幕

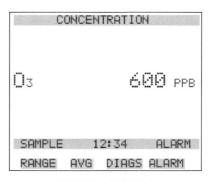

图 2-3-6　运行屏幕

(3)设置仪器参数

在初次安装时需要对有关的仪器参数进行设置,主要包括仪器的量程、单位、校准参数等。

按下 MENU 键即显示主菜单,主菜单中包含了一系列子菜单,通过每个子菜单还可以逐次进入不同的仪器参数设置、选择、操作屏幕,使用⏶和⏷箭头可移向每个子菜单。

中山站使用的 TE49i 型臭氧分析仪的标准参数设置见 2.5.3 节。

2.3.3.2.2　关机

关机最直接的操作就是关闭仪器的电源开关。如预先知道需要长时间停机,则须在关机之前记录下仪器的状态参数。预先知道要停电时,可关闭仪器的电源开关,必要时应将仪器的电源插头从电源插座中拔出。

2.3.3.3　TE49i-PS 型臭氧校准仪的开关机操作

2.3.3.3.1　开机

(1)仪器开机前检查

TE49i-PS 型臭氧校准仪开机前要做好各项检查确认工作,包括:

① 确认进气管连接臭氧去除器并连接至仪器后面板的 SAMPLE 进气口,进气管中没有杂质和污染物。采样管的材料应为特氟隆,外径为 1/4″,内径不小于 1/8″;

② 排气管从仪器的 EXHAUST(排气口)连接到尾气集气管,而且无堵塞物;

③ 确认颗粒物过滤器内安装 47 mm 的特氟隆过滤膜(2~5 μm 孔径);

④ 仪器接上合适的电源。

(2)开机

打开仪器电源开关,显示启动屏幕,内部部件预热并自动进入自检程序。在完成自检之后,仪器将自动进入 RUN(运行)屏幕,并同时将 O_3 的浓度显示在屏幕上。开机屏幕如图 2-3-7 所示。

运行(RUN)屏幕一般显示 O_3 浓度和当前时间,如图 2-3-8 所示。

仪器在开机后,大约需要 30 min 的预热时间,才能逐渐进入稳定的工作状态。状态栏显示时间和遥控界面状态,状态栏显示可选采样/校准电磁阀或内部臭氧发生器、时间和报警状态。仪器左下角显示的"ZERO"表示校准仪处于"ZERO"模式。其他模式下在显示屏同一区域会显示"LEVEL1""LEVEL2""LEVEL3"或"LEVEL4",此区域无显示时仪器处于手动模

式,如图 2-3-8 所示。在手动模式下使用 ⊕ 和 ⊖ 箭头以增加或减小 O_3 输出浓度。按切换手动、ZERO 或用户界面。

图 2-3-7　开机(POWER-ON)屏幕

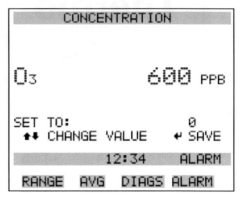

图 2-3-8　运行屏幕

(3)设置仪器参数

在初次安装时需要对有关的仪器参数进行设置,主要包括仪器的量程、单位、校准参数等。

按下 MENU 键即显示主菜单,主菜单中包含了一系列子菜单,通过每个子菜单还可以逐次进入不同的仪器参数设置、选择、操作屏幕,使用 ⊕ 和 ⊖ 箭头可移向每个子菜单。

中山站使用的 TE49i-PS 型臭氧校准仪的标准参数设置见 2.5.4 节。

2.3.3.3.2　关机

关机最直接的操作就是关闭仪器的电源开关。如预先知道需要长时间停机,则须在关机之前记录下仪器的状态参数。预先知道要停电时,可关闭仪器的电源开关,必要时应将仪器的电源插头从电源插座中拔出。

2.3.3.4　LGR-CO_2/CH_4/H_2O 分析仪的开关机操作

2.3.3.4.1　开机

(1)仪器开机前检查

LGR-CO_2/CH_4/H_2O 分析仪开机前要做好各项检查确认工作,包括:

① 仪器的管路连接是否正常;

② 各种线路连接是否正常;

③ 标准气(参考气)瓶的连接是否正常;

④ 电磁阀箱电源与管路连接是否正常;

⑤ 标准气瓶在初次安装及以后须更换时必须检查一次表与二次表及其与电磁阀箱接口管路间是否有泄漏情况(检漏时间需要超过 24 h)。

(2)开机过程

当电源正确连接并打开电源开关后,内部计算机将启动,并自动载入和启动控制软件。启动过程大约花费 1 min。每隔 1 个月,仪器将自动在计算机启动过程中进行完整的文件系统检查,屏幕将显示如图 2-3-9 所示的内容,在载入控制软件前,仪器将花费 1~2 min 完成该检查。在进行此维护时,请勿关闭计算机。

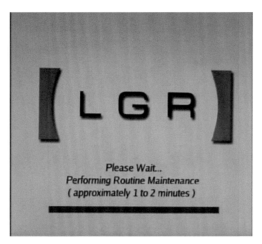

图 2-3-9 每隔 1 个月,计算机启动时显示日常维护屏幕,
维护完成后,将自动继续常规操作

(3)显示

仪器开机后,将自动进入 90 s 时长的初始化循环,此时屏幕上显示"Los Gatos Research"的标识和"Please Wait…"信息。初始化完成后,仪器开始抽气并显示空气中的甲烷(CH_4)、二氧化碳(CO_2)和水(H_2O)的浓度,单位为 ppm,见图 2-3-10。

[CH4] = 2.684 PPM

[H2O] = 14477.1 PPM

[CO2] = 497.2 PPM

图 2-3-10 甲烷、水汽和二氧化碳测量值

参数显示窗口上行显示当前时间和文件名,下行显示腔室温度、室压、镜面衰荡时间和硬盘剩余空间。

用户可以按"Display"按钮进入"time chart"时间图显示,见图 2-3-11。用户可以按屏幕右下角的下拉选择框,选择显示甲烷、水和二氧化碳浓度的时间图,这些数据连同压力、温度和镜面衰荡时间值,被保存到参数窗口显示的文件中。用户可以通过软件修改数据采集频率。在 HI 模式,采集频率可以从 1 Hz 调到 20 Hz。在 LO 模式,采集频率在 1 Hz 以下,在记录之前把数据平均(1～100 s),更长时间的平均周期得到的值,要比短周期平均值得到的值更精准。在高于 3 Hz 的时候数据将维持不变,屏幕不再更新,但是数据能记录在文件里。

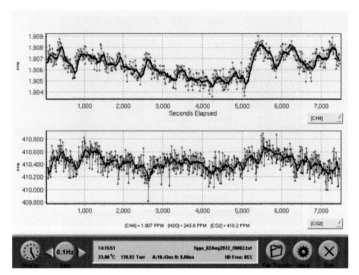

图 2-3-11　上图显示了甲烷过去测量的 6000 s 测量结果实时值，
下图显示了二氧化碳的实时值

　　用户可以再次按"Display"按钮进入光谱显示。屏幕右下角的下拉选择框可容许用户选择显示甲烷/水光谱或二氧化碳光谱。如图 2-3-12 所示。

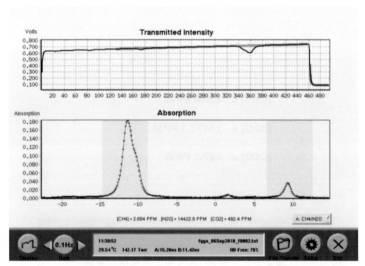

图 2-3-12　上图显示激光扫描通过甲烷和水吸收时光电检测器的电压；
下图显示相应的光吸收（黑线）和信号分析生成的峰拟合（蓝线）

　　注意：在高通量模式的时候（10～20 Hz）时，请用数字显示模式，光谱显示模式可能会影响数据的记录。

2.3.3.4.2　关机

　　按"Exit"按钮关机前，仪器提示用户确认。这将防止意外按错按钮导致数据获取中断。按 OK 按钮将中止数据获取，关闭当前数据文件，并显示关机窗口（图 2-3-13）。当进程条执行完成后，仪器将切换到文本输出方式完成关机过程。用户必须耐心等待直到仪器显示"Power Down"命令行，方可关闭电源开关（图 2-3-14）。如果不这样操作，可能会导致系统不稳定。

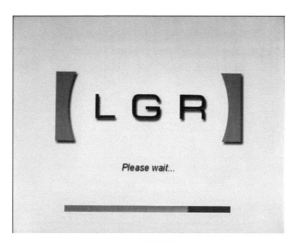

图 2-3-13 仪器关机窗口

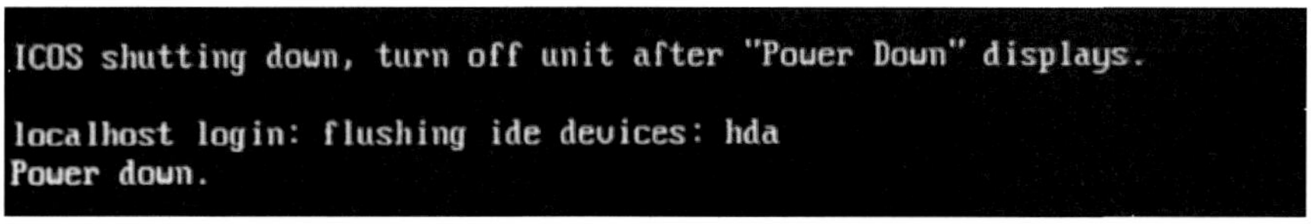

```
ICOS shutting down, turn off unit after "Power Down" displays.

localhost login: flushing ide devices: hda
Power down.
```

图 2-3-14 最后关机显示窗口

2.3.3.5 LGR-CO/N$_2$O 分析仪的开关机操作

2.3.3.5.1 开机

（1）初始化操作

① 将分析仪前部的电源开关按到"ON"。内部计算机初始化，并在程序加载时显示一个屏幕，如图 2-3-15 所示。将显示启动服务（Launch Service）屏幕（图 2-3-16）。

图 2-3-15 忙碌模式下的 LGR-CO/N$_2$O 分析仪启动屏幕

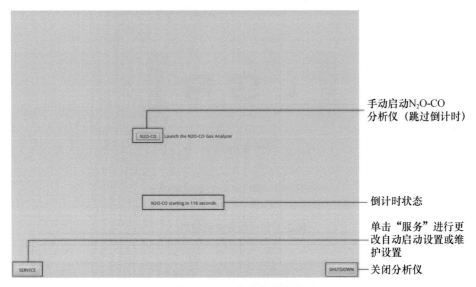

手动启动N$_2$O-CO分析仪（跳过倒计时）

倒计时状态

单击"服务"进行更改自动启动设置或维护设置

关闭分析仪

图 2-3-16　启动服务屏幕

② 单击"N$_2$O-CO"选项卡。

③ 如果未在 120 s 内进行选择，分析仪将自动默认为主面板数字显示。

④ 如果需要更多时间或需要选择文件维护菜单，请单击维护服务按钮。

（2）热稳定性检测

在收集数据之前分析仪需要运行 4 h。之后仪器内部温度保持稳定。确切的最终分析仪电池温度将保持特定 45 ℃。

（3）启动服务屏幕

初始化完成后，将显示"启动服务"屏幕。通过此界面，您可以：绕过自动启动倒计时，通过单击"N$_2$O-CO"手动开始测量。

单击"SERVICE"打开自动启动窗口。单击"SHUT DOWN"按钮关闭分析仪。

（4）自动启动屏幕

如图 2-3-17 所示，单击"启动服务"屏幕中的"服务"按钮时，可以使用"自动启动和维护"设置。通过此界面，可以更改自动启动延迟时间。

通过单击"文件"将文件从内部硬盘驱动器传输到通过 USB 连接的外部存储设备。单击"还原"以恢复分析仪的出厂设置。

每月分析器在启动后初始化后会自动执行文件的系统完整性检查。图 2-3-18 显示了完整性检查运行时看到的屏幕界面。在启动分析仪的控制软件之前，完整性检查会运行 1～2 min。

2.3.3.5.2　关机

（1）单击用户界面控制栏上的"EXIT"按钮。见图 2-3-19。

退出按钮会提示您确认是否要关闭分析仪，以防止意外按下按钮导致数据采集中断。

（2）单击确定按钮以暂停数据采集，关闭当前数据文件并显示关机屏幕（图 2-3-20）。

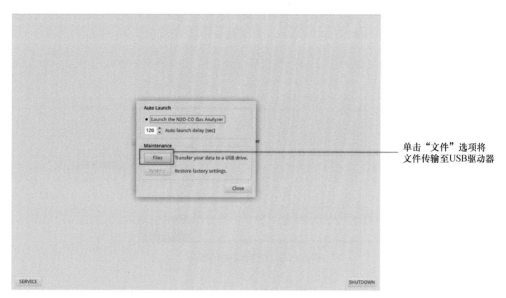

单击"文件"选项将
文件传输至USB驱动器

图 2-3-17　自动启动屏幕

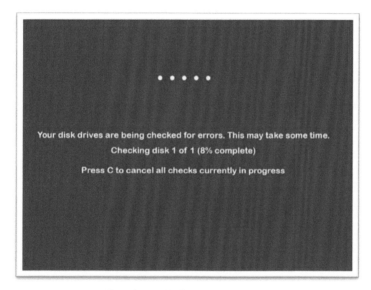

图 2-3-18　文件系统完整性检查屏幕(检查磁盘是否有错误)

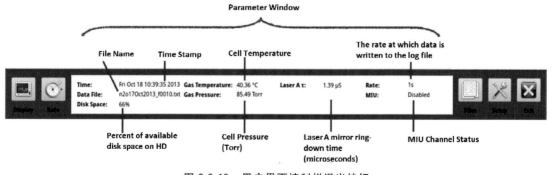

图 2-3-19　用户界面控制栏退出按钮

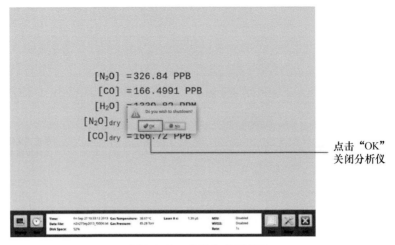

图 2-3-20　分析仪关闭提示

（3）在您关闭仪器信息显示后，如图 2-3-21 所示，您可以通过按下分析仪前面的 OFF 开关，安全地关闭分析仪的电源。

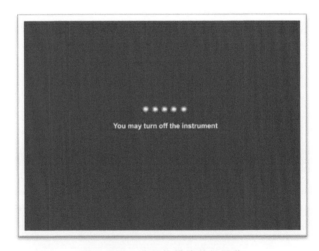

图 2-3-21　分析仪最终关闭屏幕

2.3.3.6　管路(气瓶)检漏的基本操作

2.3.3.6.1　管路连接操作

金属卡套接头是一种常用的管路连接接头。目前市场上有各种品牌的卡套产品，最著名的产品品牌为 Swagelok，他们的结构都比较类似，如图 2-3-22 所示。这种接头使用两个卡套(环)作为密封件，连接后卡套会轻微变形，扣锁在管子上面，密封性好，不容易滑脱。极地大气化学观测的所有金属管路连接都是采用卡套接头。金属卡套接头的使用和紧固需要注意以下两点。

（1）卡套的方向和顺序要正确。应当按照图示的方向

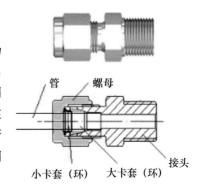

图 2-3-22　卡套接头连接方式

和顺序把卡套装在管子上面,先在管子上面套上螺母(开口向管端方向),再装小卡套,锐边向管端方向,最后装小卡套,也是锐边朝向管端方向。

(2)正确地紧固卡套接头螺母。将套好卡套的管子插入接头后,用一只手握住管子,让管子平直地保持着插入状态,用另外一只手拧螺母,直到拧不动为止。然后,再用扳手拧螺母四分之一圈或者三分之一圈即可。切忌用扳手大力拧螺母,这样往往会导致卡套变形过大,反而会使得密封效果降低甚至彻底丧失。

2.3.3.6.2 减压阀与气瓶连接部的漏气检查

(1)第一次安装的减压阀的情况

① 关闭减压阀。快速打开气瓶总阀,并迅速关闭。记下一次压力表的读数,等待 10 min 以上,再次读取一次压力表的读数,看是否比刚才的读数有所下降,如无下降,说明减压阀与气瓶的连接无漏气;否则说明减压阀与气瓶的连接处有漏气,此时应进行减压阀漏气的处理操作。

② 如果在步骤①的操作中已经确认减压阀与气瓶的连接无漏气,此时可缓慢打开减压阀(但是注意不要让二次压力表的压力升得过高,如超过 170 kPa),则参照步骤③减压阀漏气的处理方式让二次压力表与 LGR 间管路中的气体缓慢流出,直至一次压力表的压力逐渐降低接近零后(小于 200 kPa 即可),再次关闭减压阀。快速打开气瓶总阀,并迅速关闭,然后缓慢打开减压阀,再让一次压力表的压力逐渐降低接近零后,再次关闭减压阀。如此重复三次。之后,关闭减压阀,完全打开气瓶总阀。

③ 如果减压阀与气瓶的连接有漏气,需要紧固连接减压阀和气瓶间的管路接头,也可以用少量肥皂液涂抹在接头缝隙上,检查漏气部位后,再做紧固。紧固后,重新做漏气检查步骤①,直到不漏气为止。

如果减压阀安装后,已经多次供气使用,当在第①步操作确认减压阀与气瓶的连接无漏气后,即可完全打开气瓶总阀。

(2)减压阀和校准仪器间的漏气检查

注意:做完减压阀和气瓶间的漏气检查后,再做减压阀和校准仪器间的漏气检查。

①在一次表压力不为零的情况下,打开减压阀,使得二次表的压力达到 140 kPa 左右,关闭减压阀。记下二次压力表的读数,等待 2 h 以上,再次读取二次压力表的读数,看是否比刚才的读数有所下降,如无下降,说明减压阀与校准仪器的连接无漏气,否则说明有漏气。

② 如果在步骤①的检查中已经确认减压阀与校准仪器的连接无漏气,则参照步骤③减压阀漏气的处理方式让二次压力表与 LGR 间管路中的气体缓慢流出,让二次表压力下降到小于 50 kPa,然后再次打开减压阀,调整二次表的压力达到 140 kPa 左右。

③如果减压阀与校准仪器的连接有漏气,需要紧固连接减压阀和校准仪器间的所有管路接头,也可以用少量肥皂液涂抹在接头缝隙上,检查漏气部位后,再做紧固。紧固后,重复步骤①,重新做漏气检查,直到不漏气为止。

(3)减压阀漏气的处理

所谓减压阀漏气,是指关闭了钢瓶总气阀、减压阀以及所连接仪器的管路阀门后,发现二次表压力不断趋升,严重时压力有可能接近二次表的满刻度。二次表压力过高可能导致二次表的损坏或者所连接仪器管路的损坏。如果减压阀漏气比较轻微(如比较严重时则须考虑更换),则可以在每次使用完钢瓶气后,将一次表和二次表管路中的气体释放掉一部分,使得一次表的压力降低,以缓和二次表的泄漏情况。但是不可以完全放空,仍须保持一次表和二次表管

路中有适当的压力,一般地,一次表压力不可低于 10 个大气压,二次表压力不可低于 0.5 个大气压。

2.3.3.7 校准及零检

2.3.3.7.1 AE33 型黑碳监测仪的零检

AE33 型黑碳监测仪提供了仪器在正常运行条件下进行"零气"自动检查的功能。这项功能是通过回流入口连接到一路经内部过滤过的气流并且使过滤后的气体在仪器内循环来实现的。这期间输出数据分析的是有效值及点对点的变化。有效值在理想情况下应接近于零;有效值大于零会比等于零好,这表示黑碳仪气室里的气体进入仪器的分析气室内。点对点的变化表示仪器的测量干扰等级低于实际气流的实际运行条件(正常运行)。图 2-3-23 是在波长 370 nm 下以秒为单位的变化曲线,单位时间浓度约为 125 ng/m³。

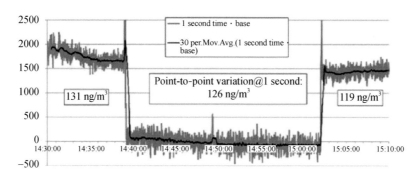

图 2-3-23 AE33 型黑碳监测仪零检示意图

AE33 型黑碳监测仪光学侦测器的响应可以通过应用一套标准的中性密度光学过滤器来确认。这是一组已知的有稳定光学吸收的玻璃过滤器,该过滤器可追踪回原厂记录的初始标准。当将其安装到 AE33 型黑碳监测仪内部时,仪器的图像检测器会回馈一个确认输出信号。在连续有效的测试中得出稳定可重复出现的光学信号与 ND 消光片之间的比例关系,与原厂数据对比,可检测仪器光学性能的一致性。

2.3.3.7.2 TE49i 型臭氧分析仪的校准

(1)标定前的准备工作

① 检查 TE49i-PS 型臭氧校准仪和 TE49i 型臭氧分析仪的电源连接是否正确,外观是否有异常(如 TE49i 型臭氧分析仪一直处于工作状况可不必关机检查)。取下 TE49i-PS 型臭氧校准仪后部的"ZERO AIR""VENT""OZONE"管口的保护盖。

② 准备臭氧去除器一个,检查其累计使用时间是否超过额定的使用期限(注意:该臭氧去除器应和日常观测时使用的臭氧去除器分开使用,并在每次使用后记录其累计使用时间)。

③ 准备特氟隆过滤膜盒一个,装好过滤膜(不必更换)。

④ 准备特氟隆管线、连接件若干,用于气泵、臭氧去除器等的连接(活性炭罐)。

⑤ 另外准备好一根专用的特氟隆管线 1~2 m 用于连接 TE49i-PS 型臭氧校准仪和 TE49i 型臭氧分析仪(注意:该段管线必须保持其内表面清洁,但不得用水和其他溶剂清洗,在每次使用后必须用特氟隆生料带严格密封其端口,妥善保存)。

⑥ 此外还须准备一个流量计、特氟隆生料带若干、记录表格、笔、扳手等。

（2）TE49i-PS 型臭氧校准仪的管线连接

① 将气泵的进气端连接到"零气"室外进气管线上（可直接将"零气"室外进气管线连接到气泵的进气端，连接时应避开 08：00—08：45（北京时，即 GMT 00：00—00：45）的时间）。气泵的出口端连接臭氧去除器后再接一个过滤膜盒（注意：连接时膜盒内的过滤膜须对向臭氧去除器一侧），最后连接到 TE49i-PS 型臭氧校准仪的"ZERO AIR"进气管口。

② 将准备好专用特氟隆管线两端的特氟隆生料带密封取下，一端接在 TE49i-PS 型臭氧校准仪的"OZONE"供气管口。

③ 将一根长管线连接到 TE49i-PS 型臭氧校准仪的"VENT"平衡排气口上，管线另一端通入泵房内（以免多余的高浓度臭氧在室内积聚，但也不可通到室外以免影响其他观测），通出室外。

④ 图 2-3-24 是标定时的管线/信号线连接示意图（注意：在未开始标定前的仪器预热期间只连接 TE49i-PS 型臭氧校准仪部分）。

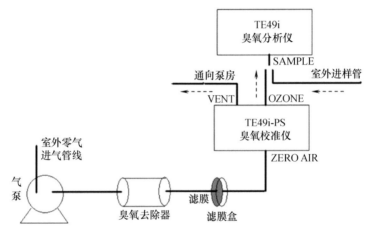

图 2-3-24　TE49i-PS 型臭氧校准仪的管线连接图

（3）TE49i-PS 型臭氧校准仪的开机和预热

① 接通气泵电源。

② 按下 TE49i-PS 型臭氧校准仪的电源开关。显示窗口内出现"HELLO"字样后仪器开始自检，显示由"－23"逐渐升至"1000"后进入工作状态。如显示盘上出现"ERROR"字样，说明自检没有通过，此时应检查 A 池和 B 池的流量是否正确（在中山站应为 0.75 L/min 左右），若没有发现问题，可关机数秒后再次开机。

③ 开机后 TE49i-PS 型臭氧校准仪须至少预热 2 h 以上的时间，预热期间的最后 1 h 内仪器的"OZONE LEVEL"设置数应设置为"200"，用于管路的冲洗。

④ 开机后应在地面臭氧维护操作标定记录本和表 2-5-1 上记录开机时间。

（4）标定前的仪器状态检测和 TE49i 型臭氧分析仪的连接

① 将被标定的 TE49i 型臭氧分析仪的室外采样进气管线从其后部"SAMPLE"管口端取下，将连接在 TE49i-PS 型臭氧校准仪"OZONE"供气管口的专用特氟隆管线的另一端连接到"SAMPLE"管口上。

② 在表 2-5-1 和地面臭氧维护操作标定记录本上记录时间，并按顺序检查及填写 TE49i-PS 型臭氧校准仪和 TE49i 型臭氧分析仪的仪器参数。

③ 将 TE49i-PS 型臭氧校准仪的"OZONE LEVEL"设置数调到"200"，观察 TE49i-PS 型臭氧

臭氧校准仪和 TE49i 型臭氧分析仪的显示数值渐趋稳定在 200 左右（大约需 10 min 或以上的时间，TE49i-PS 型臭氧校准仪稳定得较快，而 TE49i 型臭氧分析仪较慢），再将 TE49i-PS 型臭氧校准仪的"OZONE LEVEL"设置数调到"0"，观察 TE49i-PS 型臭氧校准仪和 TE49i 型臭氧分析仪的显示数值也渐趋稳定在 0 左右（约需 10 min），若两次检测中的显示值和设置值相差较大（如设置数 200 时大于 5 ppbv，或设置数 0 时大于 3 ppbv），则须继续预热（通高浓度臭氧以稳定）仪器，或停止标定查找原因。

④ 如果没有问题，之后则准备开始记录标定数据。

（5）记录标定数据

① 首先在 TE49i-PS 型臭氧校准仪中设定标定序列的值，目前设定模式为 LEVEL 1＝0，LEVEL 2＝30，LEVEL 3＝80，LEVEL 4＝10，LEVEL 5＝50，LEVEL 6＝0。设定完成后，手动设置 5 个间隔 10 min 的闹钟，在记录本上记录准备开始标定的时间，手动调节校准模式至 LEVEL 1 模式，10 min 后手动调至 LEVEL 2，依次调节至 LEVEL 6。

② 在标定序列依次标定完成后，在记录本上记录标定结束时间。并利用网线将两台仪器的数据拷贝至长城备份电脑中，以备计算季节标定结果使用。

（6）标定后的仪器状态检测和标定的结束

① 步骤（5）的操作结束后，先完成记录本上记录的中标定结束时的 TE49i 型臭氧分析仪和 TE49i-PS 型臭氧校准仪的仪器参数检查。

② 从被标定 TE49i 型臭氧分析仪的"SAMPLE"进气管口上取下连接 TE49i-PS 型臭氧校准仪的专用管线，连接好原来的观测用气体采样管线，恢复 TE49i 型臭氧分析仪的观测状态。在地面臭氧维护操作标定记录本上记录时间。

③ 如果还需要标定下一台 TE49i 型臭氧分析仪，此时可重复步骤（4）、（5）的操作，否则继续下面的操作。

④ 关闭 TE49i-PS 型臭氧校准仪的电源。之后关闭气泵的电源。

⑤ 断开 TE49i-PS 型臭氧校准仪的连线。

⑥ 分解气泵、臭氧去除器、特氟隆滤膜盒和 TE49i-PS 型臭氧校准仪间的连接管线。

⑦ 恢复原有的"零气"室外进气管线的连接。

⑧ 用特氟隆生料带严密封好用于连接 TE49i-PS 型臭氧校准仪和 TE49i 型臭氧分析仪的专用特氟隆管线的端口，妥善保存，以备下次标定时继续使用。

⑨ 用特氟隆生料带或保护盖严密封好 TE49i-PS 型臭氧校准仪后部的"ZERO AIR""VENT""OZONE"管口。

⑩ 用特氟隆生料带或保护盖严密封好臭氧去除器的端口，在使用记录上记录本次标定的累计使用时间。

⑪ 用特氟隆生料带或保护盖严密封好气泵和特氟隆滤膜盒的端口。

（7）标定数据的计算

对地面臭氧标定数据记录表的有关记录和数据进行计算、汇总，其中去除前 4 min 数据，保留后 6 min 数据用于计算，并自动生成地面臭氧标定结果报告表。

（8）标定结果的审核、报送和存档

操作人员完成标定操作后，须将标定结果（TE49i 型臭氧分析仪季节标定表、标定数据）整理好送中国气象科学研究院指定人员审核。

标定结果须妥善保管，原始资料留站内按规定保存，标定后 2 个月内报送一份标定结果至中国气象科学研究院指定邮箱。

(9)标定的时间

① 每年的 3、6、9、12 月用 TE49i-PS 型臭氧校准仪对 TE49i 型臭氧分析仪进行标定。

② 仪器调整和维修后要进行标定。

③ TE49i 型臭氧分析仪的频率接近 70 kHz 或 110 kHz 时需要对频率进行调整(调整操作见说明书),如频率趋降则调整至 100～110 kHz,如频率趋升则调整至 70～80 kHz,调整前后均须进行标定。

2.3.3.7.3 LGR-CO$_2$/CH$_4$/H$_2$O 分析仪的校准

(1)校准周期和标准气瓶

LGR-CO$_2$/CH$_4$/H$_2$O 分析仪每天使用标准气瓶进行 10 min 标定。每隔 3 个月(12 月、3 月、6 月、9 月)季节校准一次。季节校准时,须同时使用 3 瓶美国 NOAA 提供的标准气瓶。

(2)气路连接

图 2-3-25 是 LGR-CO$_2$/CH$_4$/H$_2$O 分析仪校准时的气路连接图。

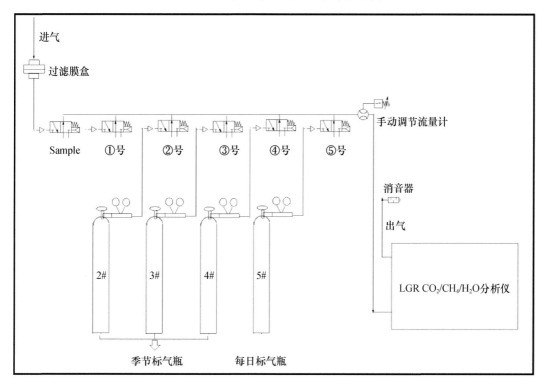

图 2-3-25　LGR-CO$_2$/CH$_4$/H$_2$O 分析仪校准时的气路连接图

(2♯、3♯、4♯气瓶均为美国 NOAA 提供的高等级标准气瓶)

(3)季节标定操作步骤

完成 LGR-CO$_2$/CH$_4$/H$_2$O 分析仪与电磁阀箱校准气路连接并检漏完毕后,按照下列步骤进行校准操作。

① 点击"SET UP",点击"TIME"模式与"SAOZ"电脑时间进行核对,并进入"MANI-FOLD"模式,记录下"Unknown Gas Cycle"(每日标定循环模式)的停止时间。

② 编制一个"Manifold Reference Gas"时序如图 2-3-26 所示,2♯、3♯、4♯时间长度为各

通入 15 min,总循环三次共计 135 min,点击右方"Start with reference gas cycle",并点击"OK",使得 LGR 温室气体检测仪电磁阀箱进入季节标气运行状态。

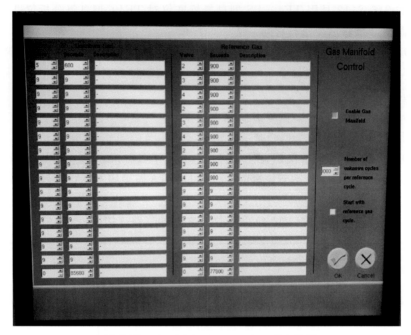

图 2-3-26　Manifold Reference Gas 时序编制

③ 等待 150 min 之后,点击"SET UP"并进入"MANIFOLD"模式,取消"Start with reference gas cycle",进入"Unknown Gas Cycle"(每日标定循环模式),点击"OK",使得 LGR 气体分析仪电磁阀箱进入每日标气运行状态。

④ 此刻点击"File Transfer"将季节标定数据拷贝至 U 盘中。

⑤ 需要注意的是,为了保证每日标定的开始时间都在 11:50—12:00 进行,因此在将数据拷贝至 U 盘后,先不要着急点击"EXIT",需要等待时间至北京时间 11:48:40 再点击"Exit",等待大约 1 min 进入每日标定模式。

⑥ 将季节标定数据进行标定计算并形成标定文件。

(4)校准数据计算

1)将 2.3.5.4 节提到的下载的当日数据文件复制到 Excel 表中,根据校准操作过程中记录的各标气通入的开始时间和结束时间,分段计算 CO_2 列和 CH_4 列的 5 min 平均值和标准差。示例如下。

① 根据校准操作时间记录,CO_2、CH_4 这两列的数据变化可见,从第 2 行开始至第 290 行为 2♯标气(第一次)数据,从 108 行开始为 1♯标气(第一次)数据。

② 计算并选取 2♯、3♯、4♯标气的各次测量的平均值和标准差。从第 33 行至第 58 行的时间间隔约为 5 min:

a)选取这一段数据计算第一组 CO_2 列和 CH_4 列的 5 min 平均值和标准差,计算公式为:

$$CO_2 \text{ 的 5 min 平均值} = AVERAGE(C2:C301)$$

$$CO_2 \text{ 的 5 min 标准差} = STDEV(C2:C301)$$

$$CH_4 \text{ 的 5 min 平均值} = AVERAGE(D2:D301)$$

$$CH_4 \text{ 的 } 5 \text{ min 标准差}＝STDEV(D2:D301)$$

b)选取第 3 行至第 302 行数据,计算第二组 5 min 平均值和标准差;

c)选取第 4 行至第 303 行数据,计算第三组 5 min 平均值和标准差;

d)……

e)选取第 519 行至第 808 行数据,计算第 518 组 5 min 平均值和标准差;

f)从上述计算的 518 组 5 min 平均值和标准差中,挑选一组数据,其 CO_2_CORR 列和 CH_4 列的 5 min 标准差均为最小,作为 2♯标气第一次测量的平均值和标准差。

③ 按照上述同样方法,计算和选取 2♯、3♯、4♯标气的各次测量的平均值和标准差。

④ 将该 Excel 表格文件保存为 Cal-GHG-yyyymm-n. xls。其中,yyyy 为年,mm 为月,n 为序号,依次编为 2,3,4,…。

2)将 2♯、3♯、4♯标气的标准值和校准过程中得到的各次测量平均值和标准差,填写到表 2-3-1,并保存为 word 文档,命名为 Cal-GHG-yyyymm-n.doc。其中,yyyy 为年,mm 为月,n 为序号,依次编为 2,3,4,…。

表 2-3-1　LGR-CO_2/CH_4/H_2O 分析仪校准报告

校准日期:　　　　　　　　　　地点:　　　　　　　　　　操作人:

标气	瓶号	起止时间	CO_2校准(单位:ppm)			CH_4校准(单位:ppb)		
			标准值	测量值	标准差	标准值	测量值	标准差
标气 2♯								
标气 3♯								
标气 4♯								
标气 2♯								
标气 3♯								
标气 4♯								
标气 2♯								
标气 3♯								
标气 4♯								
备注								

3)如果《LGR 温室气体分析仪校准报告》中的所有 CO_2测量标准差小于 0.1 ppm,所有 CH_4测量标准差小于 0.5 ppb,并且 2♯、3♯、4♯标准气的 3 次 CO_2 测量平均值之间的极差小于 0.1 ppm,所有 2♯、3♯、4♯标准气的 3 次 CH_4测量平均值之间的极差小于 0.5 ppb,则校准结果满足质量要求,可结束校准,否则,应再次重复进行校准操作和计算。

(5)校准报告和上传

进行校准的次月 10 日前,将 Cal-GHG-yyyymm-n. xls 和 Cal-GHG-yyyymm-n. doc 发送至气科院(包括因各种原因中途失败而未完成的校准文件)。

2.3.3.7.4　LGR-CO/N_2O 分析仪的校准

(1)校准周期和标准气瓶

LGR CO/N_2O 分析仪每天使用标准气瓶进行 10 min 标定。每隔 3 个月(12 月、3 月、6 月、9 月)季节校准一次。季节校准时,须同时使用 3 瓶美国 NOAA 提供的标准气瓶。

（2）气路连接

图 2-3-27 是 LGR-CO/N₂O 分析仪校准时的气路连接图。

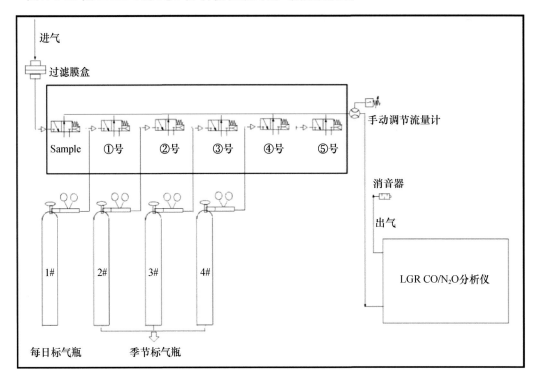

图 2-3-27　LGR-CO/N₂O 分析仪校准时的气路连接图
（2♯、3♯、4♯气瓶均为美国 NOAA 提供的高等级标准气瓶）

完成 LGR-CO/N₂O 分析仪与电磁阀箱校准气路连接并检漏完毕后，按照下列步骤进行校准操作。

① 单击用户界面控制栏上的"设置"按钮（图 2-3-28）。单击"设置菜单"选择栏顶部的"MIU"选项卡。

② 编制一个 Manifold Reference Gas 时序如图 2-3-28 所示，2♯、3♯、4♯时间长度为各通入 15 min，总循环三次共计 135 min，点击右方"Start with reference gas cycle"，并点击"OK"，使得 LGR 电磁阀箱进入季节标气接通状态。

③ 多通道电磁阀箱依次开启 2♯、3♯、4♯电磁阀，向 LGR CO/N₂O 分析仪通入 1♯、2♯、3♯高等级标气，每个标气的通入时间为 15min，循环三次。日志须记录标气通入的开始时间和结束时间。

④ 高、中、低浓度季节标气循环通入三次完毕后，季节标定时序会自动调整至 Sample 进气。

⑤ 计算好季节标定的结束时间，及时关闭 Reference Gas 季节标定时序（将 start with reference gas valve sequence 选中取消），选择"SAVE CHANGE"调整至"Unknown Gas"日常标定时序模式，启动日常观测的时序，恢复正常观测。

⑥ 此刻点击"File Transfer"将季节标定数据拷贝至 U 盘中。

⑦ 需要注意的是：为了保证每日标定的开始时间都在 11:50—12:00 进行，所以在将数据

拷贝至 U 盘后,先不要着急点击"EXIT",需要等待时间至北京时间 11:48:40 再点击"Exit",等待大约 1 min 进入每日标定模式。

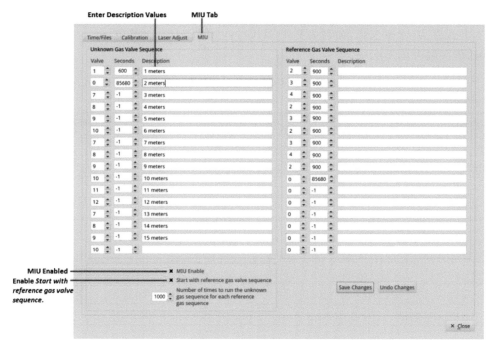

图 2-3-28　Manifold Reference Gas 时序设定

(3)校准数据计算(以实际计算为准)

1)将 2.3.5.5 节中提到的下载的当日数据文件复制到 Excel 表中,根据校准操作过程中记录的各标气通入的开始时间和结束时间,分段计算 CO 列和 N_2O 列的 5 min 平均值和标准差,示例如下。

① 根据校准操作时间记录,CO、N_2O 这两列的数据变化可见,从第 2 行开始至第 290 行为 2♯标气(第一次)数据,从 108 行开始为 1♯标气(第一次)数据。

② 计算并选取 1♯、2♯、3♯标气的各次测量的平均值和标准差。从第 33 行至第 58 行的时间间隔约为 5 min:

a)选取这一段数据计算第一组 CO 列和 N_2O 列的 5 min 平均值和标准差,计算公式为:

$$CO 的 5 min 平均值＝AVERAGE(C2:C301)$$
$$CO 的 5 min 标准差＝STDEV(C2:C301)$$
$$N_2O 的 5 min 平均值＝AVERAGE(D2:D301)$$
$$N_2O 的 5 min 标准差＝STDEV(D2:D301)$$

b)选取第 3 行至第 302 行数据,计算第二组 5 min 平均值和标准差;

c)选取第 4 行至第 303 行数据,计算第三组 5 min 平均值和标准差;

d)……

e)选取第 519 行至第 808 行数据,计算第 518 组 5 min 平均值和标准差;

f)从上述计算的 518 组 5 min 平均值和标准差中,挑选一组数据,其 CO_CORR 列和 N_2O 列的 5 min 标准差均为最小,作为 2♯标气第一次测量的平均值和标准差。

③ 按照上述同样方法,计算和选取 2♯、3♯、4♯标气的各次测量的平均值和标准差。

④ 将该 Excel 表格文件保存为 Cal_CO-yyyymm-n. xls。其中,yyyy 为年,mm 为月,n 为序号,依次编为 2,3,4,…。

2)将 2♯、3♯、4♯标气的标准值和校准过程中得到的各次测量平均值和标准差,填写到表 2-3-2,并保存为 word 文档,命名为 Cal-GHG-yyyymm-n. doc。其中,yyyy 为年,mm 为月,n 为序号,依次编为 2,3,4,…。

表 2-3-2　LGR-CO/N₂O 分析仪校准报告

校准日期:　　　　　　　　　　　地点:　　　　　　　　　　　操作人:

标气	瓶号	起止时间	CO 校准(单位:ppb)			N₂O 校准(单位:ppb)		
			标准值	测量值	标准差	标准值	测量值	标准差
标气 2♯								
标气 3♯								
标气 4♯								
标气 2♯								
标气 3♯								
标气 4♯								
标气 2♯								
标气 3♯								
标气 4♯								

备注:

3)如果《LGR-CO/N₂O 分析仪校准报告》中的所有 CO 测量标准差小于 0.5 ppb,所有 N₂O 测量标准差小于 0.5 ppb,并且 2♯、3♯、4♯标准气的 3 次 CO 测量平均值之间的极差小于 0.1 ppb,所有 2♯、3♯、4♯标准气的 3 次 N₂O 测量平均值之间的极差小于 0.5 ppb,则校准结果满足质量要求,可结束校准,否则,应再次重复进行校准操作和计算。

(4)校准报告和上传

进行校准的次月 10 日前,将 Cal-CO-yyyymm-n. xls 发送至气科院(包括因各种原因中途失败而未完成的校准文件)

2.3.4　离线样品采集

2.3.4.1　温室气体玻璃瓶采样质量控制

由于 FLASK 瓶采样为人工采样(图 2-3-29),其分析工作又不在采样现场进行,因此,现场的质量控制就显得非常重要,其主要手段是:①在室外进行采样时,应严格按下列操作规范操作;②根据风向选择采样地点,风速须大于 3 m/s,并使采样器处于采样者的上风方向,同时要远离建筑物和污染源,采样时建筑物和污染源要处于采样器的下风方向,遇天气过程时(一般指雨雪天气或极端风暴,尽量避免水汽进入采样瓶,零星飘雪天气可以正常采样),应提前或推迟采样(中山站刮风的天气很多,但风向基本固定为东风或东北风,所以采样的地点也基本固定,每次采样前可观测风向标确定风向);③采样时,采样者须屏住呼吸;④采样时,应对采瓶及采样管路进行充分的冲洗;⑤统一采样时间,在下沉气流期间进行采样,中山站统一规定为中山时间 11 时左右;⑥规范记录填写。

图 2-3-29　中山站天鹅岭 FLASK 瓶温室气体采样

采样是在室外进行的。采样时,首先要对采样管路及采样瓶进行一定时间(10 min)的冲洗,至少让 50 L 的空气对其进行冲洗。然后再压缩空气(2 min 左右),通常采样瓶的压力可达 8.0 PSI 左右。为了避免白天上升气流期间地面污染的影响,现场空气样品的采集均应在当地清晨下沉气流期间进行。

2.3.4.2　采样操作步骤

2.3.4.2.1　采样瓶的准备

(1)从样品箱中取出 2 只采样瓶并记下瓶号。

(2)打开 MAKS 盖,竖起空气进样支撑杆(但不拉伸),从螺丝上松开样瓶紧固板。

(3)去除瓶子接口上的红色塑料盖。将瓶子放在塑料托架上,所有的旋塞放在右手边(尽量靠近流量计),并将旋塞朝上以便于转动。

(4)在样瓶的同一端有两个接头,靠中心的一个与伸到瓶底的"潜入管"相连,该接头总是用作瓶的进气口。另一个靠边的接头则总是用作瓶的出气口。将采样瓶的中心进气接口接到标着"pump"的白色母接口上。然后,瓶边上的出气口与标着"return"的白色母接口连接,应确保所有的连接处是平滑的。

(5)重新拧紧样瓶紧固板,关上并扣紧采样箱,现在采样者可以带上 MAKS 采样器和样品记录纸到采样现场了。

2.3.4.2.2　采样现场的准备

(1)向上风方向走到至少远离所有建筑物、机动车和机器 100 步(约 75 m)远的地方。

(2)选择上风方向没有污染或对 MAKS 进气口气流没有影响的地点作为采样点,并能使采样者在采样期间朝下风方向走出 15 步(约 10 m)。

(3)找出一块比较平的地面使 MAKS 的箱子底能平放。打开箱子,竖起支撑杆和流量计并使它们直立起来。

(4)抓住支撑杆头上的橡胶套,将最内部的一节拉出,然后依次一节节地向上拉,直至达到

其完全高度(约 5 m)。拉伸时注意,不要使进样管线缠住或形成死结,影响顺畅进气。

中山站采样现场如图 2-3-30 所示。

图 2-3-30　中山站温室 FLASK 体瓶采样现场

2.3.4.2.3　采样操作步骤

样品采集分冲洗和充气两个步骤。

(1)采样瓶冲洗

① 打开所有的旋塞。打开的顺序并不重要,重要的是必须使它们完全打开。

注:打开采样瓶的聚四氟乙烯 O 型环旋塞时,只需逆时针转动塞柄,直到能够清楚地看到 O 型环的底为止。关闭时,操作要更仔细,顺时针轻轻地转动塞柄,直到 O 型环贴到它的座上。在拧紧塞子的同时,要注意密封处的表面厚度,一般约为 1 mm(比一分硬币稍薄)左右。关闭塞子是十分关键的步骤,关闭不足会破坏样品,但过紧又会损坏瓶子。小心谨慎地实践,并应始终用眼睛检查塞子是否完全关闭。

② 搬起肘节阀使之竖直准备冲洗。开动压缩泵,稍作观察,在采样记录纸上记下如下内容:支撑杆下端的流量计上所指示的空气流速、电池电压和当时的时间。关上 MAKS 采样器外盖,并向下风向走出至少 15 步(约 10 m)远(如果空气流速为零,可以稍等十几秒钟即可有流量或者用手指弹一下流量计,使浮子漂浮起来),直到空气流速正常,一般在 6 LPM 左右。

③ 保持这种状态,让空气连续冲洗采样瓶 10 min 左右(流入 50 L 空气)。

(2)采样瓶充气

① 做几次深呼吸,抖动抖动衣服,深吸一口气后止住呼吸。

② 迅速返回到采样器旁,查看一下流量计,确定流速正常,打开箱盖,并将肘节开关拨到水平位置。关上箱盖,再次走回风方向的原址处,只有离开采样器至少 5 步远以后才能恢复呼吸。

③ 让样瓶压缩空气至少 2 min。

④ 再次做几次深呼吸,抖动抖动衣服,深吸一口气后止住呼吸。

⑤ 迅速返回到采样器旁,打开箱子,关掉压缩泵。此后可恢复正常呼吸。注意一下压力(一般在 6 PSI 以上),并在采样记录纸上记下压力读数。如果压力迅速下降或者为零,则说明接口处有泄漏。在这种情况下,应重新连接各管路,并重复上述各采样步骤。如果压力稳定,

则进行下一步。

⑥ 打开内盖,按下列次序关闭塞子:

连在"pump"接口上的塞子;

连在"return"接口上的塞子;

其他塞子。

⑦ 关上内盖;一级一级地收缩支撑杆;从杆上取下进口管并将它卷进 MAKS 里。如果进气管落到地下,应小心切勿将管子里面弄脏。折进支撑杆并压在管子上,扣紧箱子。

(3)卸下样品瓶

① 在采样记录单表 2-5-6 中填写采样瓶瓶号、箱号、采样日期、采样时间(中山时)、电池电压、流量、压力及气象资料等并在备注栏(Remarks)中记下采样过程中的天气条件和与采样有关的任何情况。

② 在室内卸下瓶子,尽量避免暴露在直射阳光下。

③ 核对所有记录,确保各项记录正确地记录在采样记录单上。采样记录单上的"气温""湿度""风向""风速"数据需要到气象栋的发报电脑中的"自动气象站数据质量控制"软件进行查询。将瓶子和填好的采样记录单放到运输箱中。注意,采样瓶在放回运输箱时,应将采样瓶的进/出气管口处的旋塞朝内放置,如图 2-3-31 所示。

④ 每次采样时需要提前一天给采样器进行充电,将采集完气瓶放回到库房放置好,待下次队交接时再将本次队采集的所有气瓶依序装铝皮箱并运回国内。

图 2-3-31　运输纸箱内气瓶旋塞朝内放置

2.3.4.3　注意事项

(1)始终把 MAKS 拿到外面去收集样品。绝不能用将进样管伸出窗外、门外、天花板外或与另一个空气进样系统相连接的方法采集样品。

(2)向上风方向走至少要到远离所有建筑物、机动车、机器、动物等 100 步(约 75 m)的地方。

(3)在采样点附近特别是上风方向,应避免可能引起风向迅速改变的建筑物或地形的影响。

(4)最好在风速大于 3 m/s 的条件下采样。如果低风速持续不变,也可采集样品,但应在采样记录单上注明"持续低风速样"。

(5)由于人的呼吸可严重污染样品,在采样过程中,靠近 MAKS 采样器时或执行某些关键步骤时,必须屏住呼吸。

(6)避免将样品瓶暴露在直射阳光下,在采样期间尽可能关闭 MAKS 的盖子,采完样后让瓶子先留在 MAKS 中直到室内再打开,取出 MAKS 中的瓶子,将它们放到运输纸箱中,用透明胶布粘贴好运输纸箱,并应将箱子储存在温度适中并且没有急剧变化的地方(一般将气瓶存放在老臭氧栋,极夜期间老臭氧栋温度比较低,需要开电暖器加热)。

(7)对采样器内部电瓶的充电时间一般以 24 h 为宜,即采样前 1~2 天充电。

（8）务必注意充电器的电源电压，不要插错。插口松动要拧紧以免造成正负极颠倒充电时短路烧坏仪器。

■ 2.3.5　数据采集管理

2.3.5.1　下载/备份/传输数据

2.3.5.1.1　观测数据下载/备份/传输

（1）每月1日、11日、21日，AE33型黑碳监测仪、LGR气体分析仪通过U盘拷贝相应数据。其中TE49i型臭氧分析仪通过长城电脑内的Thermo iPort软件下载数据至E:\大气成分资料\ozone 49i中；AE33型黑碳监测仪直接将数据下载至U盘。

注意：由于AE33型黑碳监测仪和LGR气体分析仪的当日数据文件都处在添加更新中，因此每次备份这3台仪器的数据时，不要备份当日的数据文件。

（2）每月1日、11日、21日将所有设备的数据拷入专用U盘并备份到长城牌台式电脑相应文件夹中。

（3）每月3日前，将所有设备的观测数据整理完毕，同值班记录一起打包发送至气科院。

2.3.5.1.2　校准数据下载/备份/上传

3、6、9、12月进行LGR气体分析仪、TE49i型臭氧分析仪的校准以后，形成的校准数据文件及应在4、7、10、12月的3日前，与观测数据文件一同报送。文件的命名规则及数据保存路径见校准章节。

2.3.5.1.3　值班记录文件的备份/上传

每日巡视仪器后在电脑上填写2个值班记录文件，每月3日前将上月的值班记录文件连同上月观测数据一起打包发送至气科院。

2.3.5.2　从AE33型黑碳监测仪下载/备份数据

AE33型黑碳监测仪的数据文件存储在内存储器中，通过U盘进行备份。下载/备份数据的具体操作如下。

（1）将专用U盘插入前置USB接口。后背USB接口只用于鼠标和键盘而非用于数据传输。

（2）如图2-3-32所示，点击触控面板上"DATA"项，选择"EXPORT"，根据需要下载数据的时间段，更改"From："""To："的时间，更改好后点击"ExportToUSB"。

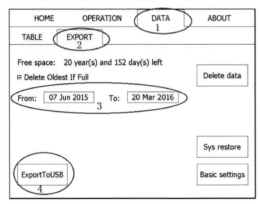

图2-3-32　AE33型黑碳监测仪数据下载界面

注意：由于 AE33 型黑碳监测仪当日数据文件处在添加更新中，因此备份这台仪器的数据时，不要备份当日的数据文件。

（3）数据将会以文本格式存储在 U 盘中。文件名将被命为：AE33_S05-00468_yyyymm-dd. dat(S05 是产品的系列号，00468 是序列号，yyyymmdd 是日期。)将这些文件保存到长城牌台式电脑指定文件夹中（文件名及备份位置见表 2-3-3）。

表 2-3-3　AE33 型黑碳监测仪下载的数据名称及备份路径

数据名称	文件类型（数量）	台式电脑备份位置
AE33_AE33-S05-00468_yyyymmdd. dat	数据文件（每日一个）	E:\大气成分资料\ZS-ACdata\AE33\yyyy\mm 文件夹
AE33_log_AE33-S05-00468_yyyymmdd. dat	日志文件（不定时）	E:\大气成分资料\ZS-ACdata\AE33\yyyy\Logdata 文件夹

注：yyyymmdd 表示 4 位年数字加上 2 位月份数字加上 2 位日期数字。

2.3.5.3　从 TE49i 型臭氧分析仪、TE49i-PS 型臭氧校准仪下载/备份数据

TE49i 型臭氧分析仪、TE49i-PS 型臭氧校准仪的数据文件存储在内存储器中，通过网线连接到长城电脑，利用 Thermo iPort 软件下载数据到电脑 D 盘大气成分资料“49i”文件夹内，之后再进行数据备份。下载/备份数据的具体操作如下。

（1）确认 TE49i 型臭氧分析仪、TE49i-PS 型臭氧校准仪和长城电脑之间的网线连接正确；

（2）启动已安装在长城电脑上的 Thermo iPort 软件，如图 2-3-33 所示，进入“Instrument”菜单，选择“Tcp Connect”，点击“Connect”。确认 TE49i 型臭氧分析仪、TE49i-PS 型臭氧校准仪和电脑已经连接（图 2-3-34）；需要注意的是 TE49i 型臭氧分析仪设置 IP 地址为：192.168.222.66，TE49i-PS 型臭氧校准仪设置 IP 地址为：192.168.222.67。每次季节标定完毕下载数据时，需要切换 IP Address 才能分别连接成功两台仪器。

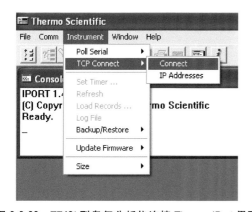 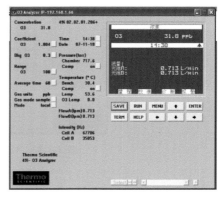

图 2-3-33　TE49i 型臭氧分析仪连接 Thermo iPort 界面　　图 2-3-34　TE49i 型臭氧分析仪连接成功界面

（3）如图 2-3-35 所示，进入 Instrument 菜单，点击“Load Records”，进入“Specify Data Re-cords”数据下载界面（图 2-3-36）。

（4）数据下载分两种方式。①点击“starting”前面方框，“starting”后灰显的方框变白，输入需要下载数据的数量，数据以 Save to file 文件名中所示时间作为最终截止时间，1 个分钟数

据为 1 个数量;②点击"starting at"前面方框,"starting at"后灰显的方框变白,输入需要下载数据的开始时间,数据下载以 Save to file 文件名中所示时间截止。

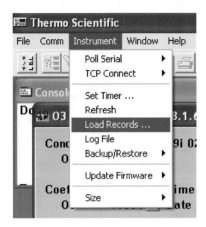

图 2-3-35　点击数据下载选项

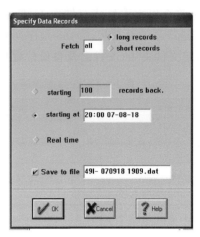

图 2-3-36　数据下载界面

　　无论采用以上哪种下载方式都需要确认 Save to file 框中的 49i-mmddyyyy hhmm. dat 文件名(文件名中默认时间为点开"Specify Data Records"窗口的时间),点击"Save to file"前面方框,出现对钩(如果没有勾选上"Save to file",那么数据文件不会保存在指定的文件夹中)。然后点击"OK",数据开始下载(图 2-3-37)。屏幕右下方显示测得的 O_3 浓度情况及数据采集的进程。

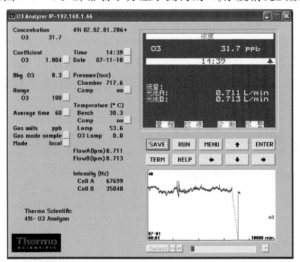

图 2-3-37　TE49i 型臭氧分析仪数据正在下载

　　(5)数据下载至 E:\大气成分资料\ozone 49i 文件夹中。之后复制至 E:\大气成分资料\ZS-ACdata\O3-49i\yyyy 文件夹中。将每次下载的数据文件按月进行整理,每月一个文件,文件格式为 49i-yyyy-mm. dat。

2.3.5.4　备份 LGR-CO_2/CH_4/H_2O 分析仪的观测数据

　　仪器每次重启或用户每次进入,然后退出文件传输菜单(File Transfer Menu),或设置(Set-up)面板,都将生成一个文件名格式为 gga_10Apr2010_f0001. txt 的新数据文件,这里前 3 个字符代表仪器型号(GGA),其后的 9 个字符代表日期(日月年),最后 4 个数字是序号。序号依次增加,每天可提供 10000 个不同的文件名。如果仪器在连续测定模式,每隔 24 h 会自动产生一个新数据文件,以保持数据文件不过大,以便于管理。这个间隔可在设置(Setup)菜单中的“File Settings”中调整。数据文件带表头,以 ASCII 格式存储(图 2-3-38)。

```
2010 Apr 12 11:55:42
                   Time,     [CH4]_ppm,  [CH4]_ppm_se, ...   GasP_torr,  GasP_torr_se,     GasT_C,    GasT_C_se,      AmbT_C,    AmbT_C_se,  ... [etc.]
  04/12/10 11:56:14.061,   1.90518e+00,   0.00000e+00, ... 1.38198e+02,   0.00000e+00, 2.55172e+01, 0.00000e+00, 1.96466e+01, 0.00000e+00, ... [etc.]
  04/12/10 11:56:15.107,   1.90607e+00,   0.00000e+00, ... 1.38229e+02,   0.00000e+00, 2.55121e+01, 0.00000e+00, 1.97210e+01, 0.00000e+00, ... [etc.]
  04/12/10 11:56:16.132,   1.90496e+00,   0.00000e+00, ... 1.38246e+02,   0.00000e+00, 2.55127e+01, 0.00000e+00, 1.97115e+01, 0.00000e+00, ... [etc.]
  04/12/10 11:56:17.164,   1.90521e+00,   0.00000e+00, ... 1.38212e+02,   0.00000e+00, 2.55173e+01, 0.00000e+00, 1.96649e+01, 0.00000e+00, ... [etc.]
  04/12/10 11:56:18.199,   1.90548e+00,   0.00000e+00, ... 1.38205e+02,   0.00000e+00, 2.55144e+01, 0.00000e+00, 1.97046e+01, 0.00000e+00, ... [etc.]
  04/12/10 11:56:19.225,   1.90518e+00,   0.00000e+00, ... 1.38203e+02,   0.00000e+00, 2.55192e+01, 0.00000e+00, 1.96188e+01, 0.00000e+00, ... [etc.]
  04/12/10 11:56:20.259,   1.90434e+00,   0.00000e+00, ... 1.38243e+02,   0.00000e+00, 2.55112e+01, 0.00000e+00, 1.97461e+01, 0.00000e+00, ... [etc.]
  04/12/10 11:56:21.285,   1.90441e+00,   0.00000e+00, ... 1.38210e+02,   0.00000e+00, 2.55161e+01, 0.00000e+00, 1.96578e+01, 0.00000e+00, ... [etc.]
  04/12/10 11:56:22.318,   1.90519e+00,   0.00000e+00, ... 1.38248e+02,   0.00000e+00, 2.55118e+01, 0.00000e+00, 1.97283e+01, 0.00000e+00, ... [etc.]
  04/12/10 11:56:23.341,   1.90496e+00,   0.00000e+00, ... 1.38194e+02,   0.00000e+00, 2.55167e+01, 0.00000e+00, 1.96605e+01, 0.00000e+00, ... [etc.]
  04/12/10 11:56:24.372,   1.90558e+00,   0.00000e+00, ... 1.38193e+02,   0.00000e+00, 2.55167e+01, 0.00000e+00, 1.96651e+01, 0.00000e+00, ... [etc.]
  04/12/10 11:56:25.403,   1.90521e+00,   0.00000e+00, ... 1.38241e+02,   0.00000e+00, 2.55116e+01, 0.00000e+00, 1.97166e+01, 0.00000e+00, ... [etc.]
  04/12/10 11:56:26.434,   1.90456e+00,   0.00000e+00, ... 1.38188e+02,   0.00000e+00, 2.55163e+01, 0.00000e+00, 1.96695e+01, 0.00000e+00, ... [etc.]
  04/12/10 11:56:27.465,   1.90579e+00,   0.00000e+00, ... 1.38202e+02,   0.00000e+00, 2.55151e+01, 0.00000e+00, 1.96825e+01, 0.00000e+00, ... [etc.]
  04/12/10 11:56:28.490,   1.90524e+00,   0.00000e+00, ... 1.38184e+02,   0.00000e+00, 2.55161e+01, 0.00000e+00, 1.96663e+01, 0.00000e+00, ... [etc.]
  04/12/10 11:56:29.522,   1.90562e+00,   0.00000e+00, ... 1.38218e+02,   0.00000e+00, 2.55107e+01, 0.00000e+00, 1.97419e+01, 0.00000e+00, ... [etc.]
  04/12/10 11:56:30.557,   1.90475e+00,   0.00000e+00, ... 1.38235e+02,   0.00000e+00, 2.55169e+01, 0.00000e+00, 1.96644e+01, 0.00000e+00, ... [etc.]
  04/12/10 11:56:31.580,   1.90571e+00,   0.00000e+00, ... 1.38187e+02,   0.00000e+00, 2.55182e+01, 0.00000e+00, 1.96481e+01, 0.00000e+00, ... [etc.]
  04/12/10 11:56:32.614,   1.90523e+00,   0.00000e+00, ... 1.38198e+02,   0.00000e+00, 2.55141e+01, 0.00000e+00, 1.96978e+01, 0.00000e+00, ... [etc.]
... [etc.]
...
```


```
  -----BEGIN PGP MESSAGE-----
Version: GnuPG v1.2.3 (GNU/Linux)

jA0EAwMCxYEf8B1ZYuBqye2hfWTG1ezQl2bwtCVjkwtxPHE36i2LdRqX6CVXX46V
4DVivCsqyQS77/ufW2X26BTj2x/1OPxX+GIBlOHvmWPLrGNwOAcCRpl+wHceueZ6
4x5KcpLaFppBcu96eCK8tPXPP9bUp7WV/QZAJ1se5N+1C1fC3r7CMtQjtAZ1SH17
AMHfz+NzYkqLvOI7yDzEK3JKh1PhG32MniXVCeEih5fi74CX/8FtiZGgcFe5ca1E
YGk9c3bVayBUWDEQYrE1gxRabJX2he7c1OQu9C2WcPU6E7t/jiGk/1kmXF+H2dRW
zLfNEx2KOjcvkyPZfWSesp00CL8D5m2fri09JNXb3gdBYrW8KGZI90mKCFC+kond
FK91/dMBXmg1QWrcQhPKvyk:RU/47M05AzQoMHyTRsJg8HogOJOn3KhPLlVi9rRd
Eqz8QFZcpXQ+d6mkncZvinI67qwR4/ZDfKK1Ox6xleGejQ0MFMTK1LKz0ITuLDwm
```


图 2-3-38 典型数据文件起始部分,显示时间栏、甲烷浓度、腔室压力、腔室温度等

数据列末尾编码显示仪器设置“Time”栏报告每次测量的时间,用户可在“Setup”面板中的“File Settings”菜单中设定其格式。同时还报告:

[CH_4] (ppm)甲烷浓度;

[H_2O] (ppm)水汽浓度;

[CO_2] (ppm)二氧化碳浓度;

Cell pressure (Torr)测量室压力;

Cell temperature (Celsius)测量室温度;

Ambient Temperature (Celsius)环境温度。

每个测量值旁边都有一栏,报告其标准误差(指定以‘_se’标记),当仪器在 1 Hz 运行时,标准误差为 0,没有平均数。在速度慢于 1 Hz 时,平均标准误差将被报告。在每个数据文件结尾是仪器对于该文件的设置编码。该设置用户一般用不到,保存用于诊断或故障处理。

用户可点击“File Transfer”按钮,将仪器硬盘中的数据传递到 U 盘中。仪器将提醒用户在继续下一步前将 U 盘插入到仪器 USB 端口中。当点击“OK”后,数据获取将中止,用户会看见两个地址目录窗口(图 2-3-39 显示)。地址目录窗口的左侧屏幕默认为仪器磁盘驱动器,右侧屏幕为 U 盘。按上方的“Local Drive”或“USB Key”按钮,可进行窗口切换。用户可浏览文件夹,生成目录,并可删除文件和目录。用户也可以使用左侧鼠标按钮选择 1 个或多个文件,按箭头按钮,在两个目录间拷贝文件。

仪器的数据目录(图 2-3-39 的左边)由 2 部分组成——archive 目录和每天的目录。在 archive 目录中(图 2-3-40),仪器自动生成一个 zip 格式压缩的档案文件,该文件包含每天的数据文件记录(命名为 ddMonYYYY. zip)。每天文件目录(图 2-3-41)在仪器操作时每天自动生成,包括 2 个子目录—— batch 和 flow。flow 目录包括全部 flow 模式下获得的数据文件(图 2-3-42),batch 目录包括在可选的 batch 模式下获得的全部数据文件。flow 模式的数据文件序号前加一个“f”,batch 模式数据文件序号前加一个“b”。

　　注意：可选择"Local Drive"按钮对当前磁盘驱动器中的文件进行管理。可通过建立文件夹,拷贝需要的文件到新建文件夹,然后删除原始文件。

　　当文件传递完成后,在取下 U 盘前,用户必须点击"Exit"按钮,等待"Safe to Remove USB Memory Device"提示信息出现,确保文件不丢失。警告:在提示出现前取出 U 盘,可能造成数据丢失。如果在进入 Transfer 模式前,用户忘记插入 U 盘,或仪器不识别 U 盘,仪器将显示一个警告信息,并自动重启数据获取(图 2-3-43)。

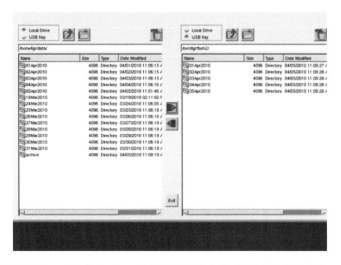

图 2-3-39　文件传输窗口,选择要拷贝的文件,按相应的箭头按钮。
按新文件夹图标(黄色文件夹带红星)建立新目录,按垃圾桶图标删除文件

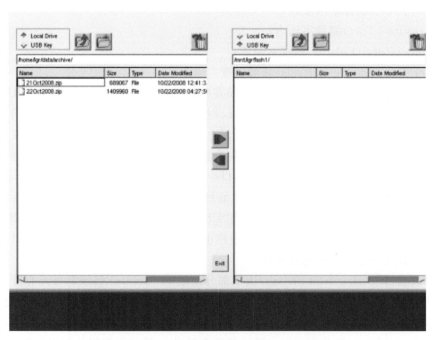

图 2-3-40　Archive 目录,为了便于数据传递和存档,仪器生成一个 zip 压缩的
archive 文件,该文件包含每天操作的所有数据

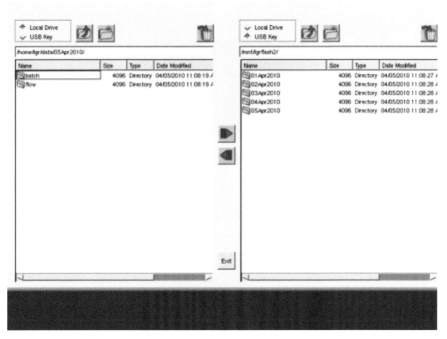

图 2-3-41　日期目录,仪器自动生成两个单独的子目录用于存储
flow 模式下数据文件和(可选的)batch 模式下数据文件

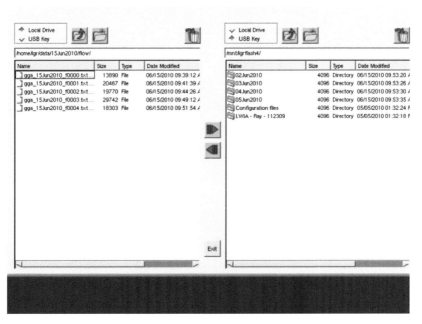

图 2-3-42　flow 模式下的数据目录。flow 模式测量数据
文件序号前加"f",batch 模式数据文件前加"b"

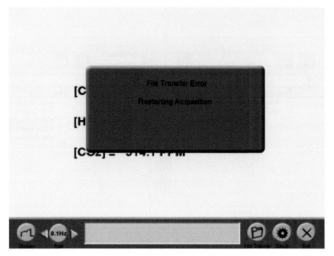

图 2-3-43　文件传递错误提示,用户忘记插入 U 盘,
或设备未被识别,请重新正确插入 U 盘,或更换新 U 盘

2.3.5.5　备份 LGR-CO/N_2O 分析仪的观测数据

单击用户界面控制栏中的"文件"按钮(图 2-3-43)以访问"文件传输"菜单。

使用"文件传输"菜单访问分析仪收集的数据。每次重新启动分析器时,最新的文件名将以以下形式显示:n2o-co_2015-06-12_f0001.txt,其中,前 6 个字符代表分析仪型号(n2o_co),接下来的 10 个字符代表日期(yyyy-mm-dd),最后四个数字是序列号。序列号向上计数,每天最多提供 10000 个唯一文件名。

如果分析仪处于连续运行状态,将每 24 h 自动创建一个新的数据文件,以保持数据文件大小的可管理性。

标准数据文件以文本(ASCII)格式写入,包含带标签的列并显示:

数据列随时间变化;

浓度;

腔室压力;

腔室温度。

图 2-3-44 显示了典型的数据文件。

```
              Time,       [CO]_ppm,   [CO]_ppm_se,     [N2O]_ppm,  [N2O]_ppm_se,     [H2O]_ppm,  [H2O]_ppm_se,   [CO_dry]_ppm,
07/08/12 10:30:57.362,  2.06858e-01,  0.00000e+00,   3.09711e-01,  0.00000e+00,   6.68301e+01,  0.00000e+00,   2.06871e-01,
07/08/12 10:30:58.551,  2.07050e-01,  0.00000e+00,   3.09320e-01,  0.00000e+00,   4.99143e+01,  0.00000e+00,   2.07060e-01,
07/08/12 10:30:59.730,  2.07288e-01,  0.00000e+00,   3.09549e-01,  0.00000e+00,   6.22603e+01,  0.00000e+00,   2.07301e-01,
07/08/12 10:31:00.904,  2.07386e-01,  0.00000e+00,   3.09733e-01,  0.00000e+00,   5.55976e+01,  0.00000e+00,   2.07398e-01,
07/08/12 10:31:02.259,  2.07146e-01,  0.00000e+00,   3.09584e-01,  0.00000e+00,   5.90122e+01,  0.00000e+00,   2.07156e-01,
07/08/12 10:31:03.440,  2.07188e-01,  0.00000e+00,   3.09773e-01,  0.00000e+00,   5.80632e+01,  0.00000e+00,   2.07200e-01,
07/08/12 10:31:04.621,  2.07206e-01,  0.00000e+00,   3.09689e-01,  0.00000e+00,   5.19642e+01,  0.00000e+00,   2.07217e-01,
07/08/12 10:31:05.797,  2.07105e-01,  0.00000e+00,   3.09694e-01,  0.00000e+00,   5.24212e+01,  0.00000e+00,   2.07116e-01,
07/08/12 10:31:06.969,  2.07205e-01,  0.00000e+00,   3.09572e-01,  0.00000e+00,   3.88711e+01,  0.00000e+00,   2.07213e-01,
07/08/12 10:31:08.147,  2.06958e-01,  0.00000e+00,   3.09691e-01,  0.00000e+00,   5.66354e+01,  0.00000e+00,   2.06970e-01,
07/08/12 10:31:09.323,  2.07120e-01,  0.00000e+00,   3.09586e-01,  0.00000e+00,   5.06043e+01,  0.00000e+00,   2.07131e-01,
07/08/12 10:31:10.496,  2.07073e-01,  0.00000e+00,   3.09674e-01,  0.00000e+00,   5.65833e+01,  0.00000e+00,   2.07085e-01,
07/08/12 10:31:11.835,  2.07257e-01,  0.00000e+00,   3.09748e-01,  0.00000e+00,   6.10894e+01,  0.00000e+00,   2.07270e-01,
07/08/12 10:31:13.013,  2.07091e-01,  0.00000e+00,   3.09682e-01,  0.00000e+00,   4.21046e+01,  0.00000e+00,   2.07099e-01,
07/08/12 10:31:14.191,  2.07120e-01,  0.00000e+00,   3.09674e-01,  0.00000e+00,   5.25286e+01,  0.00000e+00,   2.07131e-01,
```

图 2-3-44　典型数据文件的格式

时间列报告每个记录的测量的时间戳。可以在"设置"面板的"时间/文件"菜单中更改格式(请参见图 2-3-44)。报告包括:

[CO](ppm)；

[N_2O] (ppm)；

[N_2O] (ppm)；

[H_2O] (ppm)；

电池压力(Torr)；

电池温度(摄氏度)；

环境温度(摄氏度)；

响应时间(微秒)。

对于每次测量,都有一个相邻的列报告测量的标准偏差(带有后缀)。当分析仪以 1 Hz 运行时,标准偏差为零,因为没有进行数据平均。在低于 1 Hz 的速度下,报告平均值的标准误差。在每个数据文件的末尾是分析器为该数据文件使用的设置的编码列表。通常存储设置以用于诊断或故障排除目的。

传输数据文件。要将数据文件从分析仪硬盘传输到 USB 存储设备:

① 将 USB 存储设备插入 USB 端口。

② 单击 Mount USB 按钮。

③ 通过将文件从硬盘窗格拖放到 USB 设备窗格,将数据文件从分析仪硬盘传输到 USB 存储设备。目录窗口默认为左侧屏幕上的本地驱动器和右侧的 USB 存储设备。

④ 浏览文件夹,创建目录,删除文件和目录,或使用鼠标左键突出显示窗口中的一个或多个文件,然后拖放以复制目录之间的文件。

⑤ 完成文件传输后,单击"卸载 USB"按钮。在移除 USB 存储设备之前,请等待安全删除 USB 存储设备信息。

⑥ 单击"关闭"以退出"每日目录"和"存档数据文件"。

2.3.5.6　上传数据

每月 3 日前,将下载备份到台式电脑中的上一个月的观测数据(包括校准数据文件)发送至气科院。

2.3.5.6.1　须上传的常规数据文件

(1)AE33 型黑碳监测仪

将 E:\大气成分资料\ZS-ACdata\AE33\yyyy\mm 文件夹下本月全部的 AE33_AE33-S05-00468_yyyymmdd. dat 打包压缩为一个上传文件 ZS-AE33-yyyymm. rar。

(2)TE49i 型臭氧分析仪

E:\大气成分资料\ZS-ACdata\O3-49i\yyyy 文件夹下本月的 ZS-49i-yyyymm. dat 文件。

(3)LGR 气体分析仪

将 E:\大气成分资料\ZS-ACdata\GHG\yyyy 文件夹下本月全部的数据文件打包压缩为一个上传文件 ZS-LGR-CO_2/CH_4/H_2O-yyyymm. rar。异常数据的截图也要一同放到此压缩文件中,截图的命名方式为 yyyymm-数据异常的原因,如清理进气管积雪造成浓度升高等。

2.3.5.6.2　须上传的校准数据文件

(1)LGR-CO_2/CH_4/H_2O

仪器校准报告;校准当日监测数据文件。将这 2 个文件打包压缩为一个上传文件 Cal-GHG-yyyymmdd. rar。

（2）LGR-CO/N$_2$O

仪器校准报告；校准当日监测数据文件。将这 2 个文件打包压缩为一个上传文件 Cal-CO-yyyymmdd. rar。

（3）TE49i

TE49i 校准操作记录/计算/报告专用文件；校准当日的 TE49i 数据文件；校准当日的 TE49i-PS 型臭氧校准仪数据文件。将这 3 个文件打包压缩为一个上传文件 Cal-O3-yyyymmdd. rar。

2.3.5.6.3 须上传的值班记录文件

每日填写的 2 个值班记录文件，但只须上传本月相关内容，命名的方式为"名称-yyyymm"。检查已下载的上月数据文件，有无缺、漏或重复数据。将整理、压缩好的上月观测数据文件，包括 ZS-AE33-yyyymm. rar，ZS-49i-yyyymm. dat，ZS-LGR-GHG-yyyymm. rar，ZS-LGR-CO-yyyymm. rar，以及 2 个值班记录文件（1 月、4 月、7 月和 10 月，以及 3 月、6 月、9 月、12 月 LGR-CO$_2$/CH$_4$/H$_2$O，LGR-CO/N$_2$O 和 TE49i 的校准数据文件），在每月 3 日前发送至气科院指定邮箱。同时，通过综合楼办公室台式电脑安装的"SyncToy 2.1"文件夹同步工具，将大气化学观测栋台式电脑中"大气成分资料"文件夹中所有内容同步备份到办公室台式电脑中。

2.3.6 仪器维护

2.3.6.1 AE33 型黑碳监测仪的维护

总体而言，AE33 型黑碳监测仪的维护保养工作量相对不高，具体内容见表 2-3-4。

表 2-3-4 AE33 型黑碳监测仪的定期维护内容

项目	时间间隔
确认时间与日期/如果没设置自动更新	每月一次
检查采样管道	
检查采样入口流量	
检查光学腔室/脏了则清理	每年一次
测试流量/如果需要则做校准	根据需要每年两次
安装新的滤带	根据需要，仪器会发出报警
更换前置过滤器	根据需要每两年一次

（1）AE33 型黑碳监测仪更改时间与日期

当 AE33 型黑碳监测仪的时间同 SAOZ 相差 15 s 以上时需要更改仪器的时间（基本一个季度调整一次）。

选择"Operation/General"菜单，点击"Stop"停止观测。点击"Time&Date"更改时间或者日期。更改完毕后点击"Start"重新开始测量。如图 2-3-45 所示。

（2）清洁光学腔室

① 停止观测，关闭仪器然后关闭电源。

② 将拇指和食指放在光学腔室的两边，向上抬起它的弹簧。当腔室完全升起，通过插入金属锁销将其锁定在适当的位置。

③ 找到腔室前部的释放按钮。向上按释放按钮时，请抓住光学头下面的一部分，顺时针方向旋转，因此腔室的前面向左移动。

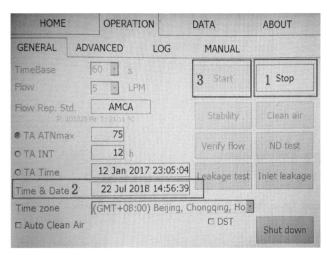

图 2-3-45　更改 AE33 型黑碳监测仪时间与日期

④ 光学头的下部由半透明块组成。用乙醇清洗所有表面,滴几滴用软棉签清除开孔内的灰尘或碎屑。

⑤ 用压缩空气从开口处清除任何碎片(纤维)。开口处不应留有任何材料。

⑥ 重新安装光学头,首先将凹槽标记对齐到中心的左边;将光学头向上推至齿合卡销装置,逆时针方向旋转(这样腔体的前部就会向右移动)。

⑦ 将拇指和食指放在光学腔室的两边,向上抬起腔室。锁止器将自动释放,让腔室回到纸带上。

清洁光腔室操作见图 2-3-46。

图 2-3-46　清洁光学腔室操作

(3)滤带安装

① 停止测量,选择"Operation/Advanced"菜单。按"Change Tape"按照说明"你将需要一卷新的滤带和少许胶带"操作。

② 停止测量,在"Operation/Advanced"菜单中按"Change Tape"选项(图 2-3-47)。

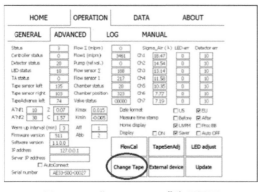

图 2-3-47 "Change Tape"选项界面

图 2-3-48 "TAPE CHANGE PROCEDURE"选项界面

③ 界面出现"TAPE CHANGE PROCEDURE",测量腔室抬升(图 2-3-48)。

④ 开始更换滤带,首先取下测量腔室左边的透明卡带圆板(图 2-3-49),然后取下右边的(图 2-3-50)。

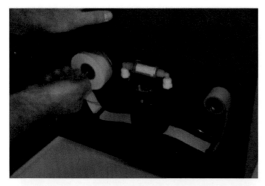

图 2-3-49

图 2-3-50

⑤ 从光学测量腔室的底下取出滤带(图 2-3-51),从黑碳仪中拿出两个滤带卷轴(图 2-3-52)。

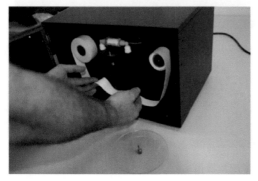

图 2-3-51

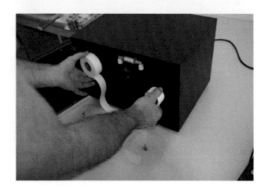

图 2-3-52

⑥ 安装一卷新的滤带到光学测量腔室的左手边(图 2-3-53),把滤带末端绕在硬纸板卷轴上(图 2-3-54)。

图 2-3-53

图 2-3-54

⑦ 把滤带卷轴安装到测量腔室的右手边(图 2-3-55),光学测量腔室左右两边的透明卡带圆板装上(图 2-3-56)。

图 2-3-55

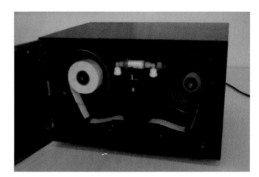

图 2-3-56

⑧ 关上仪器门,点击"OK"(图 2-3-57);等待测量腔室回到原位,滤带更换完成,点击"OK"(图 2-3-58)。

图 2-3-57

图 2-3-58

如果在更换新滤带时仪器关闭,可以手动抬升测量腔室。

注意:当仪器在运行时抬升了测量腔室,除非将仪器断电再开启才能开始测量。

(4)AE33 型黑碳监测仪更换前置过滤器

前置过滤器位于光学室的上方,打开前门很容易看见,应每年更换一次(南极空气比较洁净,可以两年更换一次)。如果滤芯的颜色比"中灰色"深,看起来变黑或清洁空气测试中 BC 浓度高于零时,说明前置过滤失效且必须立即更换。

① 准备一个新的前置过滤器和一个中型的扁平螺丝刀。

② 前置过滤器位于光学室的顶部。

③ 如果测量正在运行,点击"Operation/General"中的"Stop"键。这个过程也可以在仪器关机断电时完成。

④ 打开前门,找到滤芯。注意箭头指示的气流方向,从左到右(图2-3-59)。

⑤ 过滤器安装在"夹紧适配器"中,必须用扁平螺丝刀将其按下才能取出过滤器。

⑥ 将过滤器一侧的外把手接头上的白色环压下并拉动弯头接头向上和向外延伸(图2-3-60)。

图 2-3-59   图 2-3-60

⑦ 在另一面重复,这样就可以用两个弯头接头将过滤器取出(图2-3-61)。

⑧ 将过滤器本身的弯头接头移除,这次是按下灰色的连接器(图2-3-62、图2-3-63)。

⑨ 用一个新的过滤器,将两个弯头接头连接到这个过滤器上,其方向同流量指示器箭头相同(图2-3-64)。

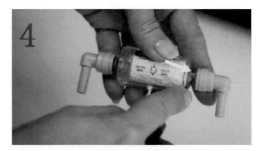

图 2-3-61   图 2-3-62

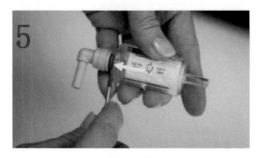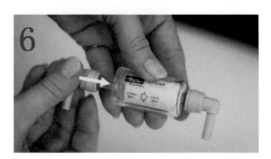

图 2-3-63   图 2-3-64

⑩ 安装过滤器,将弯头接头牢牢地压在插座上(图2-3-65)。

⑪ 重启仪器,继续测量。

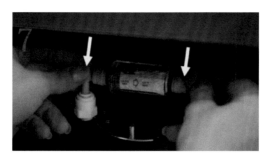

图 2-3-65

2.3.6.2   TE49i 型臭氧分析仪的维护

（1）日常维护

① 经常检查仪器背部的风扇过滤网（图 2-3-66），如有灰尘沉积，应及时取下，用清水冲洗、晾干后，再装回去。

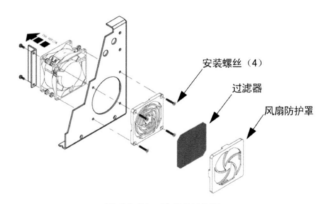

图 2-3-66   清洗过滤器

② 定期更换颗粒物过滤膜，一般 3 个月更换一次滤膜。更换滤膜时，须在工作日记上记录更换时间，每次更换滤膜后，必须再次检查分析仪面板上的示值、流量等是否有异常变化。

③ 仪器单池流量大约应为 0.7 LPM 左右，则总流量大约应为 1.4 LPM，如果单池流量低于 0.6 LPM，应及时检查原因（如漏气、堵塞、气泵故障等），并做记录。

（2）年度维护

为了保证仪器能长期正常运转，需要对仪器进行年度维护。年度维护工作的内容包括：仪器内部的清洁、测量光池的清洗、毛细管的检查和清洁、泵膜的检查等。年度检查一般在交接班时进行，如仪器发生故障或其他原因影响测量，年度维护的一些工作内容也可以在一年以内进行多次。年度检查进行前后应该分别记录仪器的参数设置（表 2-5-3），要注意及时发现仪器因维护工作而出现的重大变化。

1）清洁仪器内部

① 关闭电源，拔除电源连线。打开机箱盖子，注意采取防静电措施。

② 进行仪器内部的除尘清扫，只能用皮老虎、洗耳球、小毛刷、小吸尘器等进行。首先尽

可能用小功率吸尘器等吸抽气管所能到达的部位,然后用低压压缩空气吹走剩余的灰尘,并用软毛刷刷去残存的灰尘。

③ 完成仪器内部清洁后,重新开机。

2)测量光池内部的检查和清洗

① 关闭电源,拔除电源连线。打开机箱盖子,注意采取防静电措施。

② 用手同时松开两个测量光池的固定螺母,轻轻取下两个测量光池。注意不要遗失和污染光池两端的密封圈。

③ 对准光亮处,查看两个光池内壁是否附着有污染物(如灰尘等)。若有,则用手按住光池两端,用少量蒸馏水(或去离子水)和无水乙醇反复荡洗光池。若污染物附着得比较牢固,可用小块脱脂棉球塞入光池(不能很紧),并注入少量无水乙醇使其湿润,再用力将其吹出另一端。最后用少量无水乙醇冲洗甩干(晾干)。

④ 检查光池两端的O形密封圈,如果O形密封圈破裂、磨损或老化,应及时更换。

⑤ 安装光池:先将两个光池轻轻放在安装位置,逐渐旋进固定螺丝,其松紧程度恰好使两个光池同时轻轻抵住光池两端的卡座,确保光池前后不能晃动。确认两个光池固定螺丝的松紧程度一致且符合要求后,同时紧固光池的固定螺丝1/2～3/4圈。重新把仪器盖盖上。

⑥ 清洁光池的操作中注意不要污染光池的两端和O形密封圈,应该戴一次性的塑料薄膜手套进行操作。

3)限流毛细管的检查和清洗

① 将仪器电源断开,把电源插头拔掉,取下仪器盖,注意采取防静电措施。

② 找到毛细管座,拆掉盖帽。取出玻璃毛细管(图2-3-67)和O形圈。

③ 查看限流毛细管孔前端的周围是否附着有污染物。如有,可用镜头纸轻轻擦拭,或用少量蒸馏水(或去离子水)和无水乙醇反复冲洗,最后晾干。

④ 查看密封O形圈,如果O形圈破裂、磨损或老化,应及时更换。

⑤ 重新安装毛细管和O形圈,安装时要确认毛细管已套好O形圈。

⑥ 拧上毛细管的盖帽。注意:只要用手指拧紧即可。然后重新把仪器盖盖上。

⑦ 在清洁毛细管的操作中,注意不要污染毛细管和密封O形圈,应带上一次性塑料薄膜手套进行操作。

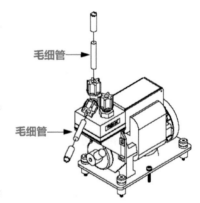

图 2-3-67 毛细管的位置

4)气泵的检修

TE49i型臭氧分析仪使用内置气泵作为采样动力,该泵为无油隔膜泵,正常使用寿命可达一年以上。在仪器出现流量降低,或者流量不稳时,需要对气泵进行检修。检修气泵的操作如下。

① 关闭电源,拔掉电源线,打开机箱盖子。南极地区天气干燥,须采取防静电措施,防止人体静电损坏内部电路板。

② 找到气泵,用扳手卸下连接在气泵上的管线,记住两根管线(一根是进气,另一根是排气)的相对位置。可以用彩色记号笔在气泵外侧标记出气泵顶板、底板和泵体的相对方向位置。拆下连接在电路板上的两根泵的电线插头。

③ 将泵支架固定在防震支架上的四个外加螺丝旋松,取下泵总成、防震支架(图 2-3-68)和取走泵。

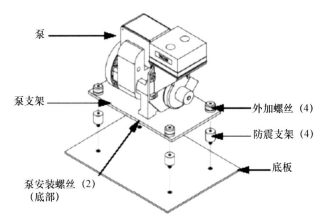

图 2-3-68　TE49i 型臭氧分析仪泵外部结构图

④ 用螺丝刀松开并取下气泵顶板上的 4 个固定螺丝,再轻轻取下气泵顶板、阀片、底板(由上至下顺序,如图 2-3-69 所示),记住它们的相对顺序和上下面,逐一检查它们是否有污渍或损坏。同时检查依然留在泵体上的泵膜。可以用脱脂棉蘸取少量酒精(工业级,浓度 95％或以上)擦去污渍,如果泵膜有损坏,则应更换。

⑤ 将外壳左右两侧 4 个螺丝分别拧下(注意必须使用合适螺丝尺寸的螺丝刀,用力压下螺丝刀然后将螺丝拧下,防止螺丝损坏),可见到传动腔内部。

⑥ 如果泵膜没有损坏,可不必将其从泵体上取下,如果有损坏,(掀起泵膜一角)逆时针旋转泵膜底部褶皱区将泵膜拧下(可借助相应工具固定,一定注意不能使用蛮力工具)。换上新的泵膜,注意在换上新泵膜时,确保传动曲轴为鼓出状态即曲轴螺纹处距离泵膜安装位置最近时,然后一定注意顺时针拧紧泵膜。

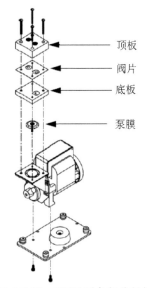

图 2-3-69　TE49i 型臭氧分析仪泵拆卸图

⑦ 严格按照原来的顺序、位置和方向,将气室顶板、阀片、底板(由下至上)顺序放回,对齐,将 4 个固定螺丝拧紧(注意要按照对角的顺序逐次拧紧)。将左右两侧的外壳装回。将泵安装回泵支架上,接好泵的电线插头。

⑧ 接上仪器电源,开机,检查气泵是否工作正常,可以用手轻按进气口和排气口,查看气泵压力是否足够。如果气泵不启动,可能是固定螺丝拧得过紧,或者阀片的相对位置不合适。这时需要关机,断开电源,松开固定螺丝,重新检查各部件的位置是否正确,再紧固螺丝。

⑨ 确认气泵能够正常工作后,连接进气和排气管路。盖好机箱盖子,恢复运行。

⑩ 注意:在取拿和清洁气泵的膜(板)片时,一定注意不要划伤膜(板)片,也不要用手直接触摸泵膜的气室部分,以防止汗渍和油渍的污染,最好带一次性手套操作。

⑪ 注意:气泵为无油泵,不得向气泵轴承等处加注任何润滑剂。

⑫ 如果气泵线圈或轴承烧坏,可整体更换,仅保留气泵的泵膜。

5）光度计灯电压调节（光强调节）

使用下述程序调节光度计灯电压，直到每个探测器的输出约 100 kHz。注意：打开电源后，等灯稳定（约 15 min）后用下面的程序开始灯电压调节。

① 在主菜单上，按 $\boxed{\downarrow}$ 滚动到 Service（维修）→按 $\boxed{\leftarrow}$ → $\boxed{\downarrow}$ 滚动到 Lamp Setting→并按 $\boxed{\leftarrow}$。显示光座设置屏幕。

如果主菜单上 $\boxed{\leftarrow}$ 不显示 Service Mode（维修模式），则使用下述程序。

a）在主菜单上按 $\boxed{\downarrow}$ 滚动到 Instrument Control（仪器控制）→按 $\boxed{\leftarrow}$ → $\boxed{\downarrow}$ 滚动到 Service Mode（维修模式）→并按 $\boxed{\leftarrow}$。出现 Service Mode（维修模式）屏幕。

b）按将 Service Mode（维修模式）切换到 ON。

c）按 $\boxed{\bullet}$ → $\boxed{\bullet}$ 返回主菜单。

d）继续第三步开始时的程序，访问 Calibrate Ambient Temperature（环境温度校准）屏幕。

② 在灯座设置屏幕，用 $\boxed{\uparrow}$ $\boxed{\downarrow}$ 增加/减少单元 A 和单元 B 的灯电压（光强）直到 100000 Hz。

③ 按 $\boxed{\leftarrow}$ 保存设置。

（3）越冬交接

每年 7 月编制一份交接班工作计划，并报送气科院。得到气科院回复后，按计划实施交接工作。完成交接工作后，由交班队员执笔撰写仪器交接报告，交接班时交中山站一份，发送至气科院一份。仪器交接报告应对一年的工作做全面的总结，基本内容包括：

① 仪器工作概况，包括仪器的运行天数、获取数据量等；

② 仪器维护保养和校准工作情况；

③ 出现的仪器故障（包括停电和电路故障等）和解决方法，是否对仪器部件进行过调整，是否对工作步骤进行过调整；

④ 备件消耗品使用情况，需要补充的备件；

⑤ 其他现存问题和改进建议等。

2.4 仪器故障诊断及维修

2.4.1 AE33 型黑碳监测仪

2.4.1.1 开机屏幕检查

在 AE33 型黑碳监测仪开机的启动阶段，仪器将会开始一个初始化进程，需要 5 min 左右。不同的子单元在这期间被测试，测试结果用绿色监测框依次序显示（图 2-4-1）。AE33 型黑碳监测仪开机测试项详细说明见表 2-4-1。

表 2-4-1　AE33 型黑碳监测仪开机测试项说明

检查	描述	错误	解决方案
通信	电脑到光学室控制器的通信	硬件问题	检查线缆
仪器数据	从光学室控制器获得数据	硬件问题	检查线缆
存储	CF 卡操作	CF 卡错误	更换新的 CF 卡

检查	描述	错误	解决方案
配置设置	从安装文件中读取设置	设置文件错误	从旧的安装文件中恢复安装文件
阀门	球阀的操作	球阀不动	检查线缆
光室	光室运动测试	光室锁住	解锁光室
		硬件错误	联系售后
泵及流量	测试泵是否工作	泵	联系售后
		管接头	重新连接管路
设备监控	操作系统测试	错误的应用文件	更换新的 CF 卡

 设备正常

 报警；仪器依然在执行测量，但是存在问题需要检查

 仪器停止运行，需要立即检查

图 2-4-1　主界面状态颜色图标

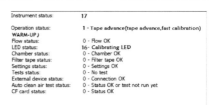

图 2-4-2　"STATUS"详细说明

2.4.1.2　状态标志检查

运行中的 AE33 型黑碳监测仪故障诊断是通过显示屏右侧红色、黄色、绿色三个 LED 灯状态显示仪器运行是否正常，这种状态会重复出现在主屏幕上并显示状态标志（图 2-4-1）。仪器状态是一系列反映仪器当前运行情况的状态标志。通过点击仪器"HOME"屏幕下状态颜色图标来查看仪器状态标志（图 2-4-2，表 2-4-2）。

表 2-4-2　AE33 型黑碳监测仪仪器状态标志

状态（相关部件或程序）	状态标志（十进制数）	描述
操作	0	测量
	1	滤带推进（滤带推进,快速校准,仪器预热）
	2	首次测量—获取 ATN0
	3	停止
流量	0	流量正常
	4	流量偏差超过 0.25 LPM
	8	检查流量历史状态
	12	流量偏差 & 检查流量历史状态
LED	0	LED 正常
	16	LED 校准
	32	校准错误（至少有一个通道通过）
	48	LED 错误（所有通道校准错误,COM 错误）

续表

状态(相关部件或程序)	状态标志(十进制数)	描述
测量腔室	0	测量腔室正常
	1	测量腔室错误
滤带	0	滤带正常
	128	滤带报警(左边少于30个点)
	256	滤带即将耗尽报警(左边少于5个点)
	384	滤带错误(滤带不移动,滤带耗尽)
测试 & 程序	0	无测试
	1024	稳定性测试
	2048	清洁空气测试
	3072	更换滤带程序
	4096	光学测试
	6144	泄露测试
外部装置	0	连接正常
	8192	连接错误
CF 卡错误	32768	保存/读取 CF 卡文件时出现错误

■ 2.4.2 TE49i 型臭氧分析仪

分析仪的频率降速较快:一般是紫外光源老化或分析仪内的光池被污染。

出现采样流量偏低或无流量:首先检查更换颗粒物过滤膜的操作是否正确,其次检查采样管路的进气口是否有异物堵塞或结冰(霜),如有则进行排除。完成上述检查和处理后仍不能正常工作时,则需要对采样泵进行检查,如发现泵膜破损,则立即更换。

2.4.2.1 故障处理

表 2-4-3　TE49i 型臭氧分析仪故障处理(普通指南)

警报信息	可能的原因	解决措施
仪器无法启动	没有供电	检查仪器是否接上了合适的交流电; 检查仪器保险丝
	仪器内部电源	用仪器诊断功能检查仪器内部供电
	数字电路部分	关机拔下电源插头,检查所有的线路板是否都接插到位; 每次取下一块线路板后换上一块好的,直到找到有故障的线路板
A 路或 B 路频率高	调节紫外光	重新调整灯设置(Lamp Setting)
	检测器有问题	交换在母板上的两个检测器的接头以确定检测器的问题
	紫外灯电压	在灯电源板的灯电流测点上检查是否有 1.7 V 的峰峰电压
	数字电路有问题	每次取下一块线路板后换上一块好的,直到找到有故障的线路板

警报信息	可能的原因	解决措施
A 路或 B 路频率低或为零	调节紫外光	重新调整灯设置(Lamp Setting)
	光池严重污染	清洁光池
	检测器有问题	交换在母板上的两个检测器的接头以确定检测器的问题
	数字电路有问题	每次取下一块线路板后换上一块好的,直到找到有故障的线路板
	光池脏	清洁光池
	调节紫外光	在灯电源板的灯电流测点上检查是否有 1.7 V 的峰峰电压
	灯	卸下一个光池,查看在输入模块连接光池的孔中是否有蓝光
	灯的加热器	从诊断菜单中检查灯的温度
	±15 V 电压	从诊断菜单中检查 ±15 V 电压
	数字电路故障	每次取下一块线路板后换上一块好的,直到找到有故障的线路板
A 路或 B 路噪声太大	光池中有干扰物质	清洁光池
	检测器有问题	交换在母板上的两个检测器的接头以确定检测器的问题
	数字电路故障	每次取下一块线路板后换上一块好的,直到找到有故障的线路板
	光池脏	清洁光池
	紫外光故障	在灯电源板的灯电流测点上检查是否有 1.7 V 的峰峰电压
	±15 V 电压	从诊断菜单中检查 ±15 V 电压
	数字电路故障	每次取下一块线路板后换上一块好的,直到找到有故障的线路板
压力传感器无法稳定	压力传感器	更换传感器
	数字电路故障	每次取下一块线路板后换上一块好的,直到找到有故障的线路板
仪器运行时输出有噪声	记录仪	检查记录仪
	O_3 浓度不稳定	用一稳定的 O_3 气体检查
	光池有干扰物质	清洗光池
	电磁阀被粘住	换上好的电磁阀
	数字电路故障	每次取下一块线路板后换上一块好的,直到找到有故障的线路板

续表

警报信息	可能的原因	解决措施
仪器无法校准	漏气	检漏
	臭氧去除器被污染	进行臭氧去除效率测试
	压力和温度传感器故障	检查压力和温度传感器
	仪器气路有赃物	清洗气路
	电磁阀有故障	进行电磁阀检漏测试
	数字电路故障	每次取下一块线路板换上一块好的，直到找到有故障的线路板
响应慢	平均时间	检查平均时间设置是否合适；
	光座被污染	清理光座然后系统运行一整夜

2.4.2.2 故障排查

表 2-4-4　TE49i 型臭氧分析仪故障排查(警报信息)

警报信息	可能的原因	解决措施
报警:O_3灯温度 报警:灯温度 报警:光座温度	检查风扇运行情况； 检查风扇过滤器	如果风扇没有正常运行则更换； 清洁或更换过滤器
警报:压力	高压显示	检查流量系统是否泄漏。检查泵的隔膜是否破裂,必要时使用泵维修设备进行更换； 检查毛细管安装是否正确以及 O 形环是否变形,必要时予以更换
报警:流量 A 报警:流量 B	流量低	检查样品毛细管(0.015 英寸内径)是否阻塞,必要时予以更换； 如果使用样品微粒过滤器,应确保其未阻塞。从样品气路接口上断开样品微粒过滤器,如果流量增加,则更换过滤器
报警:强度 A 报警:强度 B	增益设置不合适 测量板有问题	检查增益调整； 更换
警报:零检查 警报:跨度检查 警报:零自动校准 警报:跨度自动校准 报警:O_3浓度	浓度超过极限值 浓度低	如果没有选择适当的量程则检查并确定预期的量程； 检查用户定义的低设置点,设置为零
警报:母板状态 警报:接口状态 警报:I/O 显示状态	内部电线连接不当 板有故障	检查所有内部电线是否连接正确。将交流电源(AC)循环至仪器。如果仍然有警报,则将板更换

2.5 备查附件

2.5.1 值班记录表格式及说明

表 2-5-1　值班记录表填写注意事项及说明

设　备	检查要素	数据查询及填写说明	
	时间	记录北京时。每天检查的时间尽量固定,所有设备时间的分秒以 SAOZ 计算机时间的分秒为准(SAOZ 带 GPS 校时)	
仪器机柜	仪器机柜电压(V)	查看左侧机柜内顶部三块显示屏中最右侧一块显示屏	抄录显示屏数值
	温度(℃)	查看左侧机柜柜顶外置温度探头显示屏。室内空调温度设定在 19 ℃(注意:室外温度到 −30 ℃以下时,空调不能工作)	抄录显示屏数值
气路系统	进气	检查 LGR 日常标定用气瓶二次表压力下降是否正常;大风后总进气管是否松动;降雪后总进气管内是否有积雪	填写正常,异常或无流量。如填写异常,应在备注栏内注明异常现象
	排气	检查室外排气管是否正常	
SAOZ	臭氧柱浓度(AM、PM)	查看 C:\Softava\saoz\mini\2\yyyy\ "O3_yyyy.MZS"文件中对应日期的 O3sr 和 O3ss	抄录对应日期的 O3sr、O3ss 值到 AM、PM 中
	巡视情况	软件界面是否正常(SAOZ 出现过死机情况);降雪后及时检查房顶镜头是否被积雪堵住并清理	填写正常或异常。如填写异常,应在备注栏内注明异常现象
	备份数据	每天将 C:\Softava\saoz\mini\2\yyyy 文件夹内当天文件(除了"mrs.pxp"文件外共 23 个文件)拷贝到以当天日期新建的文件夹内,用以备份	填写已备份
AE33 型黑碳监测仪	时钟	检查 AE33 型黑碳监测仪设备时间同 SAOZ 时间相差是否在 10 s 内,超过 10 s 进行调整	填写正常或调整
	状态	检查屏幕 STATUS 是否为"绿色 0"	填写正常或异常。如填写异常,应在备注栏内注明异常现象
	BC(ng/m³)	抄录屏幕显示的 BC 值	
	UVPM(ng/m³)	抄录屏幕显示的 UVPM 值	
	Flow(LPM)	检查 Flow 是否为 5.0。抄录屏幕显示的流量值	
	Tape Left	检查机箱内纸带运行是否正常。抄录屏幕显示的 Tape Left 值	

续表

设备	检查要素	数据查询及填写说明	
太阳辐射	时钟	自＞LoggerNet 4.0-connect。查看右侧Clock 内时间是否一致,不一致点击"SET"键将其同步。"SET"键设置的时间以计算机时间为准,确保计算机分秒时间同 SAOZ 一致	填写正常或调整
	下载数据	每天下载数据。有下载数据,填写"已下载",否则填写"无"	
	仪器状况	检查设备跟踪太阳情况、各辐射石英罩是否清洁、有无松动的螺丝、设备线缆有无缠绕情况等	填写正常或异常。如填写异常,应在备注栏内注明异常现象
	电池电压	自＞LoggerNet 4.0-connect-Num Display-Display 1	抄录"batt_voit_Min"
	温度		抄录"PTemp"
	总辐射		抄录"gr_AVG"
	直接辐射		抄录"dr_AVG"
	散射辐射		抄录"sr_AVG"
	反射辐射		抄录"rr_AVG"
	UVA		抄录"uva_AVG"
	UVB		抄录"uvb_AVG"
	AR		抄录"ar_AVG"
	TR		抄录"tr_AVG"
	PR		抄录"pr_AVG"
TE49i 型臭氧分析仪	时钟	检查设备时间同 SAOZ 时间相差是否在 10 s 内,超过 10 s 进行调整	填写正常或调整
	下载数据	每月 1、11、31 日下载前 10 天数据	有下载数据,填写"已下载",否则填写"无"
	浓度(ppb)	抄录屏幕显示数值	
	母板电压/24V	自＞主菜单－诊断－电压－母板＞抄录	
	母板电压/15V		
	接口板电压/5V	自＞菜单－诊断－电压－接口板＞抄录	
	接口板电压/3.3V		
	光度计灯电压(V)		
	光池温度(℃)	自＞菜单－诊断－温度＞抄录	
	光池灯温度(℃)	自＞菜单－诊断－压力＞抄录	
	压力(mmHg)		
	光池 A 流量(L/min)	自＞菜单－诊断－流量＞抄录	
	光池 B 流量(L/min)		
	光池 A 光强(Hz)	自＞菜单－诊断－光强＞抄录	
	光池 B 光强(Hz)		
	报警信息	自＞菜单－诊断－报警＞抄录	

续表

设备	检查要素	数据查询及填写说明	
LGR-CO₂/ CH₄/H₂O 气体分析仪	CPVU 时间	每 10 天下载数据或季节标定后,需要在北京时间 11:48:40 手动确定,启动每日标定时序	填写正常 时间:填写准确或调整 运行状态:填写使用或未使用
	CPU 温度	抄录显示的温度值	
	数据下载	每月 1、11、31 日下载前 10 天数据	有下载数据,填写"已下载",否则填写"无"
	电磁阀通道	空气 0 通道;日标气 2 通道;季节标气 3/4/5 通道	准确填写屏幕通道显示数值
LGR-CO₂/ CH₄/H₂O 气体分析仪	腔室压力	一般为 140 TORR 左右	准确抄录屏幕下方数据
	CO₂ 浓度(ppm)	抄录屏幕窗口显示的数据(校准数据)	
	CH₄ 浓度(ppm)		
	H₂O 浓度(%)		
	电磁阀流量	填写电磁阀手动流量计显示数值,大小一般在 3.4~3.6	
LGR-CO/ N₂O 气体分析仪	CPVU 时间	每 10 天下载数据或季节标定后,需要在北京时间 11:48:40 手动确定,启动每日标定时序	填写正常 时间:填写准确或调整 运行状态:填写使用或未使用
	CPU 温度	抄录显示的温度值	
	数据下载	每月 1、11、31 日下载前 10 天数据	有下载数据,填写"已下载",否则填写"无"
	电磁阀通道	空气 0 通道;日标气 1 通道;季节标气 2/3/4 通道	准确填写屏幕通道显示数值
	腔室压力	一般为 140 TORR 左右	准确抄录屏幕下方数据
	CO 浓度(ppm)	抄录屏幕窗口显示的数据(校准数据)	
	N₂O 浓度(ppm)		
备注	电磁阀流量	填写电磁阀手动流量计显示数值,大小一般在 3.4~3.6	

2.5.2 AE33 型黑碳监测仪的仪器参数设置

表 2-5-2 AE33 型黑碳监测仪的参数设置

主菜单项	子菜单项	参数	说明
Model		AE33	
S/N		611:0505	
Operate	Goto Auto mode	Yes/No	操作选项

主菜单项	子菜单项		参数	说明
Change Settings	Time & Date		21:44 06-Jan-08	自动/设置
	Set flow		10.0 LPM	预设
	Time base		5 min	预设
	Tape Saver		Off	预设
	Analog output port	Signal output		预设
		Output scale factor	100 ng/m³/V	预设
		Analog out channel	880nm	预设
	Warm up wait		No	预设
Change Settings	Communication par	Comm. Mode	Dataline	预设
		Baud rate	9600 baud	预设
		Data bits	8 data bits	预设
		Stop bits	1 stop bit	预设
		Parity	None	预设
	Overwrite old data		No	预设
	Filter change at		0 hours	预设
	Security code		111	预设/密码
	Data format		U. S. MMDDYY	预设
	BC display unit		nano grams BC/m³	预设
	Data format		Expanded	预设
	UV Channel On/Off		（unadjustable）	预设
	HW Configuration	Instrument type	AE3x — 7 x LED	预设
		Portable/Station	Stationary Instr.	预设
		Spot size	Standard Range	预设
		Serial Number	611	预设
		PCMCIA enablement	Yes	预设
	Gesytec ID		333	预设
	Sigma for lamps	lamp #1	39.5	预设/密码
		lamp #2	31.1	预设/密码
		lamp #3	28.1	预设/密码
		lamp #4	24.8	预设/密码
		lamp #5	22.2	预设/密码
		lamp #6	16.6	预设/密码
		lamp #7	15.4	预设/密码
	Spots per advance		2	预设
	Maxim. Attenuation		75	预设/密码
	Mean Ratio		1	预设
	Signals+Flow			操作菜单（不使用）
	Selftest			
	Software upgrade			
	Optical test			
	Install new tape			安装新滤膜带时使用

■ 2.5.3 TE49i 型臭氧分析仪的仪器参数设置

表 2-5-3 TE49i 型臭氧分析仪参数设置

主菜单项	子菜单项			参数量	设置
Model				49i	
S/N				02.02.02.286＋	
量程	气体单位			ppb	预设
	量程	O$_3$量程		100.0	预设
	设置用户量程			略	略
平均时间				60 s	预设
校准系数	O$_3$背景值			0.4	可修改
	O$_3$系数			1.004	可修改
	恢复默认值			略	略
校准	校准零点			略	略
	校准 O$_3$系数			略	略
仪器控制	循环时间			标准	预设
	温度补偿			30.3/开	预设
	压力补偿			703.8/开	预设
	数据记录设置	选择短记录/长记录		长记录	预设
	通信设置	串口设置	波特率	9600	预设
			数据位	8	预设
			奇偶校验	无	预设
			停止位	1	预设
			RS-232/485 选择	RS-232	预设
		仪器识别号		49	预设
		GESYTEC 系列号		0	预设
		通信协议		CLINK	预设
		数据流配置	时间间隔	60 s	预设
			添加标签	否	预设
			时间戳	是	预设
			添加标志	是	预设
		TCP/IP 设置	使用 DHCP	关	预设
	I/O 配置	输出继电器设置		略	略
		数字输入设置		略	略
		模拟输出配置		略	略

主菜单项	子菜单项			参数量	设置
仪器控制	屏幕对比度			50%	可修改
	维护模式			关	可修改
	日期/时间			15 九月 2018 12:47:30	可修改
	时区			PST	可修改
诊断	软件版本	产品		MODEL 49i	预设
		版本		02.02.01.286+	预设
		固件		11.54.154	预设
	电压	母版	3.3 供电	3.3 V	自动
			5.0 供电	5.0 V	自动
			15.0 供电	14.8 V	自动
			24.0 供电	24.1 V	自动
			-3.3 供电	-3.2 V	自动
		接口板	3.3 供电	3.3 V	自动
			5.0 供电	5.0 V	自动
			15.0 供电	14.7 V	自动
			-15.0 供电	-15.2 V	自动
			24.0 供电	24.2 V	自动
			光度计灯	12.7 V	自动
	温度	光池		30.1 ℃	自动
		光池灯		53.6 ℃	自动
	压力			703.5 mmHg	自动
	流量	光池 A		0.700 L/min	自动
		光池 B		0.702 L/min	自动
	光池 A/B O_3	O_3 ppb		33.5	自动
		光池 A		36.1	自动
		光池 B		30.8	自动
	光强	光池 A		101074 Hz	自动
		光池 B		52342 Hz	自动
	数据输入			略	略
	继电器状态			略	略
	测试模拟输出			略	略
	仪器配置	I/O 扩展板		否	自动
		采样/校准阀		否	自动
		O_3 发生器		否	自动
		O_3 发生器待机		否	自动
		开关泵		否	自动
		稀释		是	自动
		自动校准		是	自动
	联系信息			略	略

续表

主菜单项	子菜单项		参数量	设置
报警	报警数量		0	自动
	光池灯温度	当前值	53.6 ℃	自动
		最小值	50 ℃	可修改
		最大值	60 ℃	可修改
	光池温度	当前值	30.7 ℃	自动
		最小值	15.0 ℃	可修改
		最大值	40.0 ℃	可修改
	压力	当前值	703.5 mmHg	自动
		最小值	200.0 mmHg	可修改
		最大值	1000.0 mmHg	可修改
	流量 A	当前值	0.697 L/min	自动
		最小值	0.400 L/min	可修改
		最大值	1.400 L/min	可修改
	流量 B	当前值	0.699 L/min	自动
		最小值	0.400 L/min	可修改
		最大值	1.400 L/min	可修改
	光强 A	当前值	101032 Hz	自动
		最小值	45000 Hz	可修改
		最大值	150000 Hz	可修改
	光强 B	当前值	52367 Hz	自动
		最小值	45000 Hz	可修改
		最大值	150000 Hz	可修改
	O_3浓度	当前值	33.2	自动
		最小值	2000	可修改
		最大值	2000	可修改
		触发类型	最高限值	可修改
	母板状态		正常	自动
	接口板状态		正常	自动
密码	设置密码	输入新密码	无	可修改
检修菜单			略	略

注:本表中的预设参数不能(得)修改,自动参数由仪器自行测量得出,也不可修改。

2.5.4 TE49i-PS 型臭氧校准仪的仪器参数设置

表 2-5-4 TE49i-PS 型臭氧校准仪参数设置

主菜单项	子菜单项			参数量	设置
Model				49i	
S/N				02.02.02.286＋	
量程		气体单位		ppb	预设
	量程	O₃量程		100.0	预设
		设置用户量程		略	略
平均时间				60 s	预设
校准系数		O₃背景值		0.4	可修改
		O₃系数		1.004	可修改
		恢复默认值		略	略
校准	校准零点			略	略
	校准 O₃系数			略	略
仪器控制	标定浓度设置	LEVEL 1		0	预设
		LEVEL 2		30	预设
		LEVEL 3		80	预设
		LEVEL 4		10	预设
		LEVEL 5		50	预设
		LEVEL 6		0	预设
	循环时间			标准	预设
	温度补偿			30.3/开	预设
	压力补偿			703.8/开	预设
	数据记录设置	选择短记录/长记录		长记录	预设
	通信设置	串口设置	波特率	9600	预设
			数据位	8	预设
			奇偶校验	无	预设
			停止位	1	预设
			RS-232/485 选择	RS-232	预设
		仪器识别号		49	预设
		GESYTEC 系列号		0	预设
		通信协议		CLINK	预设

续表

主菜单项	子菜单项			参数量	设置
仪器控制	通讯设置	数据流配置	时间间隔	60 s	预设
			添加标签	否	预设
			时间戳	是	预设
			添加标志	是	预设
		TCP/IP 设置	使用 DHCP	关	预设
	I/O 配置	输出继电器设置		略	略
		数字输入设置		略	略
		模拟输出配置		略	略
	屏幕对比度			50%	可修改
	维护模式			关	可修改
	日期/时间		15 九月 2018 12:47:30		可修改
	时区			PST	可修改
诊断	软件版本	产品		MODEL 49i	预设
		版本		02.02.01.286+	预设
		固件		11.54.154	预设
	电压	母版	3.3 供电	3.3 V	自动
			5.0 供电	5.0 V	自动
			15.0 供电	14.8 V	自动
			24.0 供电	24.1 V	自动
			−3.3 供电	−3.2 V	自动
		接口板	3.3 供电	3.3 V	自动
			5.0 供电	5.0 V	自动
			15.0 供电	14.7 V	自动
			−15.0 供电	−15.2 V	自动
			24.0 供电	24.2 V	自动
			光度计灯	12.7 V	自动
			O_3 LAMP	5.7 V	自动
	温度	光池		30.1 ℃	自动
		光池灯		53.6 ℃	自动
		O_3 LAMP		67.8 ℃	自动
	压力			703.5 mmHg	自动
	流量	光池 A		0.700 L/min	自动
		光池 B		0.702 L/min	自动
	光池 A/B O_3	O_3ppb		33.5	自动
		光池 A		36.1	自动
		光池 B		30.8	自动

续表

主菜单项	子菜单项		参数量	设置
诊断	光强	光池 A	101074 Hz	自动
		光池 B	52342 Hz	自动
	数据输入		略	略
	继电器状态		略	略
	测试模拟输出		略	略
	仪器配置	I/O 扩展板	否	自动
		采样/校准阀	否	自动
		O_3 发生器	否	自动
		O_3 发生器待机	否	自动
		开关泵	否	自动
		稀释	是	自动
		自动校准	是	自动
	联系信息		略	略
报警	报警数量		0	自动
	光池灯温度	当前值	53.6 ℃	自动
		最小值	50 ℃	可修改
		最大值	60 ℃	可修改
	光池温度	当前值	30.7 ℃	自动
		最小值	15.0 ℃	可修改
		最大值	40.0 ℃	可修改
	压力	当前值	703.5 mmHg	自动
		最小值	200.0 mmHg	可修改
		最大值	1000.0 mmHg	可修改
	流量 A	当前值	0.697 L/min	自动
		最小值	0.400 L/min	可修改
		最大值	1.400 L/min	可修改
	流量 B	当前值	0.699 L/min	自动
		最小值	0.400 L/min	可修改
		最大值	1.400 L/min	可修改
	光强 A	当前值	101032 Hz	自动
		最小值	45000 Hz	可修改
		最大值	150000 Hz	可修改
	光强 B	当前值	52367 Hz	自动
		最小值	45000 Hz	可修改
		最大值	150000 Hz	可修改

续表

主菜单项	子菜单项		参数量	设置
报警	O₃浓度	当前值	33.2	自动
		最小值	2000	可修改
		最大值	2000	可修改
		触发类型	最高限值	可修改
	母板状态		正常	自动
	接口板状态		正常	自动
密码	设置密码	输入新密码	无	可修改
检修菜单			略	略

注:本表中的预设参数不能(得)修改,自动参数由仪器自行测量得出,也不可修改。

2.5.5 标准气瓶登记清单(格式)

表 2-5-5 标准气瓶登记清单

	气瓶号	标气浓度		压力(MPa)	到站时间	使用(保存)状态
		CO₂(ppm)	CH₄(ppb)			
1						
2						
3						
4						
5						
6						
7						
8						
9						
10						

2.5.6 温室气体采样瓶记录单(格式)

采样记录表见表2-5-6。记录表一式两份,放入运输箱中一份,台站留存一份。

表 2-5-6 中山站大气采样(玻璃瓶)记录表

采样日期(年/月/日)			中山时间(时/分)				采样人员:			
序号	瓶号	箱号	气温(℃)	空气湿度(%)	风向(°)	风速(m/s)	电池电压	采样流量	气瓶压力	天气现象
1	F-F-									
2	F-F-									
备注										

第 3 章

极地地基大气遥感观测

3.1 目的与意义

地基大气遥感观测是以地面为平台,通过接收来自经大气传播的信号(主要是电磁波信号),依据信号在大气传播中特性变化的特点反演大气物理、化学属性及其变化的探测手段。地基大气遥感观测常通过对太阳辐射(光谱)的观测获取相关信息,其中紫外和可见光波段主要用于地基对大气臭氧和 NO_2 以及气溶胶光学特性的探测。与中、低纬度地区不同的是:极地地区有极昼和极夜之分,太阳天顶角(Solar Zenith Angle,SZA)的季节变化非常明显,使得极地以太阳辐射为信号源的地基遥测有着与中、低纬度地区的不同之处。有些时段,极地不仅需要利用太阳,而且还需要极夜期间利用月光进行地基大气遥测。

因为南极"臭氧洞"和北极臭氧层损耗事件(Chubachi,1984;Farman et al. ,1985),从 20世纪 80 年代起,对极地地区的大气臭氧层监测显得十分重要,其中 Brewer 臭氧光谱仪和 SAOZ UV-可见光光谱仪是观测臭氧层重要的仪器设备(Brewer,1973;Pommereau et al. ,1988)。Brewer 光谱仪除了白天 SZA 在 $72°\sim83°$ 情况下开展臭氧总量的观测之外(Weine,1992),它还具备极夜期间以月光开展臭氧总量观测的能力,而 SAOZ UV-可见光光谱仪基于差分吸收的原理,可以在 SZA 在 $85°\sim94°$ 之间遥测极地平流层臭氧和 NO_2 柱浓度,使得这两种仪器均十分适合在极地地区开展工作。

本章主笔:郑向东、张金龙、张文千(主笔 3.5 节)。

气溶胶是大气的一种组分,对大气的辐射收支平衡起着重要的影响。在极地地区,尽管大气气溶胶的浓度比较低,但仍是各个科学考察站进行遥感观测的重要内容(Claudio et al.,2015),其中大气气溶胶光学特性的地基遥感观测是研究大气辐射收支长期变化抑或全球变暖所不可缺少的观测内容。

本章主要介绍中山站 Brewer 光谱仪、Mini-SAOZ-UV 可见光光谱仪、太阳辐射本底观测以及气溶胶光学厚度的观测。其中我们参考了中国气象局先后颁布的 Brewer 光谱仪观测标准和 Brewer 光谱仪标定标准。

3.2 MKIII 型 Brewer 光谱仪观测

3.2.1 概述

自 1993 年起,中国气象科学研究院就在中山站进行了大气臭氧总量观测,并纳入《南极"臭氧洞"公报》业务体系,具有较高的国际影响力。目前在用的仪器为 Brewer♯193 光谱仪,是 2008 年国际极地年期间安装在中山站天鹅岭大气化学观测栋附近的地基光学仪器。它利用太阳紫外 B 波段观测反演大气中臭氧柱浓度,通过 Umkehr 观测反演臭氧垂直廓线分布,也通过衍射分光完成 286.5~363 nm 光谱辐照度的观测。Brewer♯193 光谱仪是一台由两片光栅(每片光栅的刻度为 3600 刻线/mm)组成的衍射分光狭缝型光谱仪。在中山站的 Brewer♯193 光谱仪具备强大的抑制杂散光能力,可利用直接太阳辐射进行臭氧总量的观测,其中最高太阳天顶角(SZA)可达到 83°~85°(FZ 观测)(Weine,1992)。另外该仪器还可以利用月相在 0.5 以上的月光进行臭氧总量观测。

在南极运行的 Brewer♯193 光谱仪是接替单光栅型的 Brewer♯074 光谱仪在 2011 年正式执行观测的。在这之前,2009—2011 年曾与 Brewer♯074 进行两年的比对观测。Brewer♯193 至今已连续运行近 10 年,仪器的稳定性良好、观测数据准确。在最近 2017 年的标定观测中,无论是臭氧总量还是 UV 紫外光谱辐照度的测值均与标准仪器表现出较高的一致性:臭氧柱浓度日均值偏差在 0.5% 以内,而 UVB 测值的响应曲线(利用 1000 W 标准灯测定)为 −0.3%/年。Brewer♯193 已按正常业务报送给世界气象组织设在加拿大多伦多的世界臭氧和 UVB 数据中心(WOUDC)供全世界科学家共享使用。

3.2.2 测量原理

Brewer 光谱仪通过测量 306.3,310.1,313.5,316.8,320.1 nm 的太阳辐照度来确定大气中的臭氧柱浓度 Ω 和二氧化硫柱浓度 Ψ,其中 310.1 nm 及其以后的 4 个波长单色辐照度用来测量臭氧柱浓度,而 306.3 nm 和 316.8,320.1 nm 三个波长则用来确定二氧化硫浓度。Brewer 光谱仪的基本原理仍是布格-朗伯特/比尔定律,即单色辐照度的指数衰减定律。对任意一个中心波长位置 λ 的单色辐照度的地面测值 N_λ 可以表征为:

$$N_\lambda = 1000\ln(N_\lambda) \tag{3-2-1}$$

N_λ 已考虑到光谱仪测量系统的杂散光效应、光电倍增管死区时间订正,以及滤光片的衰减系数等因素。

对应大气上界的单色辐照度 $N_{\lambda o}$ 可表示为：

$$N_{\lambda o} = 1000 \ln (N_{\lambda o}) \qquad (3\text{-}2\text{-}2)$$

理论上，

$$N_{\lambda} = N_{\lambda o} - \beta_{\lambda} m - \delta_{\lambda} \sec\theta - \alpha_{oz\lambda} \Omega \mu_{oz} - \alpha_{so\lambda} \Psi \mu_{so} \qquad (3\text{-}2\text{-}3)$$

式中，β 为空气分子在 λ 波长处的瑞利散射；m 为大气光学质量；δ 为气溶胶在 λ 波长的消光系数；θ 为太阳天顶角；$\alpha_{oz\lambda}$ 为臭氧吸收系数；μ_{oz} 为臭氧大气质量数，假设全球臭氧层的等效高度在离海平面以上 22 km 处，有效温度为 -46.3 ℃；$\alpha_{so\lambda}$ 为二氧化硫吸收系数，是温度在 26.85 ℃时测定的吸收截面；μ_{so} 为二氧化硫大气质量数，假设二氧化硫主要分布在离海平面 5 km 的高度；Ω 为大气臭氧柱总量；Ψ 为大气二氧化硫柱总量。

光谱仪之所以刻意考虑上述五个中心波长的位置是基于在这些波长上的臭氧或二氧化硫吸收系数值的特点。对式(3-2-3)进行如下线性拟合：

$$\Delta N_{oz} = (N_{317} - N_{310}) - 0.5(N_{317} - N_{313}) - 1.7(N_{320} - N_{317}) \qquad (3\text{-}2\text{-}4)$$

类似式(3-2-4)可得：

$$\Delta\beta = (\beta_{317} - \beta_{310}) - 0.5(\beta_{317} - \beta_{313}) - 1.7(\beta_{320} - \beta_{317})$$

$$\Delta\alpha_{oz} = (\alpha_{oz317} - \alpha_{oz310}) - 0.5(\alpha_{oz317} - \alpha_{oz313}) - 1.7(\alpha_{oz320} - \alpha_{oz317})$$

$$\Delta\alpha_{so} = (\alpha_{so317} - \alpha_{so320}) - 0.5(\alpha_{so317} - \alpha_{so313}) - 1.7(\alpha_{so320} - \alpha_{so317}) \approx 0$$

$$\Delta\delta = (\delta_{317} - \delta_{310}) - 0.5(\delta_{317} - \delta_{313}) - 1.7(\delta_{320} - \delta_{317}) \approx 0$$

这样对于 Brewer 测量臭氧总量 Ω 而言，则可以用以下公式来表达：

$$\Omega = (\Delta N_{oz} - \Delta N_o)/\mu_{oz} \times \Delta\alpha_{oz} - \Delta\beta m/\mu_{oz} \qquad (3\text{-}2\text{-}5)$$

式中，ΔN_o 是根据式(3-2-4)但对大气上界的 $N_{\lambda o}$ 进行拟合的值，通常由仪器定标时确定。

类似于式(3-2-4)，对大气中的二氧化硫观测采取类似的方法：

$$\Delta N_s = N_{306} - 4.2 N_{317} + 3.2 N_{320} \qquad (3\text{-}2\text{-}6)$$

$$\Delta\delta = \delta_{306} - 4.2\delta_{317} + 3.2\delta_{320} \approx 0$$

$$\Delta\beta = \beta_{306} - 4.2\beta_{317} + 3.2\beta_{320} \approx 0$$

$$\Delta\alpha_{oz/so} = \alpha_{oz306} - 4.2\alpha_{oz317} + 3.2\alpha_{oz320} \neq 0$$

$$\Delta\alpha_{so} = \alpha_{so306} - 4.2\alpha_{so317} + 3.2\alpha_{so320} \neq 0$$

$$\Psi = (\Delta N_{so} - \Delta N_s)/\mu_{so} \times \Delta\alpha_{so} \times \Delta\alpha_{oz/so} - \Omega/\Delta\alpha_{oz/so} \qquad (3\text{-}2\text{-}7)$$

式(3-2-5)中的 ΔN_o、$\Delta\alpha_o$ 的值及式(3-2-7)中 ΔN_{so}、$\Delta\alpha_{so}$、$\Delta\alpha_{oz/so}$ 值都是仪器每次标定时的定值；μ_{oz}、m 和 μ_{so} 均为太阳天顶角 θ 函数值。从测量原理来看，Brewer 光谱仪进行观测前最重要的工作是做好波长标定，实现对 5 个单色辐照度的准确测量，从而准确地测量 ΔN_{oz} 和 ΔN_{so}，确定臭氧(Ω)和二氧化硫柱(Ψ)总量值。标准灯检测(SL)测量则是根据光谱仪内部的 50 W 的卤素灯的光谱辐照度测量，分别按照式(3-2-5)和式(3-2-7)计算出代表臭氧和二氧化硫的比值，以监测整个光谱仪包含光学、电学及机械系统运行的稳定性。

■ 3.2.3　仪器安装与拆卸

Brewer 光谱仪包括室外光谱仪系统和室内计算机控制系统两部分。室外光谱仪是核心部分。光谱仪放置在稳定支撑在三脚架上的水平跟踪器上，其中水平跟踪器有一个标有"N"字母的标志，该标志须正对北面。室内计算机控制系统包括运行系统软件和运行数据组成。光谱仪在计算机的控制下，根据日期、时间(GMT)、纬度和经度这四个信息，完成光谱仪的日常运行，包括光谱仪对准太阳或月亮圆盘，或对准外部校准光源或光谱仪内部的光源以完成光谱仪的观测或检测功能。水平跟踪器也有相应的检测运行功能，但光谱仪整体上是通过太阳

(含仰角)方向及水平方位的跟踪从而开展工作的。

3.2.3.1 仪器安装

Brewer♯193 光谱仪安装在中山站天鹅岭,地势较高,全天跟踪太阳(或月亮)视程内无任何遮挡。没有特殊原因不要改变观测地点。仪器所在的地面大致水平,三脚架已得到稳定地固定。

(1)三脚架架设

安装时三脚架之中的两个支架必须分别在正东与正西位置,另一支架保证面向正北的位置。三脚架的三个支架所接触的地面是平坦的、通常用铁板镶嵌在水泥地面上。三脚架重心圆盘与地面固定以保证仪器在风速较大的南极天气条件下的稳定性。

(2)水平跟踪器架设

水平跟踪器安装在三脚架的顶部,安装时应使跟踪器上标记有"N"的一侧对准北,并将其固定在三脚架上(一般是将水平跟踪器的前后两个面板打开,先确定北,并检查保护线是否已系好)。每次越冬队员中都有 GPS 卫星观测人员,可借助他们精确的 GPS 设备以帮助定"北"。具体操作中应注意:①检查保护绳是否准确连接以确保跟踪器在转 360°～450°范围内保护线不会缠绕断裂;②检查保护开关是否在"ON"的位置;③转盘上标有"N"是否沿着底座正朝北;④用手转动跟踪器以保证跟踪器在 360°内转动时保护绳不断且电源开关始终处在"ON"的位置。

(3)水平跟踪器调水平

根据图 3-2-1 所示,按以下步骤调水平跟踪器水平。

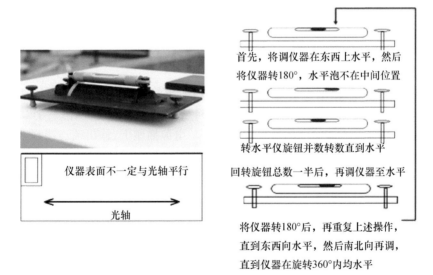

图 3-2-1 水平跟踪器调水平示意图

① 松动三脚架三个底座螺丝,确保三脚架底座螺丝有足够富余来回转动的空间;

② 将水平仪放在跟踪器圆柱的正中央,水平泡方向沿东西方向与三脚架东西连线平行;

③ 将水平仪固定,转其中一个转钮调水平仪至水平;

④ 考虑跟踪器内部保护绳的转动幅度,确定跟踪器是顺时针还是逆时针转 180°(这一步很重要,它在调水平时,可保护水平跟踪器的绳不被拉断);

⑤ 将跟踪器转 180°时水平一般不在中央(水平泡偏向一边则高);

⑥ 转动水平仪的一端转钮,要记住转钮转的圈数,是顺时针转多少转还是逆时针转多少转才使得水平仪水平;

⑦ 将水平仪回转以上所数步数的一半(这时水平泡也在离中间水平一半的位置上);

⑧ 看水平泡并调三脚架的东西方向的底座,使得水平泡回到正中间;

⑨ 将跟踪器回转 180°后水平泡若不在中央,则按⑥~⑧步骤再调使得跟踪器在东西方向上水平;再重复⑤~⑧的步骤,随后使得东西方向水平;

⑩ 将水平仪呈南、北方向;根据②~⑩的步骤调南北水平;

⑪ 再次检查跟踪器在 360°范围内旋转时跟踪器均能保持水平;

⑫ 检查跟踪器电源保护开关是否在"ON"位置,保护绳是否保证仪器转动有足够富裕的长度;

⑬ 固定三脚架中间的长螺柱(固定紧即可);固定三脚架的三个底座螺丝(固定紧即可)。

(4)光谱仪架设

臭氧仪器的光谱仪落座于水平跟踪器之上,具体步骤如下:

① 光谱仪开始放在跟踪器上时光谱仪的电源开关与跟踪器的电源开关始终在同一侧面;

② 跟踪器的三个圆柱凸起始终与光谱仪底座上的三个卡槽在一起;

③ 固定 4 个螺丝时按对角线安装,螺丝上紧后卡紧即可,但无须过紧;

④ 按记号要求连接各电缆线(Brewer♯193 光谱仪的数据线与计算机 RS232 是直接连接的,说明书上则是通过水平跟踪器再连接的);

⑤ 将电缆线航空插头部分用布包起来,防止海盐侵蚀;

⑥ 去掉 UVB 的保护罩。

信号线从室外的光谱仪端的 Data 连接口连接到室内的 RS422 上。信号线是 5 芯线,从下往上依次为黄、绿、白、红(分别对应着 RS232 通讯的 T+,T-,R+,R- 这四个接口),依次连接到 RS422 上,另外还有一根屏蔽线接地。

RS422 和计算机之间由两头都是 9 针 COM 口插头的数据线连接(也可以使用一边是 9针 COM 口接头,一边是 USB 接头的数据线)。RS422 使用电压为 9 V,由一个 220 V 转 9 V的变压器供电,变压器输入端的三相插头插到 220 V 电源插座上,输出端连接到 RS422 上。

注意:无论信号线如何连接,数据线最基本的规则是:A 接屏蔽线(通常接地);B 接 T+;C接 R+;I 接 R-;J 接 T-。

3.2.3.2 室外仪器拆卸

仪器如果因为一些原因,比如暴风雪来临或者因为室内标定需要将光谱仪及水平跟踪器拆卸到室内时,可以停止 Brewer 正常的工作,拆卸光谱仪甚至水平跟踪器并将它们搬入室内。

仪器正常的拆卸过程遵循以下步骤:

① 让仪器停止观测(UX,UV 或 SC 等光谱观测除外,这要等仪器观测结束)或检测(光谱检测也需要该检测结束)进入主菜单,在主菜单用"ex"退出观测软件;

② 带上 UVB 窗口保护盖去室外将 UVB 石英玻璃罩盖住并关闭水平跟踪仪和光谱仪的电源;

③ 回室内关闭 RS422 电源并带上英制六角改锥;

④ 拆卸光谱仪与跟踪仪间连接的信号线和电源线;再拆卸光谱仪信号线;

⑤ 将固定在水平跟踪器上光谱仪四个螺丝松开取下,两个人水平抬着光谱仪搬离水平跟踪器,放置在安全的地方;

⑥ 若拆卸水平跟踪器则在水平跟踪器和三脚架间做连接符号以便后面跟踪器的重新安装。

3.2.3.3　仪器操作系统安装与运行

在运行仪器之前,首先要保证仪器所用的计算机时间是格林尼治时间(国际标准时间)。

Brewer♯193 光谱仪运行程序软件为 3.77 版(尽管 Brewer 光谱仪有诸多版本的运行程序,建议固定使用 3.77 版本)。Brewer♯193 光谱仪运行程序是在 GWBASIC 环境下运行的,由诸多的观测、检测和数据处理程序组成,子程序的名字一般是由两个字母组成。

在 C:\Brewer 目录下。将 Brewer 3.77 版的所有程序拷贝在该目录里,接着对 OP_ST.FIL 以及 Brewer.bat(或者 Autoexec.bat)两个文件进行编辑。

OP_ST.FIL 定义了仪器的数据文件的存放目录,其文本如下:

193

E:\BDATA\

它定义了 Brewer♯193 所有的数据存放在 E:\BDATA\,而仪器的参数文件存放在 E:\BDATA\193,另外 Brewcmdw(Windows 版本)通讯软件也保存在 E:\BDATA\193 文件夹里。

批处理文件设置如下。

Brewer.bat 或 Autoexec.bat 定义了仪器自动运行路径。

Brewer.bat 文本如下:

```
CD\BREWER
SET NOBREW=
SET BREWDIR=C:\BREWER
PROMPT BREWER ＄P＄G
GWBASIC MAIN /F:10
```

Autoexec.bat 文本如下:

```
ECHO OFF
Path＝c:;c:\dos;c:\brewer
Prompt　＄p＄g
Echo on run brewer program
CALL Brewer.bat
```

3.2.3.4　基本观测参数输入

完成上述的安装后,首先要输入仪器参数。重要的仪器参数是在 D:\bdata193\193 目录里的文件 OP_ST.193。OP_ST.193 文本格式具体如下,其中汉语部分为注释。

193 仪器序列号、第 193 台仪器

D:\BDATA193　数据文件所在的目录

ICF35616　2016 年第 356 天生成的仪器文件

ZSF25608　通过天顶散射光测臭氧方法的系数文件

DCF11199　光栅色散系数文件

UVR35716　UV 光谱响应函数

13　日期

09　月份

11　2011 年

Zhongshan　仪器所在地名

－69.387　中山站纬度(负值为南半球)

－76.898　中山站经度(负值为东半球)

1000　地面平均气压(单位:hPa)

1.8　GMT 时间(单位是:小时),该值可变

215　水平跟踪器步进马达偏差的步数,该值可变

0　天顶棱镜步进马达偏差的步数,该值可变

14689　水平跟踪器在水平面转 360°所需的马达步数

(以下的行数中 1 表示数字右边所指定的仪器部件存在,0 表示不存在)

1　天顶棱镜

1　水平跟踪器(在室内检测前,该值设为 0)

1　光圈

1　滤光轮♯1

1　滤光轮♯2

1　时钟电路板

1　A/D—转换

1　UVB 观测窗口

0　滤光轮♯3

0　新型温度转换电路板

1　滤光轮安装第二块偏振片

0　设置 1 则仪器在 NoBrew 工作状态

1　slit♯1 对汞灯波长标定(hg)检测为宽状态,设为 1

0　新型工作电路板设为 1

1　湿度传感器

SKC/MENU 是否转入连续工作模式

O_3　臭氧工作模式(因为老式仪器存在 O_3 和 NO_2 的工作模式)

　　在以上的参数输入中,若是第一次使用仪器则需要输入仪器所在的地名、经度和纬度以及站点的多年地面平均气压。如果仪器仅是光谱仪在室内进行检查则需要将水平跟踪器关闭,也就是说,将 OP_ST.193 文件中表示水平跟踪器的"1"变成"0",重新在室外观测运行时则将"0"改成"1"。如果是 Brewer♯193 光谱仪刚完成标定需要重新安装时则需要检查从 2～6 行所表征仪器文件名所对应的日期是否为最新日期。

　　而 OP_ST.193 中的日期和时间通常是仪器上次运行时的值,无须改动,仪器运行时将自动调整。

完成修改和检查 OP_ST.193 之后保存修改的文件。

也可以在运行 Brewer 主程序之后,仪器回到主菜单时输入相关参数。这些设置的命令符号分别是:TI(时间),DA(日期),LF(经、纬度)和站点多年平均气压。

3.2.4　日常运行指令

虽然 Brewer♯193 光谱仪含有很多的运行指令,但仪器的日常运行指令主要包括三类:检测指令、观测指令和管理指令。这些指令的代码均是用 ASCII 语言编写,熟悉 Brewer 光谱仪操作者还可以自己进一步编写符合自己需要的指令。

3.2.4.1　检测指令

Brewer 光谱仪的检测主要包括对光谱仪光学系统、机械系统和电学系统这三个部分内容。光学系统运行有时需要仪器内部的光源为信号源。涉及主要光学系统的检测指令如下:

① HP　两个光栅同步运行用于波长标定;

② HG　波长标定,3.77 版本的运行程序,HG 指令中已包含了 HP 指令;

③ SL　标准灯检测;

④ DT　光电倍增管死区时间检测;

⑤ RS　光阑狭缝对准线性度检测。

以上 5 个检测是 Brewer♯193 光谱仪最常用的检测指令,若其能正常运行,那么仪器则能正常运行。以下的光学检测指令仪器不常用,但在定期检测中需要用到的。这些指令包括:

① B0　关闭仪器内部的 HG 和 SL 光源,当 HG,SL,DT,RS,CI,CZ,FI 等指令结束后改指令自动运行;

② B1　打开 HG 灯;

③ B2　打开 SL 灯;

④ CI　以 HG 或 SL 灯为光源,按照 UX 波长扫描方式进行光谱辐照度(光子数)的测量;

⑤ CZ　由用户设定光谱扫描观测方式,光源通常是仪器内部光源或外部光源,与 CZ.CFG 常用;

⑥ DSP　光谱仪色散系数测定,要用到内部 HG 灯和外部 CD 紫外灯;

⑦ FI　对滤光轮衰减系数的测定;

⑧ GA　两个光栅同步测试指令,之前的指令为 GS;

⑨ GS　参考 GA;

⑩ SC　太阳光谱扫描检测,这种检测一般在臭氧总量稳定的条件下开展,仅用于仪器标定;

⑪ QL　外部光源的光谱辐照度快速测量指令,之前的指令为 UL 和 QS,QL 用于 1000 W 或 50 W 的紫外灯来标定或检测光谱测量稳定性,光谱扫描步长为 3.5 nm;

⑫ TU　确定进行 UV 或 UX 检测时步进电机带动天顶棱镜所转的最佳步数,用外部 1000 W 或 50 W 的紫外灯来做检测确定;

⑬ XL　类似于 QL 检测指令,但扫描步长为 0.5 nm,波长扫描范围为 286.5～363.0 nm。

机械检测系统主要是针对光谱仪运行过程中的机械复位或者仪器对外部光源准确情况。这些指令主要包括:

① AZ　水平跟踪器复位至正北(360°)的操作,AZ 检测也包含在 RE 指令中;

② FR　光谱仪内部推动光栅转动的螺旋测微尺复位指令;

③ PZ 天顶棱镜转至正对天顶方向；

④ SR 测定驱动水平跟踪器转动一周(360°)时步进电机所需要的步数；

⑤ SI 可调整光谱仪进光系统对准太阳圆盘的检测；

⑥ SIM 可调整光谱仪进光系统对准月光圆盘的检测；

⑦ ZE 天顶棱镜回到 SZA 为 180°时(也就是正对 HG 或 SL 灯泡)的指令。

电学检测指令通常仅两个：

① AP 测量电源各级直流电压值的输出及光谱仪内部各温度探头测量的温度值；

② HV 光电倍增管高压测定,一般不需要运行此指令,运行过程比较烦琐,但一旦确定新的工作电压数值,光谱仪所有的参数都需要重新标定再确定。

3.2.4.2 观测指令

Brewer♯193 光谱仪在中山站观测指令主要进行臭氧和 UV 光谱辐照度的观测。这些指令如下。

① DS 直接跟踪太阳圆盘测量臭氧总量,指令每次运行为 3 min 左右,在这 3 min 时间内要对臭氧总量(二氧化硫)柱总量进行 5 次测量,5 次臭氧总量值测值标准偏差在 2.5 DU 以内时该 DS 值则正常。对于 Brewer♯193 光谱仪,SZA 在 78°以下的测值结果均有效(单光栅的 Brewer SZA 值通常在 72°以下时测值有效)。

② GI 根据在 UV 窗口观测单色辐照度,通过统计计算臭氧柱总量的指令,数据值准确度不高。

③ FM 聚焦月光圆盘观测臭氧总量,观测要求月亮天顶角在 75°以下、月相在 0.5 以上且天空晴朗无云。一次 FM 观测需要 12 min 左右,在这 12 min 时间内要对臭氧总量(二氧化硫)柱总量进行 5 次测量,5 次测量臭氧总量的标准偏差在 10 DU 以内数据被认为有效。FM 是中山站极夜期间最重要的观测项目。

④ FZ 仅在 SZA 为 72°～85°时开展聚焦太阳圆盘的臭氧总量观测,也是在中山站最常用的观测指令。

⑤ UM 非常晴朗天空里光谱仪进光系统水平方位角与太阳方位角垂直,天顶棱镜直对天顶方向进行臭氧垂直廓线的反演观测。中山站这种观测通常在 SZA 为 72°～95°时开展,一个月开展观测 2～3 次即可。

⑥ UX 波长在 286.5～363 nm、波长扫描分辨率为 0.5 nm 的太阳光谱辐照度观测。

⑦ UV 波长在 286.5～325 nm、波长扫描分辨率为 0.5 nm 的太阳光谱辐照度观测。

⑧ ZS(ZB,ZC) 利用天顶方向的散射光进行反演臭氧柱总量的观测。ZS 观测允许天空可以变化(有云或无云),而 ZB 对应是天空晴朗无云,ZC 对应是有云时的天空,而 ZP 则是垂直于太阳方位而利用天顶方向散射光进行臭氧总量观测。

3.2.4.3 辅助管理指令

Brewer 辅助管理指令主要是对光谱仪运行所涉及仪器及观测基本信息进行辅助管理或者调整,或对观测数据进行自动处理和分析总结。主要包括如下指令。

① CF 编辑光谱仪 ICF 常数文件指令。现用文本格式编辑保存后重新启动光谱仪被启用。

② DA 确定光谱仪日期指令,类似于 JD,JD 是从计算机自动读取日期。

③ ED 光谱仪只要在 SKC 工作模式下,每夜当地时间 23:50 光谱仪自动结束当天所有

观测和检测,然后对该天数据进行总结处理,并对仪器进行复位和检测(HG,AP,DT,RS,RE)后,仪器进入第二天的观测模式。

④ IC 对仪器硬件进行设置的命令,现很少用,直接在 OP_ST.193 里进行文本编辑即可。

⑤ JD 类似于 DA。

⑥ LF 输入仪器观测地点经纬度和地面气压,现可直接在 OP_ST.193 里进行编辑并保存。

⑦ LL 已很少使用,类似于 LF。

⑧ PD 将观测和检测数据存在电子版格式,3.77 版的软件已每次自动执行 PD。

⑨ SE 主菜单下直接编辑 SKD 观测指令组合设置,现在可以直接在文本格式下编辑。

⑩ ST 用以检验和测试汞灯、标准灯、天顶棱镜、IRIS、滤光轮♯1(FW♯1)、滤光轮♯2(FW♯2)、水平跟踪器的位置或工作状态指令。

⑪ SUM 对当天观测和检测数据进行总结,一般在 ED 中自动执行。

⑫ TD 类似于 JD,但却是自动读取计算的时间指令。

⑬ TI 直接按小时(两位数字)、分钟(两位数字)和秒(两位数字)给 Brewer♯193 光谱仪输入准确的 GMT 时间。

⑭ TT 直接与 Brewer 光谱仪微控制器通信一种模式,常用于对仪器的检测及仪器常数重新写入。

3.2.5 观测程序

3.2.5.1 常规观测

Brewer♯193 光谱仪仪器每天使用一个程序。每天的观测程序根据这一天各个时次太阳天顶角的变化编写,1 月 1 日—12 月 31 日的观测程序分别为 k30101,k30102,…,k31230,k31231。"K3"在这里表示仪器是 MK3 型,后面类似"0101"表示日期。这些程序也可根据实际情况通过 SE 或者直接在文本格式下更改。

Brewer 光谱仪对 SZA 正负值的定义是:太阳从当地时间 00 时到当地中午时刻(12 时)SZA 最低时值为负值,从中午到夜间当地时间 00 时阶段的值为正值。观测程序的设计主要考虑中山站的太阳天顶角的变化,同时尽可能多地获取臭氧总量、UV 光谱辐照度的数据并兼顾仪器的检测。

在涉及光谱扫描观测(通常是 UV,UX)之后需要做 HPHG 观测,其目的是完成波长标定。标准灯检测(SL)一般是早上、中午和晚上做,每天进行 3 次检测即可。

观测命令的组合是考虑中山站每天的 SZA 的变化,观测和检测均以每个整点的 SZA 为启动时间,一串观测命令通常是 1 个小时的观测和检测量的估算。比如:

PDHGDSDSDSDSDSDSDSDSDSZSGIUX

HG 7～9 min;

DS 3 min(实际不到 3 min);

ZS 5 min;

GI 3 min;

UX 9 min。

Brewer♯193 光谱仪完成上述观测大约需要:9+30+5+3+9=56 min,那么这些检测完成以后就等待下一个整点时刻的观测。在这里 HPHG 放在最前面是考虑到前一个整点的观

测已经有 UX 了。

在中山站时间中午 12 时的观测命令通常是基于 2 h 时段内观测和检测工作所需的时间来考虑的。一般当 SZA 在 85°以上时主要是做 UM 观测,还有就是 HGSL 检测;在 78°～85°之间需要做 FZ 的观测,78°～72°之间是 FZ,DS,ZS,UX(UV)均兼顾。天顶角在 72°以下主要就是 DS,ZS,GI 和 UX 的观测,主要是 DS 观测,中午时刻考虑一次 SL 检测。

UM 观测无须每天开展,而且这种观测严重受太阳天顶角高度的限制,通常选择在非常晴朗的天气。一个月 1～2 次即可。

3.2.5.2 月光观测

月光观测的前提是晴朗(无云),月相在 0.5 以上,月亮的天顶角必须在 75°以下,即 −75°(月亮升起阶段)<月亮天顶角<75°(下落阶段)的时段。每年都有一个依据 SZA 以及月相和月亮天顶角(LZA)计算的结果,确定具体可以通过月光观测臭氧总量的时段。

月光观测是用 FM 命令。月光观测过程通常如下:

① 月光观测前,做检测确保仪器正常,在主菜单下输入"JDTDDAAPHGSLDTRS"命令串,检测完后,仪器退到主菜单下;

② 在主菜单下键入 SIM;注意:Brewer 3.77 以上版本程序中可以直接用 SIM 指令,确定 LZA 在 75°以下;

③ 来到室外,像跟踪太阳一样,调 4 个按钮,让仪器对准月光(这一点很重要,但也比较难,尤其风大、低温时的黑夜会给工作带来影响,注意身体不要靠上光谱仪),对完月光后,回到室内按"CTRL＋END",稍后,屏幕最底下一行出现提示,若调节了四个按钮,HC 或者 NC 有变化,则键入 Y 进行保存,否则键入 N;

④ 保存 SIM 结果后,仪器自动退到主菜单,一般可以键入"PDHGFMFMFMFMFM10",10 这一数字根据 −LZA 在 75°以下所跨越的时间,可以进行自定,通常是 3～5。

一个 FM 的时间为 12 min 左右,在仪器完成前 3 个 FM,到 D 文件里看一下具体的 FM 值,如果数据偏差较大,需要重新检查仪器对准月光的情况或天空晴朗的情况。

3.2.6 仪器运行的检查与维护

3.2.6.1 日常观测巡检

(1)对昨日观测结果和今日凌晨仪器检测结果进行检查和登记(表 3-2-1),如果仪器有任何异常均要记录下来。

(2)检查计算机时间和日期(均为国际标准时间,比中山站时间晚 5 h),通常以 SAOZ 光谱仪时间为准。

(3)检查 Brewer 观测程序,确保其与日期符合。

(4)一般上午、中午和下午巡视仪器运行,当仪器在进行"DS"观测时,通过 IRIS 看太阳圆盘是否完全落入中间圆孔为准。如果出现明显偏差则要检查计算机时间、日期是否准确,或者重新让仪器运行回到主菜单下,先键入 ZEB2,通过 IRIS 看标准灯的光柱是否在正中间,如果不在中间,则与国内技术人员联系,先调天顶棱镜的零点位置,然后再做 PDSRSI;如果在正中间则键入 PDSRSI 检查仪器是否对准太阳。

(5)注意仪器内部干燥情况。

3.2.6.2　周检查

(1)检查石英窗口的整洁情况,通常在仪器做 HP,HG 或 SL 时清洁石英窗口,包括 UV-DOME 的窗口。

(2)检查光谱仪四个螺丝的紧固程度以及电缆线是否存在被缠绕的可能。

(3)如果一周内 Brewer 光谱仪跟踪太阳比较准的话,那么每周需要做一次对准太阳的检测:PDSRSI。

3.2.6.3　月检查

(1)数据备份与仪器运行检查(使用 Report. exe 软件)SL,AP,DT 和 RS 日检查结果,对于任何异常变化的值均要引起重视。

(2)检查光谱仪固定在水平跟踪器上 4 个螺丝的松紧程度。

3.2.6.4　半年检查

(1)水平跟踪器内部机械圆盘的清洗,检查保护绳长度的富余情况。

(2)检查三脚架的中间螺柱紧固情况。

(3)跟踪器固定情况。

3.2.6.5　年检查

(1)将光谱仪抬至室内操作

① 换 HG,SL 灯,更换之前先做 HG,SL,按要求更换上新的光源以后再做 HG,SL;

② 擦洗螺旋测微尺(要求戴口罩,用一性手套且无烟环境);

③ 更换干燥剂(3 个地方:光谱仪黑盒内、电路板后的圆柱管以及光谱仪光电倍增管附近),但在决定将仪器抬到室内来之前,需要将干燥剂提前烘 6~10 h(分两次烘干,人不在观测室则不要开烘箱)。

(2)12 月 15—31 日天晴做一天 SC 检测(进行之前先与国内技术人员联系),确保晴天里仪器准确对准太阳;在主菜单下键入以下检测:

PDHGDSDSDSDSDSDSDSDSZSGIUX14,或者用 CAL22. SKD 程序观测。

(3)夜间进行 GS,FI 和 CZ 等检测,可以用以下指令:HGGSHGFIHGCZ。

3.2.6.6　2~3 年检查

(1)Brewer♯193 光谱仪的臭氧总量测值的标定。

(2)1000 W 标准光源对 Brewer♯193 光谱仪光谱辐照度测值的标定。

3.2.6.7　终止观测的方法

仪器在观测过程中,如果需要进行 TI、RESI、PDSR、UVB 校准、SC 检测、换干燥剂和清洁水平跟踪器转盘等工作就要将观测程序退到主菜单下或者退出 DOS 状态。但计算机在进行数据拷贝、HP、HG、FR、SL、UM 或 UV 工作状态时,切勿中断(突然停电除外)。

现将正常终止观测的方法介绍如下。

(1)仪器在进行 DS,ZS,FZ,FM 观测时,屏幕上如果有"Press HOME To STOP"显示时,

按"HOME"键就会终止观测退到主菜单状态下；当仪器在等待执行下一个命令串或者执行完一天的观测任务后等待做总结的时候，按"HOME"键，也可退到主菜单状态下。

（2）仪器在进行等待或者其他一些命令时，屏幕上没有"Press HOME To STOP"显示时，按下"CTRL＋BREAK"键，屏幕显示 OK，键入"RUN"并回车，注意屏幕显示，当看到出现数字 15 并连续递减时，按下"HOME"键，就会退到主菜单状态下。

（3）如果想退出 DOS 系统，按"CTRL＋BREAK"键，屏幕显示 OK，然后键入"SYSTEM"并回车，仪器就会关闭 BREWER.BAT。

（4）有一些特殊情况，比如在做 HG 或 SL 检测时灯被点亮后要稳定 5 min，在这 5 min 的时间内可以按"DEL"键，但是最好不要用。

3.2.6.8　维护注意事项

（1）在暴风雪等恶劣的天气来临之前要让 Brewer 停止观测，将光谱仪搬至室内存放。待恶劣天气过后及时恢复观测。

（2）在 1 月 1 日—4 月中下旬和 8 月下旬—12 月 31 日，如果某一天因为天气和仪器故障原因，没有符合发报要求的有效 DS(O_3)（ZS(O_3)）值，当天的日报和周报中这一天可以不发。

（3）由于中山站的室外气温较低，无论夏天还是冬天气温都在 0℃ 以下，当仪器出现故障停止观测（超过 24 h），仪器不要断电，一旦断电应将光谱仪放在室内。

（4）在每年 3 月上旬给仪器穿上保暖外罩。随着温度的降低，如有必要可采取更加有效的保温措施。11 月中旬后，伴随着温度的升高将保暖外罩拿掉。

（5）确保水平跟踪器的保护开关处在"开"的位置，且内部拉线没有断裂。如果内部拉线断裂，一定要将其连接好。

（6）密切注意每天的日常检测以及各参数的变化，任何异常的结果持续一段时间（以数天为时间尺度）都应引起重视。

（7）仪器内部的任何光学系统和镜头不可以用布或纸或无水酒精之类进行擦拭，手不可以直接接触光学仪器的表面，即使光学器件的表面有灰尘。

（8）任何对仪器的电学系统进行操作时（包括更换汞灯和标准灯），一定要先把仪器的电源关掉。

3.2.6.9　维修制度

（1）检查任何常见故障必须断开电源，根据故障的级别按 Brewer 维修手册规定的步骤和要求或气科院的指导进行现场排除，绝对禁止带电操作。绝对禁止拆动仪器的光学系统，绝对禁止用手或纸或其他光学清洁器具去擦拭棱镜、透镜、光栅和球面反射镜。

（2）任何时候打开仪器防护罩检查故障原因时，需要两个人同时在场，其中一人是主要技术维护人员，视故障的情况分级处理。其中，光学系统明显的损坏、电路板烧毁或 AP 检测结果不正常时属于一级故障；如果 AP 检测正常而 HG、SL、DT 和 RS 无法正常检测的，属于二级故障；一级和二级故障需要立即上报气科院，在气科院的指导下进行维修。如 HG 和标准灯老化需要更换或计算机故障等，属于三级故障，技术维护人员可现场排除。

（3）详细记录每一次故障发生的原因及处理过程，作为站上技术档案保存下来。

3.2.6.10　仪器配件耗件管理和年度补给

各次队对仪器配件耗件的管理都要遵循以下原则。

（1）新的部件、已坏的部件、用过但是没有坏还可以使用的部件均分别做标记并单独存放。用过但是没有坏还可以使用的部件，一定要记录使用的起始时间及换下的原因，比如 SL 灯使用了一年后还是可以继续使用则写"年度例行更换"。

（2）已坏的备件，如果没有任何使用价值，可以在中山站按照垃圾分类处理的原则就地销毁。

（3）每年 7—8 月上报补给计划，补给计划在现有备件的基础上，本着宁多勿少的原则计划，特别容易损坏的备件（如 SL 灯和 HG 灯，特别是 HG 灯）备份 2 年的使用量。

（4）光谱仪主电源板、步进电机（含水平跟踪器的电机）、电机齿轮（含水平跟踪器的）、电源和数据线的航空插头、驱动器芯片均都需要常年备份。

3.2.7　数据处理与报送

在每年 8 月下旬至 12 月 31 日，从有 $DS(O_3)$（$ZS(O_3)$）有效数值那一天开始，每周通过邮件形式向世界气象组织发送每日臭氧观测结果报告，同时抄送至气科院。

3.2.7.1　日报（每日向世界气象组织发报）

在观测到 $DS(O_3)$（$ZS(O_3)$）有效数值期间，一般是每年的 1 月 1 日至 4 月中旬（通常 4 月 12 日）和 8 月下旬（通常 8 月 31 日）至 12 月 31 日（具体日期视每年最小 SZA≤78°为参考标准）每天挑选 $DS(O_3)$（$ZS(O_3)$）值交给地面值班人员，地面值班人员将其编写在每天的中山时间 17 时（北京时 20:00）的气象报中。

$DS(O_3)$（$ZS(O_3)$）有效数值的挑选方法：在 D 文件中找出中山时间中午 11:30—13:30（世界时 06:30—08:30）期间接近 12:00（世界时 07:00）的 $DS(O_3)$ 值，$DS(O_3)$ 值的偏差一定要≤2.5 DU；如果在此期间没有符合要求的 $DS(O_3)$ 值，就挑选 $ZS(O_3)$ 值，$ZS(O_3)$ 值的偏差一定要≤2.5 DU。$DS(O_3)$（$ZS(O_3)$）值四舍五入，保留整数，在中山时间下午 16:00 前（北京时 19:00 前）交给地面值班人员。

3.2.7.2　周报（每周向世界气象组织发送臭氧报告）

在每年的 8 月下旬至 12 月 31 日，从有 $DS(O_3)$（$ZS(O_3)$）有效数值那天开始每周通过邮件形式向世界气象组织发送臭氧报告，同时抄送至气科院。从有 $DS(O_3)$（$ZS(O_3)$）有效数值那天开始，记录 7 天 $DS(O_3)$（$ZS(O_3)$）有效数据（7 个数，一天一个数），在第 7 天下午通过电子邮件发给世界气象组织，同时抄送至气科院。假如 12 月 30 号这天刚好记录了 7 天的数值，进行发报了，那么 12 月 31 日的值，当天通过邮件发给世界气象组织并抄送气科院。

3.2.7.3　制作月报表

在 1 月 1 日至 5 月 2 日，8 月 9 日至 12 月 31 日每天上午，将上一日的臭氧总结数据记录到月报表中（月报表格式是固定的，直接输入数据即可），在下个月的 5 日之前，将月报表电子版交给地面值班人员，地面值班人员将其和其他地面月报表发送至气科院。

3.2.7.4　观测数据管理和报送

越冬队员没有气科院的许可，不得将原始数据给其他个人和单位。

由于交接工作一般都在每年的 12 月份进行，所以越冬队员将上一年 12 月 1 日至本年 11 月

31 日数据刻录在一张光盘上,同时保存到电脑或者移动硬盘中,随身携带回国,报送气科院。

3.2.8　工作交接

工作交接包括书面交接和实践交接两部分。

3.2.8.1　书面交接

越冬队员在每年 12 月 1 日之前(下次队上站之前),将书面交接报告写好。书面交接报告内容主要包括:这一年仪器运行情况、仪器故障及其解决方法、仪器部件损坏和更换情况、需要注意的事项和备件详细清单等。

3.2.8.2　实践交接

交班队员将工作统筹安排好,将 12 月份需要做的年度工作调整到交接工作期间进行。交接班队员共同做的工作:

① 让仪器进行一次 HPHG,SL 的监测,然后按步骤要求停止仪器观测、拆下光谱仪至室内;

② 完成光谱仪干燥剂的更换;光谱仪内部的螺旋测微尺的清洁;SL,HG 灯的更换工作;

③ 清洁一次水平跟踪器转盘,对水平跟踪器进行系统检查;

④ 将光谱仪抬到室外按步骤完成光谱仪的安装;

⑤ 完成光谱仪跟踪太阳的测试;

⑥ 按步骤要求完成光谱仪年度的各项测试内容;

⑦ 挑选有效 DS(O_3)(ZS(O_3))发报,发送臭氧报告(周报),备份观测程序和数据,根据备件清单清点备件等工作。

3.2.9　其他事项

3.2.9.1　月报表格式和填写规则

(1)DS(O_3)、DS(SO_2)、ZS(O_3)、FZ(O_3)的日平均及偏差在填表时,精确到小数点后一位。

(2)UVB 的日积分、午时积分(选择 GMT 05:00—06:30 之间最大的 UVB 值)均精确到小数点后一位。

(3)Standard Lmap 测试中的温度值,填写最低和最高温度值,比如 10~13,表示该日 SL 检测温度值的范围在 10~13 ℃的范围。

(4)其中 R5 及 R6 要填写其日均值及偏差,SL:R5 的偏差为 0~30;R6 的偏差为 0~15。

(5)HG 为 HG 测试中温度最高的 HG 强度值取整。

(6)+5 V 填写时精确到小数点后二位,在 4.90~5.10。

(7)Deadtime 中的 HI 及 LO 的填写精确到小数点后二位,单位是 10^{-8} s。

(8)RUN/STOP 中的 2~6 的最小值填写在 MIN 栏,最大值填写在 MAX 栏,精确到小数点后四位,比值应在 0.997~1.003。

(9)周参数测定的值填写在 SR 栏。

中山站月报表示例见表 3-2-1。

表 3-2-1　中山站（#193）BREWER 光谱仪　年　月份观测资料（"×"表示仪器故障，查不到此数据）

日期	DS(O₃) 日平均/偏差	DS(O₃) 有效数/总次数	DS(SO₂) 日平均/偏差	ZS(O₃) 日平均/偏差	ZS(O₃) 有效数/总次数	FZ(O₃) 日平均/偏差	FZ(O₃) 有效数/总次数	UVB 日积分/午时	STANDARD LAMP 温度/次数	R5	R6	F1	Hg Int（早上第一次成功时）/温度	A/D +5 V	DEAD TIME HI/LOW	RUN/STOP MIN/MAX	SR	天气
1																		
2																		
3																		
4																		
5																		
6																		
7																		

3.2.9.2 汞灯和标准灯的更换

当汞灯和标准灯的强度明显减弱,或者灯已经烧坏,要及时更换汞灯和标准灯。当两个光源使用超过 1 年的时间也要考虑更换。

当仪器软件非正常退到主菜单下,这时要查看当天的 D 文件,如果仪器在执行 HG 和 SL 检测时有"Lamp not on…test terminated"信息,就有可能是汞灯和标准灯已烧坏。在主菜单下执行 PDHGSLDTRSAP,如果仪器不能执行 HG 或 SL 检测,就要考虑更换汞灯和标准灯。也可以在主菜单下键入 B1(汞灯亮)或者 B2(标准灯亮),由于标准灯的功率较大,发光较强,可以直接通过石英窗观看标准灯是否点亮;汞灯发光较弱,不容易通过石英窗看到是否点亮(黑天可以观察到),然后键入 B0,关闭所有灯。

如果确定是汞灯和标准灯烧坏,就要及时更换(更改)。更换的时候,室外一定不能下雪和刮风,最好在室内更换。

首先将新的汞灯和标准灯用万用表测量(不要用手直接摸灯,要用镜头纸),保证汞灯和标准灯是好的;然后在风速较小或者无风的时间,关闭光谱仪、跟踪仪、电脑电源,打开仪器外盖。更换完毕,盖好仪器外盖,打开电脑、跟踪仪、光谱仪的电源。在主菜单下可执行 PDHGSLDTRSAP 命令,查看检测是否正常。也可以在主菜单下执行 B1 或 B2 命令,观看灯是否点亮,标准灯发光较强,如果点亮,很容易观看,汞灯发光较弱,在白天不容易看到,最好在晚上观看。注意,只要执行 B1 或 B2 命令,就一定要执行 B0 命令关闭所有灯。

3.3 Mini-SOAZ UV-VIS 差分吸收光谱仪观测

■ 3.3.1 概述

SOAZ(Système d'Analyse par Observation Zénithale)是通过测量曙暮光(通常 SZA 限制在 $80°\sim95°$)中 UV-可见光波段的光谱信息反演平流层臭氧和 NO_2 柱浓度值的光谱仪。这种仪器测量上的基本物理原理还是 Beer-Lambert 定律,但是与 Brewer 光谱仪的本质区别是,SAOZ 光谱仪是通过以对 UV-可见光波段的连续光谱的测量,以 DOAS(差分光学吸收光谱)方法在可见光波段($450\sim550$ nm)反演平流层的臭氧和 NO_2 柱浓度(Platt et al,2008),而 Brewer 光谱仪是狭缝型分光仪器,通过测量固定波长位置的光谱辐照度直接计算大气中的臭氧柱浓度。

之所以说 SOAZ 主要是观测平流层的臭氧和 NO_2 柱浓度,是由太阳辐射在大气中的传播特性所决定的。图 3-3-1 给出太阳在两个不同的天顶角位置的辐射传输特性。当 SZA 远小于 $90°$ 时,光线(图中虚线)是倾斜穿过平流层进入地表的,这时如果对准太阳进行光谱辐照度的测量反演大气臭氧或 NO_2 柱浓度,便是 Brewer 光谱仪的工作方式,它所测量的是大

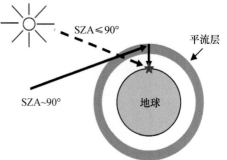

图 3-3-1　SAOZ 光谱仪进行观测时的
太阳辐射传输示意图

气中臭氧或 NO_2 总柱浓度。

但是当 SZA 在接近 90°或超过 90°时,太阳辐射直线传输的路线主要是通过平流层(图中实线),在这个时刻 SAOZ 光谱仪(图 3-3-1 中五角星位置)接收到天顶方向的散射光来自平流层。平流层吸收太阳辐射并向下散射,通过对 450～550 nm 波段太阳散射光谱分析便可以反演出辐射所经过的平流层的臭氧和 NO_2 柱浓度值。

Brewer 光谱仪通过天顶散射光观测反演臭氧垂直分布也是利用上述太阳辐射在大气中的传输原理,Brewer 的 Umkehr 观测便是依据此设计的,当曙暮光在大气传输中,在地面接收天顶方向上的散射光时有一个所谓的"有效散射层"(盛裴轩 等,2003),这个"有效散射层"在 SAOZ 光谱仪利用 DOAS 原理反演计算中就是平流层,反演的是平流层臭氧和 NO_2 柱浓度。由于 SOAZ 光谱仪主要是在高 SZA 进行观测,因此它主要被设置在极地地区。

MINI-SOAZ 光谱仪是 20 世纪 80 年代设计的 SAOZ 光谱仪的改进型仪器。SAOZ 光谱仪是利用全息平面光谱仪(holographic flat field spectrometer)和 1024 像素的二极管阵列探测器(diode array detector),但是 Mini-SAOZ 是用柴尔尼－特纳光谱仪(Czerny-Turner Spectrometer)并使用二维 2048×14 像素的 CCD 探测器。中山站的 Mini-SAOZ 光谱仪是 2016 年年底开始布设的。

■ 3.3.2 光谱仪的组成结构

Mini-SAOZ 光谱仪由 3 部分组成:光谱仪机箱、室外进光器和 GPS、室内计算机数据处理系统(图 3-3-2)。

图 3-3-2 Mini-SAOZ 机箱及检索计算机

"Mini-SAOZ 机箱"包括光谱仪、快门、温度传感器;"光学探头"通过光纤同 Mini-SAOZ 机箱连接;GPS 通过 SMA 插头同 Mini-SAOZ 光谱仪机箱(图 3-3-2)连接;计算机通过 USB 接口同 Mini-SAOZ 机箱连接。Mini-SAOZ 光谱仪的计算机已经安装好光谱仪的数据处理软件,无须再对光谱仪的软件重新安装。Mini-SAOZ 光谱仪机箱和计算机放置在室内,室内温度不要超过 25 ℃。Mini-SAOZ 光谱仪机箱包括以下几部分:

① 装备有 2048 像素非制冷式 CCD 探测器的光谱仪;

② 光阑快门(shutter);

③ 4个温度传感器,分别分布在光谱仪、电路系统、Mini-SAOZ 机箱内以及 GPS 电路;

④ USB 高速集线器连接到分光计、温度传感器、快门和 GPS 接收器。

3.3.3　光谱仪的安装与连接

3.3.3.1　硬件安装

室内:Mini-SAOZ 光谱仪机箱和超过两个 USB 端口的英文版 Windows 7 及以上版本的操作系统的笔记本电脑。

室外:光学探头和 GPS 天线。GPS 天线可以安装在建筑物的墙上。

光学探头必须放置在室外,探头对准圆锥视野±6°以内的垂直天空。例如,建筑物的墙高 20 m,那么安装的光学探头末端要伸出 2.1 m(表 3-3-1)。

表 3-3-1　建筑高度与保证探头功能的伸出长度

建筑的高度(m)	探头伸出的长度(m)
3	0.32
6	0.63
9	0.95
12	1.30
15	1.60
20	2.10

为了防止来自墙和窗户的杂散光,可以在光学探头上安装一个筒状挡板(遮光桶)。遮光桶外部为白色,内部为黑色,与探头的尺寸相匹配。

3.3.3.2　硬件连接

Mini-SAOZ 光谱仪机箱与以下设备连接:

① 电源适配器连接到电源(220 V/110 V,50/60 Hz);

② 计算机通过 USB 连接;

③ 室外 GPS 天线通过 5 m 长同轴电缆连接到 SMA 接头;

④ 5～10 m 包扎好光纤,一面连接室外的光学探头,一面连接专用的 FC/PC 接头。

通电之前应先打开笔记本电脑。

3.3.3.3　Mini-SAOZ 光谱仪的启动及参数的调整

第一步:将 Mini-SAOZ 光谱仪的机箱开关打到"ON";

第二步:将笔记本电脑打开。

注意:第一步和第二步的顺序很重要。

当笔记本连接好以后,会自动检测电源,自动引导并开始运行所有软件。

"SAOZ"软件自动启动。图 3-3-3 为默认的屏幕显示。

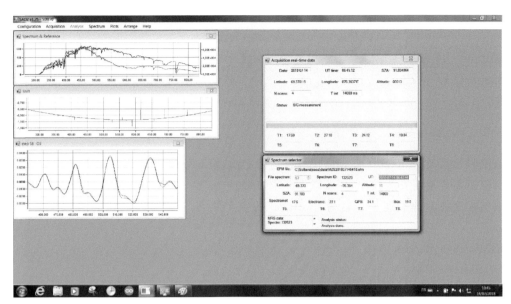

图 3-3-3　默认的 SAOZ 软件屏幕显示

软件自动按照之前存储在 C:\Softava\sam\acq\conf. acq 的参数运行，这个参数必须与本站的位置相匹配，当仪器位置发生改变必须对 conf. acq 文件的参数进行修改。获取软件和 2 级软件使用 conf. acq 文件。当 GPS 发生故障时，这个文件也会被使用。

SAOZ 软件一定要先停止运行再修改之前存储的参数。停止 SAOZ 软件工作的方法见图 3-3-4。

步骤：①菜单"Acquisition"；②选择"Stop"。

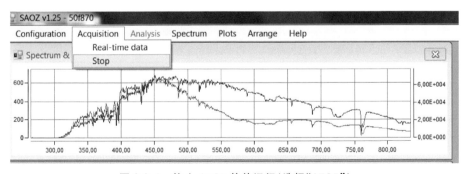

图 3-3-4　停止 SAOZ 软件运行(选择"STOP")

修改存储在 C:\Softava\sam\acq\conf. acq 文件中的参数，使用记事本来编辑该文件。以下 4 行的参数需要认真检查并且修改：

latitude(纬度)＝－69.3702(说明：北纬为＋；南纬为－；位置使用十进制度数)

longitude(经度)＝－76.3639(说明：西经为＋；东经为－；位置使用十进制度数)

altitude(海拔高度)＝46(说明：海拔的单位是米)

efm_prefix(前缀)＝MZS

其中，经纬度的误差在 0.1°之内，海拔高度的误差在±50 m 内。

对于中山站的 Mini-SAOZ 仪器来说，

latitude＝69°22′12.72″ South   —＞－69.3702

longitude＝76°21′50.04″ East   —＞－76.3639

altitude＝46 meters   —＞46

efm_prefix＝MZS   —＞"M"代表使用 Mini-SAOZ 光谱仪,"ZS"代表 Zhongshan Station。

3.3.3.4　Mini-SAOZ 软件组合、结构

在交付仪器及 Mini-SAOZ 光谱仪准备运行之前,Mini-SAOZ 光谱仪软件已经安装完成。如果计算机需要重新安装软件,请按以下要求安装。

安装程序在 C 盘创建一个名为"Softava"的主文件夹,这个主文件夹包含以下 7 个子文件夹:

C:\Softava\Batchs

C:\Softava\CDs

C:\Softava\installer

C:\Softava\reanalyse

C:\Softava\sam

C:\Softava\saoz

C:\Softava\Test program

(1)Batchs 文件夹

"Batchs"文件夹下的批处理文件用于每天处理数据以及将它们归档至 SAOZ 的目录。该文件夹包含的内容见表 3-3-2。

表 3-3-2　Batchs 文件夹包含的内容

文件名	说明
listFolder_data.bat	在午夜 12 时以后创建一个用于调动的文件清单,每天都运行
codeStation.txt	由 ListFolder_data.bat 文件创建的 3 个字母的站点代码
fdate.txt	由 ListFolder_data.bat 文件创建,给出最后处理 2 级数据的日期
transferData.bat	传递日常数据(包括分光仪操作文件)到各自的文件夹: 　• ＊efm 文件　　　　　　　　　　　—＞saoz\mini\YYYY 　• ＊mrs 文件　　　　　　　　　　　—＞saoz\mini\1\YYYY 　• ＊.Sig,＊.Obs,＊.dat,＊.gps 文件　—＞saoz\avantes\last_week
mrs_an_trier.cmd	连接＊yyyy＊.mrs 文件到 saoz\mini\1\YYYY 的 an_en_cours.mrs 文件
Weeklzarcc.bat	压缩所有 avantes optional 文件到 avantes 文件夹中的 WlogYYYYMMDD.zip
Igor.cmd	批量启动 2 级数据的处理。这个程序在 AMF 文件夹
AMF Folder	• Retraite_ALLXX.PXP Igor 程序 • 用于 O_3 和 NO_2 的日常空气质量因数的检查表 • DOS 程序用于计算大气质量因子(Atmosphere Mass Factor,AMF)
Cygwin_tools Folder	• UNIX 的 Dos 程序使用的 .Dll 文件 • 各种批量处理程序使用的 Dos 软件

（2）CDs 文件夹

这个文件夹包含 Mini-SAOZ 使用的各种安装程序的备份（表 3-3-3）。

表 3-3-3　CDs 文件夹包含的内容

文件名	说明
Avantes Folder	包含 Avantes 安装软件
Compressor Folder	包含各种压缩软件
for New PC Folder	这个文件夹用于安装全新的电脑
GPS Folder	包含各种测试 GPS 软件
Ms_libs Folder	包含各种重装数据库软件
Scheduled tasks Folder	包含各种日程表任务例子
USB_TC Folder	包含各种重装温度传感器软件
Watchdog Folder	用于重新安装看门狗（可选择硬件）
Wavemetrics Folder	用于重新安装 Igor 软件。用于软件的设置及之后的更新
Tcmd756a. exe	用于重新安装所有命令
Sam. reg	不再使用

（3）Installation 文件夹

这个文件夹包含所有必需的产生和批处理程序备份,这些程序用于实时软件及再分析软件出现问题时的重新安装。

（4）Re-analysis 文件夹

再分析文件夹只包含一个文件夹:C:\Softava\reanalyse。

再分析默认的数据输出文件夹为:C:\Softava\reanalyse\saoz\data。这个文件夹复制 ∗.efm文件用于再分析。

（5）SAM 文件夹

SAM 文件夹由 7 个子文件（表 3-3-4）和 6 个子文件夹（表 3-3-5）组成。

表 3-3-4　SAM 文件夹中的 7 个子文件

文件名称及说明		
主软件"saoz_gui. exe"		
主配置文件"conf. gui"		
主软件使用的"dll"文件	Mitov. PlotLab. dll	
	Mitov. PlotLabBasic. dll	
	Mitov. SignaLabBasic. dll	
"gui. log"日志文件		
"gui_old. log"日志文件		

表 3-3-5　SAM 文件夹中的 6 个子文件夹

文件夹名称	文件名称及说明
"acq"	· 获取软件"saoz_acq. exe" · 配置文件"conf. acq"(3. 3. 3. 3 节中需要设置参数的那个文件) · 获取软件使用的"dll"文件：AS5216. dll；Cbw32. dll · Conf. hpx 是一个文本文件，记录"坏的/热的"像素点位置
"anl"	· 分析软件"saoz_analysis. exe" · cfg 文件夹包含适用于光谱仪的吸收截面积文件(XXX. ibw)和波长文件(lambda. ibw) · cfg 文件夹还包含分析配置文件"conf. anl"
"data"	记录实时数据
"doc"	在线帮助
"log"	每次"SAOZ"软件运行就会创建日志文件
"trimble"	"TrimbleStudio_V1－01－21. exe"文件是关于 GPS 的软件

（6）SAOZ 文件夹

SAOZ 文件夹包含 3 个子文件夹，如表 3-3-6 所示。

表 3-3-6　SAOZ 文件夹中的 3 个子文件夹

文件夹名称	文件名称及说明
"data"	实时存储白天时段 ∗. efm 和 ∗. mrs 数据； 当光谱仪或 GPS 故障时存储所有白天时段可选择文件(obs ∗. efm,sig ∗. efm, ∗. gps)
"mini"	用于每天数据的传递和存储： · 光谱　　　　MZSYYYYMMDDHHMM. efm　　存在"0"文件夹 · 倾斜柱　　　MZSYYYYMMDDHHMM. mrs　　存在"1"文件夹 · 大气气柱　　O_3_YYYY. ZZ　　　　　　　　存在"2"文件夹 以上 3 个文件夹，"0"代表 0 级数据，"1"代表 1 级数据，"2"代表 2 级数据，这 3 个文件夹都有存放多年观测记录的子文件夹
avantes	存储光谱仪的压缩日志文件，用于光谱仪或 GPS 出现问题时检查使用

（7）Test program 测试程序

测试程序文件夹由一个文件夹和测试各种设备的软件快捷方式组成（表 3-3-7）。

表 3-3-7　Test program 文件夹包含的测试项目

文件夹或快捷方式名称	说明
"AvaSoft7USB2"文件夹	测试光谱仪软件
Shutter. exe	测试快门
AvaSoft 7. 6 for USB2. lnk	测试光谱仪
Driver_FTDI. lnk	重新安装 FTDI 接口驱动
Igor. lnk	打开 Igor 软件测试
inscal32-USB-TC. lnk	测试温度

续表

文件夹或快捷方式名称	说明
Total Commander. lnk	打开所有命令
TracerDAQ. lnk	测试温度曲线
TrimbleStudio_V1-01-21-GPS. lnk	测试并配置 GPS

3.3.3.5　桌面程序简称

SAOZ 笔记本电脑桌面程序说明如下,快捷方式如图 3-3-5 所示。

SAOZ_rean…　　　　　—＞运行再分析软件

Trimble_stu…　　　　　—＞测试并配置 GPS

Avasoft ♯　　　　　　—＞测试光谱仪

Disable_ball…　　　　—＞禁用 ball trackpad(见图 3-3-5)

Arduino　　　　　　　—＞不被使用(运行看门狗使用)

Inscal32—us…　　　　—＞测试温度

TracerDAQ　　　　　　—＞测试并配置 GPS

SAOZ　　　　　　　　—＞运行 SAOZ 实时程序

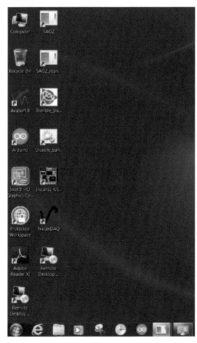

图 3-3-5　SAOZ 笔记本电脑桌面快捷方式

Mini-SAOZ 软件由 3 个主要模块组成:主软件、获取数据模块和分析数据模块(图 3-3-6)。主软件位于 C:\Softava\sam\,获取数据模块位于主软件文件夹下的子文件夹 C:\Softava\sam\acq\,分析数据模块位于主软件文件夹下的子文件夹 C:\Softava\sam\anl\。

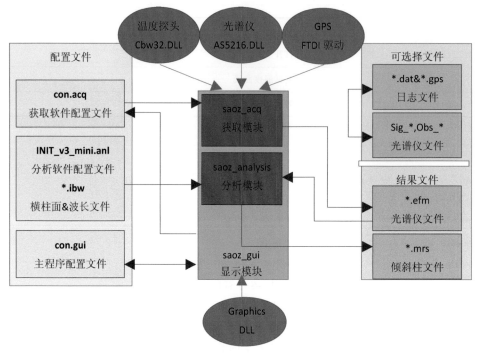

图 3-3-6　图解 SAOZ 软件

3.3.4　常规运行

3.3.4.1　测量循环

Mini-SAOZ 光谱仪执行测量任务从日出到日落直到 SZA 至 94°。曝光持续时间自动调整为 0.02～72 s，在 60 s 工作周期内在内存中增加光谱(在低信号情况下，工作周期增加到 72 s)。用相同的曝光时间和光谱数测量暗电流。每个像素处的正确信号为修正了暗电流的观测到的天空光谱。Mini-SAOZ 光谱仪处理程序通过 GPS 时间、纬度和经度信息来精确计算天顶角。仪器的配置参数被记录在一个文本文件中，可以进行必要的修改。

Mini-SAOZ 软件驱动光谱仪、快门、温度传感器以及 GPS，记录光谱以及运行日志文件，并且实时进行分析得到各种分子的倾斜柱浓度(臭氧、二氧化氮、水蒸气、氧气等)。

我们可以区分三个测量周期：早晨—黄昏—白天。

注意，当光谱仪的快门打开时，测量(观察到的光谱)才可以获得。为了考虑探测器温度的变化，需要记录有规律光谱(obs. spectrum)。

还要注意，"暗电流"并不是在每个光谱之后被记录的。下列情况才可能被记录：

① 如果测量时间改变；

② 在 10 个获得的光谱中，具有相同的测量时间。

3.3.4.2　曙暮时辰的循环观测

太阳升起和落下期间(当光线迅速改变，每次获取之后的测量时间也会自动进行调整)的典型循环如图 3-3-7 所示。

测量 60 s 紧接着暗电流 60 s。通常当天顶角大于 80°时使用这个循环。

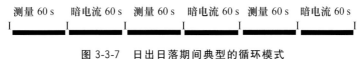

测量 60 s　暗电流 60 s　测量 60 s　暗电流 60 s　测量 60 s　暗电流 60 s

图 3-3-7　日出日落期间典型的循环模式

3.3.4.3　白天循环

白天期间,当天顶角小于 80°时,仪器对平流层中的少数成分不再敏感,并且两次测量之间的间隔时间也会增加(图 3-3-8)。

测量 60 s　暗电流 60 s　　等待间隔　　　测量 60 s　暗电流 60 s

图 3-3-8　白天期间典型的循环模式

通常两次测量之间的间隔选择为 900 s(15 min)。这个周期可以减少到 300 s,用以每 5 min 研究一次对流层污染物或者增加到 3600 s 执行一次测量,以节省磁盘空间。conf. acq 文件中的"daytime_measurement_period"参数给出了白天期间两次测量之间的时间间隔。

未处理的光谱被存储在"Level 0"这个二进制文件(.efm 文件)中,在这个文件中暗电流已经被去除。类似于时间、天顶角、GPS 位置、曝光时间、光谱数量和仪器内部的温度等辅助信息一起被存储在其中。

测量的循环参数存储在"conf.acq"配置文件中。

■ 3.3.5　日观测数据结构及处理流程

在白天,每次光谱获取之后数据将会被分析,分析的结果同光谱一起存储在 C:\Softava\saoz\data 文件夹中。此文件夹中包含两种文件:

数据文件:一天的 ∗.efm 和 ∗.mrs 文件被存储在此文件夹中;

可选择文件:(sig ∗.efm,obs ∗.efm,∗ gps,∗.dat)被存储在此文件夹中。

在晚上也就是当地午夜之前,要传输的数据列表在夜间制作,这三个数据列表是:

List_efm. tmp of ∗.efm files;

List_mrs. tmp of ∗.mrs files;

List_for Avantes. tmp for optional data。

午夜刚过,这三个文件列表便用于传输数据:

使用 List_efm. tmp,光谱数据或者 0 级数据,命名为 ∗ ∗ ∗.efm 被传输至 C:\Softava\saoz\mini\0\YYYY 文件夹中;

使用 List_mrs. tmp,分析结果或者 1 级数据,命名为 ∗ ∗ ∗. mrs 被传输至 C:\Softava\saoz\mini\1\YYYY 文件夹中;

使用 List_forAvantes. tmp 所有可选择数据传输至日志文件然后被传输至 C:\Softava\saoz\avantes\last_week 文件夹中。

2 级"RETRAITE_ALL"软件处理 1 级数据,将处理的结果存储在 C:\Softava\saoz\

mini\2\YYYY 文件夹中。

第二级数据是年度文件。

为了存档目的,也可以在本地或其他地方传输数据。

任务工作表

所有操作都是按照存储在计算机中的任务工作表来执行的。请参见以下内容以了解任务工作表。任务工作表的细节描述如下。

(1)23:56(中山站时间,下同)—list_folderdata

动作:调用 C:\Softava\Batchs\List_folderdata. bat 文件。

列出一天中需要传递到最终目录的文件

➢ 估计数据

➢ 列出 ∗. efm 文件在 C:\Softava\saoz\data 文件夹中

➢ 列出 ∗. mrs 文件在 C:\Softava\saoz\data 文件夹中

➢ 列出 optional Sig,obs 及 GPS 日志文件在 C:\Softava\saoz\data 文件夹中

(2)00:02—transfer_data

动作:调用 C:\Softava\Batchs\TransferData. bat 文件。

传输上述操作(List_folderdata)中所列出的文件到最终目录中(spectra ∗. efm,analysis ∗. mrs 以及 optional 文件)。

➢ 0 级 ∗ efm 文件

传递到 C:\Softava\saoz\mini\0\YYYY 文件夹中

➢ 1 级 ∗ mrs 文件

传递到 C:\Softava\saoz\mini\1\YYYY 文件夹中

➢ Optional 文件

传递到 C:\Softava\saoz\avantes\last_week 文件夹中

(3)00:05—mrs_an

动作:调用 C:\Softava\Batchs\mrs_an_trier. cmd 文件。

串联所有存储在 C:\Softava\saoz\mini\1\YYYY 文件夹中的日常分析文件(M ∗. mrs) 到同一个文件夹中的一个年度文件 an_en_cours. mrs 中。

(4)00:30—create_niv2

动作:调用 C:\Softava\Batchs\igor. cmd 文件。

这个任务将会计算斜程大气气柱(2 级)。

➢ 调用一个在 C:\Softava\Batchs\AMF\Retraite_ALLXX. PXP 程序。XX:版本号;

➢ 计算结果(2 级文件)存储在 C:\Softava\saoz\mini\2\YYYY 文件夹中。

每周一的 00:15—Week_avantes. bat

这个任务对周观测数据进行整理,将 C:\Softava\saoz\avantes\last_week 文件夹中的所有文件压缩到 C:\Softava\saoz\avantes 文件夹中。

3.3.5.1 Mini-SAOZ 光谱仪的数据级别

Mini-SAOZ 光谱仪提供三种类型的数据:

① 0 级:未处理的原始光谱数据;

② 1 级:光谱分析的结果;

③ 2 级:地球物理数据类似于 O_3 或者 NO_2 柱浓度值。

(1)吸收光谱——0 级

SAOZ 程序创建 *.efm 每日光谱文件。比如:中山站 Mini-SAOZ 光谱仪每日创建的 MZS201806290437.efm 文件。此 Mini-SAOZ 光谱仪位于中山站,记录的时间为 2018 年 6 月 29 日 04 时 37 分(SAOZ 计算机时间)。文件的命名方式如下。

M   →这个后缀表示仪器的类型。"S"代表 SAOZ 仪器;"M"代表 Mini-SAOZ 仪器;"B"代表 Balloon borne 仪器。

ZS   →站点名称(中山站)

2018   →年

06   →月

29   →日

04   →时

37   →分

*.efm 文件为二进制文件。0 级文件位于 C:\Softava\saoz\mini\0\YYYY 中。

(2)斜程气柱数据——1 级

SAOZ 软件程序对 *.efm 每日光谱文件分析后创建一个 *.mrs 每日结果文件,此结果文件的前缀同 *.efm 文件相同。比如:MZS201806290437.efm 被 SAOZ 程序分析后产生 MZS201806290437.mrs。

*.mrs 文件为二进制文件,它能被 Excel 这类电子数据表格软件或者 Igor 软件打开。1 级文件位于 C:\Softava\saoz\mini\1\YYYY 中。

(3)大气垂直气柱数据——2 级

大气垂直气柱平均浓度是每次黄昏、太阳升起和落下时太阳天顶角在 $86°\sim91°$ 之间的测量值。文件存储在 C:\Softava\saoz\mini\2\YYYY 文件夹中的 O_3_YYYY.MZS 文件中。2 级数据使用 Igor 软件(RETRAITE_allXX.pxp,其中 XX 代表版本号)生成。

O_3_YYYY.MZS 文件包含平流层大气气柱的 O_3 和 NO_2 值,截图见图 3-3-9。

O_3_YYYY.MZS 文件的开头表明使用哪种 AMF(详见表 3-3-2)以及每列数据的名称和单位。

Year   年

Month   月

Day   日

Doy   积日(2018/1/1 是第 1 天)

O3sr   太阳升起时垂直 O_3 柱浓度

O3ss   太阳落下时垂直 O_3 柱浓度

dO3sr   太阳升起时垂直 O_3 柱浓度的标准差

dO3ss   太阳落下时垂直 O_3 柱浓度的标准差

NO2sr   太阳升起时垂直 NO_2 柱浓度

NO2ss   太阳落下时垂直 NO_2 柱浓度

dNO2sr   太阳升起时垂直 NO_2 柱浓度的标准差

dNO2ss   太阳落下时垂直 NO_2 柱浓度的标准差

```
Units ---  O3 Dobson, NO2: 1e15 mol/cm2  --- Climatological AMF used
Year Month  Day DoY   O3sr    O3ss    dO3sr    dO3ss    NO2sr   NO2ss   dNO2sr   dNO2ss
2018    1     1    1  NaN  NaN  NaN   NaN  NaN  NaN  NaN  NaN                   NaN
2018    1     2    2  285.4  NaN   0.55  NaN        5.14  NaN   0.026  NaN
2018    1     3    3  287.6  NaN   0.54  NaN        5.17  NaN   0.026  NaN
2018    1     4    4  274.2  NaN   0.52  NaN        4.84  NaN   0.026  NaN
2018    1     5    5  269.9  261.1  0.50  0.30      4.75  4.76  0.025  0.014
2018    1     6    6  262.4  271.2  0.34  0.38      4.77  5.23  0.017  0.019
2018    1     7    7  273.9  NaN   0.46  NaN        5.15  NaN   0.022  NaN
2018    1     8    8  282.8  NaN   0.44  NaN        5.41  NaN   0.021  NaN
2018    1     9    9  307.9  NaN   0.42  NaN        5.34  NaN   0.020  NaN
2018    1    10   10  295.7  NaN   0.40  NaN        5.14  NaN   0.020  NaN
2018    1    11   11  291.9  NaN   0.38  NaN        5.09  NaN   0.018  NaN
2018    1    12   12  293.9  290.2  0.35  0.27      5.23  5.10  0.017  0.012
2018    1    13   13  293.3  292.3  0.31  0.46      5.05  5.00  0.015  0.022
2018    1    14   14  293.8  NaN   0.35  NaN        5.03  NaN   0.016  NaN
2018    1    15   15  NaN  NaN  NaN   NaN  NaN  NaN  NaN  NaN
2018    1    16   16  303.5  NaN   0.33  NaN        4.97  NaN   0.015  NaN
2018    1    17   17  298.5  299.6  0.31  0.21      4.88  5.18  0.014  0.010
2018    1    18   18  298.9  297.7  0.23  0.37      5.10  4.94  0.011  0.018
2018    1    19   19  293.1  NaN   0.27  NaN        4.94  NaN   0.013  NaN
2018    1    20   20  289.8  NaN   0.26  NaN        5.01  NaN   0.012  NaN
2018    1    21   21  283.5  282.1  0.26  0.19      4.93  5.12  0.012  0.009
2018    1    22   22  280.2  288.3  0.17  0.28      5.09  5.08  0.008  0.013
```

图 3-3-9　中山站 O_3_2018. MZS 部分数据截图

RETRAITE_allXX. pxp 软件还生成下列年度文件：

① AMF_O_3 _YYYY. XX，即当天顶角为 90°，光谱为 510 nm 时，计算出的日常气候 AMF 值；

② AMF_NO_2 _YYYY. XX，即当天顶角为 90°，光谱为 470 nm 时，计算出的日常气候 AMF 值；

③ AK_O_3_YYYY. XX，即日常平均反演臭氧柱浓度的平均核函数廓线值；

④ AK_ NO_2 _YYYY. XX，即日常平均反演 NO_2 柱浓度的平均核函数廓线值；

⑤ Mrs. pxp，这个文件（是一个 IGOR 二进制文件）是由 RETRAITE_allXX. pxp 软件生成的，包含每次测量的所有 1 级结果以及 NO_2 的每日变化。

RETRAITE_ allXX. pxp 软件还生成 O_3 NO_2 YYYY. XX 文件，这个文件与 O_3 _ YYYY. XX 文件相同。只是 O_3 _ YYYY. XX 文件中缺失的数据（NAN），在 O_3 NO_2 YYYY. XX 文件中 O_3 值被替换为 999. 9，NO_2 值替换为 99. 99，O_3 误差值替换为 99. 99，NO_2 误差值替换为 9. 999。

RETRAITE_allXX. pxp 软件还生成对流层结果（O_4，H_2O）。该软件还提供各种图形，允许定期检查仪器的功能。

3.3.5.2　Mini-SAOZ 软件运行

在运行 Mini-SAOZ 软件（"SAOZ"）之前，检查 C:\Softava\sam\acq\conf. acq 文件中的参数是否正确。

可以通过重启电脑或者选择 SAOZ 桌面快捷方式，或者运行 C:\Softava\sam\saoz_gui. exe 文件来运行 SAOZ。

程序将会自动运行实时模式，运行时，屏幕出现图 3-3-10 的画面。

默认的屏幕显示 3 个图形和 2 个窗口：

① 左侧最上面的图形叫"光谱 & 参考"。显示实际的光谱（红色）和参考光谱（蓝色）。X 轴是波长，Y 轴是计数/秒；

② 左侧第二个图形叫"变化"。显示了实际光谱（红色）同参考光谱（蓝色）之间的变化。X 轴是波长，Y 轴是像素；

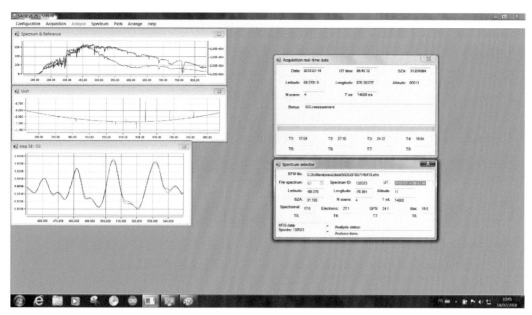

图 3-3-10　SAOZ 软件默认的屏幕界面

③ 左侧第三个图形叫"第 58 步:03"。显示了横断面(红色)和微分吸收光谱(蓝色)两者之间的比较。X 轴是波长,Y 轴是光学厚度;

④ 右侧最上面的窗口叫"实时获取数据"。显示仪器执行完测量之后的信息(否则所有的项目都是空的,除了存在温度信息)。

Date	真实日期,年－月－日格式
UT time	真实时间(世界时),时－分－秒格式
SZA	真实的太阳天顶角
Latitude	纬度(十进制度数)
Longitude	经度(十进制度数)
Altitude	海拔高度(米)
N scans	正在进行的光谱测量扫描数
T Int	正在进行的光谱测量的测量时间
Status	共有 3 种状态,见下文解释
T1	光谱仪温度
T2	电路系统温度
T3	GPS 温度
T4	机箱温度
T5 to T8	没有被使用

⑤ 右侧最下面的窗口叫"光谱选择"。显示最后一次光谱信息。

EFM file	efm 文件名
File spectrum	文件中记录的光谱号
Spectrum ID	最后一次记录的光谱的 ID
UT	最后一次记录的光谱的日期和时间(世界时)

Latitude	纬度（十进制度数）
Longitude	经度（十进制度数）
Altitude	海拔高度（米）
SZA	最后一次记录的光谱的天顶角
N scans	co-added 光谱编号
T Int	最后一次记录的光谱的测量时间
Spectrometer	光谱仪温度
Electronics	电路系统温度
GPS	GPS 温度
Box	机箱温度
MRS data	最后一次记录的光谱的分析结果
Analysis status	分析结束（OK）或者通量太低（没有进行分析）

⑥ "Acquisition real-time data"窗口显示 Mini-SAOZ 仪器运行状态。

有 3 种状态：

① 快门打开状态下仪器记录光谱（图 3-3-11）；

② 快门关闭状态下仪器记录暗电流（图 3-3-12）；

③ 仪器处于等待状态，显示下一次将要执行测量的时间

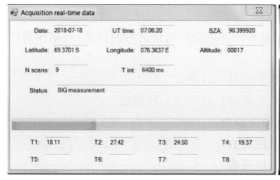

图 3-3-11　SAOZ 软件获取信息：SIG 测量　　　图 3-3-12　SAOZ 软件获取信息：OBS 测量

3.3.6　仪器维护和故障诊断处理

3.3.6.1　室外光学系统

Mini-SOAZ 光谱仪的室外光学系统需要注意防海盐腐蚀。除了朝向天顶方向的光学探头之外，其他金属面尽量用布包起来，避免被腐蚀。

3.3.6.2　软件

如果 SAOZ 软件出现问题，使用任务管理器（CTRL＋ALT＋DELETE）去结束进程，这一过程分三个步骤：

① 首先选择"Processes"；

② 然后，结束 saoz_gui. exe 和 saoz_acq. exe 程序进程；

③ 重启 SAOZ。

3.3.6.3　设置获取程序参数

Retraite_ALL27. pxp 程序使用本地信息的 C:\Softava\sam\acq\conf. acq 获取程序配置文件。

使用者需要按照 3.3.3.3 节去设置一个正确的 conf. acq 文件。详细情况见 3.3.3.3 节。

3.3.6.4　电源问题

现象:仪器未启动:12 V,5 V 电源开关处于"OFF"状态;获取失败:获取窗口清空或者堵塞(图 3-3-13)。

原因:仪器供电不正常。

解决方案:检查线路的连接以及供电(表 3-3-8);测量 5 针 DIN 接口的输出电压。

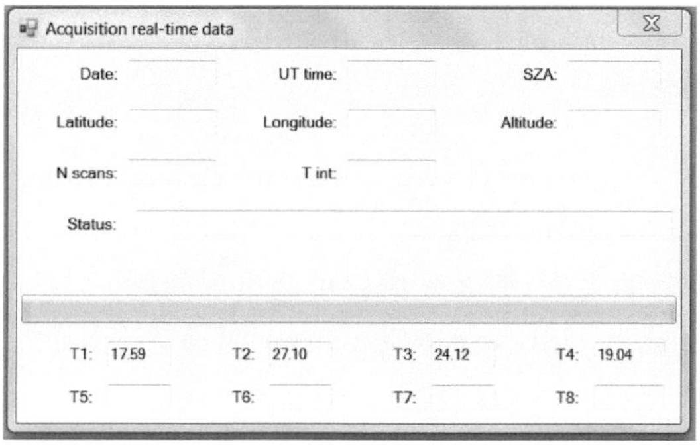

图 3-3-13　获取窗口清空、堵塞现象

表 3-3-8　输出电源连接情况

5 way 45° DIN	
针脚	电压/电流
1	共用针脚/接地
2	共用针脚/接地
3	+5 V DC,2.5 A
4	共用针脚/接地
5	+12 V DC,1 A
屏蔽/接地	共用针脚/接地

3.3.6.5　Serial Ball Point 问题(光标问题)

现象:光标自动在屏幕上移动;在没有任何操作的情况下图标或程序被激活。

原因:GPS 使用的是 FTDI 接口。系统错误地认为这个 FTDI 接口就是 Serial Ball Point。所有的错误信息都来自 GPS 移动或者点击光标。

FTDI 驱动程序是正确安装的,但是 Serial Ball Point 驱动程序没有被禁用。通常在安装 SAOZ 时,禁用了 Serial Ball Point 的驱动程序。然而,系统更新可能激活 Serial Ball Point 驱动程序。

解决方案：

①如果可能的话，点击桌面上的"disable_ballpoint"这一程序。然而这种方法非常困难，因为光标是一直移动的。

②关闭仪器并快速点击"disable_ballpoint"这一程序。

最好的解决方案是：

① 关闭仪器；

② 关闭 SAOZ 软件（通过任务管理器关闭程序）；

③ 点击桌面上的"disable_ballpoint"来运行这一程序，它将等待到 Serial Ball Point 被激活以禁用它；

④ 打开仪器。当从 FTDI 接收到数据时，系统将激活＜SerialBallPoint＞并且"disable_ballpoint"软件将会禁用它；

⑤ 运行 SAOZ（点击桌面 SAOZ 图标）；

⑥ ＜SerialBallPoint＞将会被禁用直到下一次更新系统。

3.3.6.6　仪器不运行

检查安装的驱动，运行 C:\Softava\Test_program\Device Manager.Ink，名义上被激活或被禁用的驱动程序如图 3-3-14 所示。

如果 AvaSpec-USB2 驱动丢失，那么光谱仪可能出现问题。

如果 USB serial Port 或者 USB serial Converter 驱动丢失，那么 GPS 或者 FTDI 驱动可能出现问题。

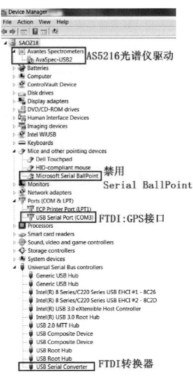

图 3-3-14　设备管理器窗口

3.3.6.7　AvaSpec-USB2 驱动丢失

现象：没有获取光谱；错误信息。

原因：光谱仪或者电源二极管关闭；光谱仪没有电（12 V）；AS5216 驱动丢失；电子脉冲干扰 USB 连接；系统缺失；AvaSpec-USB2 的驱动丢失，光谱仪不能被发现。

解决方案：

① 检查供电；

② 关闭仪器和计算机，然后重启仪器和计算机（要先重启仪器）；

③ 如果依然不能解决问题，使用 C:\Softava\Test program\AvaSoft 7.6 for USB2.lnk，光谱仪将会被自动发现；

④ 如果光谱仪还是不能被发现，那么联系 Mini-SAOZ 仪器制造商。

3.3.6.8　GPS 问题

现象："Acquisition real-Time data"窗口不显示位置信息（经纬度及海拔高度）。

原因：GPS 天线没有连接；FTDI 驱动问题；COM 口问题；GPS 配置参数丢失。

解决方案：

① 检查 GPS 天线的连接情况（天线必须在室外）；

② 在"Device Manager"中检查 FTDI 驱动是否存在；

③ 如果 FTDI 驱动丢失，使用如下文件进行重新安装：

C:\Softava\CDs\GPS\Driver FTDI(VCP)Windows\CDM20814_Setup；

④ 测试 GPS：

停止 SAOZ 运行（Acquisition/STOP 然后 Configuration/Quit）；

运行 C:\Softava\Test program\TrimbleStudio_v1-01-21-GPS.lnk；

如果出现提问"是否更新软件的窗口"，点击"NO"；

这个 GPS 测试程序需要提供正确的端口号。在菜单中选择"New Connection…/USB Serial Port(COMxx)"。需要逐一测试所有端口来找到正确的那一个。中山站 SAOZ 的 GPS 连接到 COM3（图 3-3-15）；检查通信设置是否正确（图 3-3-16），通常设置为（4800，None，8，1）。

图 3-3-17 显示的是 GPS 正常工作时的界面。

图 3-3-15　选择"New Connection"

图 3-3-16　设置 GPS

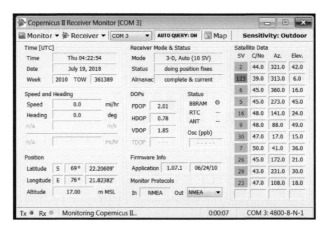

图 3-3-17　GPS 正常工作时的状态

3.3.6.9　温度传感器

如果出现问题,检查温度传感器是否正常工作:

运行 C:\Softava\Test program\inscal32-USB-TC. Ink;

点击 Measurement Computing－Instacal－点击"Board♯0-USB-TC"－选择"Test"菜单。

3.3.6.10　快门

如果快门出现问题,使用 Mini-SAOZ 仪器制造商提供的软件在 DOS 下进行测试。

■　3.3.7　SAOZ 光谱仪菜单的介绍

3.3.7.1　Configuration(配置菜单)

① Open(打开),打开存储的配置文件 conf. acq。文件位于 C:\Softava\sam\acq 文件夹中。

② Save as(保存)，保存配置文件 conf. acq 到\acq\文件夹中。

③ Edit Sub-Menu(编辑子菜单)。

"Configuration"配置菜单示意如图 3-3-18 所示。

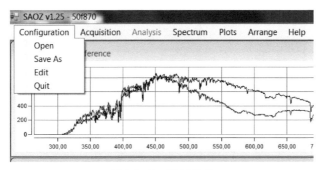

图 3-3-18　配置菜单

3.3.7.2　Acquisition(获取窗口)

如图 3-3-19 所示，Acquisition Menu(获取菜单)有两个子菜单：

① Real-time data(实时数据)——打开实时数据；

② Start(开始)——开始分析(实时或者再处理)。

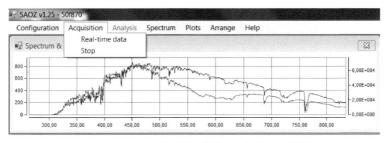

图 3-3-19　SAOZ 软件启动获取数据的实时模式

3.3.7.3　Analysis Menu(分析菜单)

这个菜单是当实时程序被停止(Acquisition 菜单中点击"Stop")之后启动再分析模式。有两个子菜单：

① Analysis EFMs(分析 EFM 文件)——选择 ＊. efm 文件进行再分析；

② Create reference(创建参考)——创建一个参考光谱。

3.3.7.4　Spectrum Menu(光谱菜单)

显示"spectrum selector"(软件屏幕默认的两个窗口之一)窗口。

3.3.7.5　Plot Menu(图表菜单)

显示"图表"窗口。

还可以进入子菜单：定制图表(图 3-3-20)。

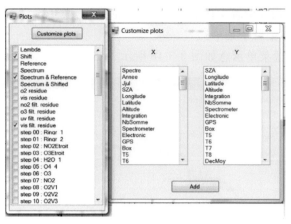

图 3-3-20　SAOZ 软件图表子菜单

3.3.7.6　Arrange Menu(排列菜单)

在 SAOZ 窗口排列各种图表(图 3-3-21)。

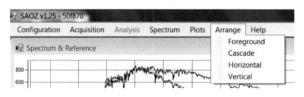

图 3-3-21　排列图表菜单

3.3.7.7　Help(帮助)

显示在线帮助。

3.3.7.8　再分析软件

可以通过点击桌面的"SAOZ_rean…"图标进入再分析软件。再分析软件的界面同 SAOZ 界面基本相同,但是"analyse"项是可以点击的。

如果在再分析之前没有创建"saoz\data"文件夹,那么首先复制 0 级 ∗.efm 文件到 C:\ Softava\reanalyse\saoz\data 进行再分析。参考图 3-3-22,完成一次再分析工作可分为 5 步。

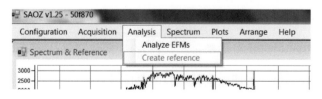

图 3-3-22　选择"Analyze EFMs"项

(1)分析 efm 文件

首先选择一个 efm 文件(图 3-3-23)。然后选择一个文件夹存放分析的结果或者创建一个新文件夹。点击"OK",再分析程序就会启动。再分析程序存储结果到一个 mrs 文件中,这个

mrs 文件同 efm 文件有着相同的名称。如果分析完成,可查看"spectrum selector"窗口或者
"Spectrum"菜单进行检查。

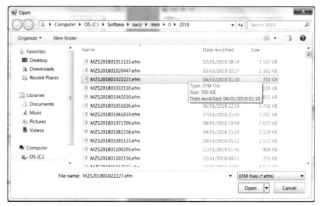

图 3-3-23　选择一个 EFM 文件

(2)查看分析的结果(mrs 文件)

移动箭头的上下来移动"File spectrum"文件(图 3-3-24)。

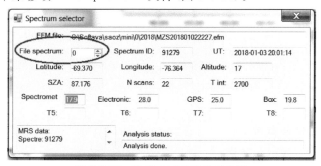

图 3-3-24　选择 SAOZ 再分析光谱

当移动上下箭头时,可以看到存储在 mrs 文件中的分析结果(图 3-3-25)。这个分析结果
也可以在"spectrum selector"窗口的左下角查看到。

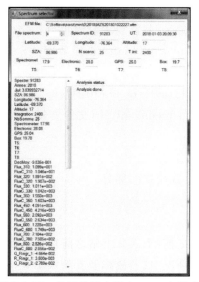

图 3-3-25　分析结果存储在 . mrs 文件中

（3）选择一个好的参考光谱，查看分析结果（图形和数值）

参考光谱标准：光谱辐照度没有饱和、天顶角比较小、低的污染、低的湿度。

（4）创建一个参考光谱

① 显示未来的参考光谱。

② 在分析菜单选择"Create reference"。

③ 为未来的参考光谱选择一个文件夹或者创建一个文件夹（新的文件夹必须是空的）。

④ 点击"OK"，新的参考光谱将会同 LAMBDA. ibw，SPECTRE. ibw，Cross Sections. ibw，INIT_v3_mini. anl，reference-info. txt 以及 StationsRealTime. pxp 文件存储在一起。

提示：如果在创建参考光谱期间没有错误，那么创建的新参考光谱日期一定是那一天。如果有任何错误或者问题，程序就会复制旧的文件到新文件夹并且日期不会改变。如果新的参考被正确地产生，那么再分析软件会自动改变配置去使用新的参考。

⑤ 调整参考光谱中的残差。每次残差被改变，就需要去重新决定参考光谱中 O_3 和 NO_2 的残差。Bouguer-Langley 图形决定了残差。一旦残差被确定，它们就会被输入 Stations Real Time. pxp 文件中。

运行 Stations Real Time. pxp 文件

改变 Coef[][0]=　　　　　新的 O_3 值

Coef1_RT [0]=　　　　　新的 O_3 值

Coef[][1]=　　　　　新的 NO_2 值

Coef1_RT [1]=　　　　　新的 NO_2 值

⑥ 保存然后退出。

（5）为实时程序安装新参考

① 检查 SAOZ 没有在记录光谱；

② 如果还在记录则停止 Acquisition（获取菜单：退出）；

③ 退出 SAOZ 软件（配置菜单：退出）；

④ 重新命名"cfg"文件夹，位于 C:\Softava\reanalyse\sam\anl\cfg_old；

⑤ 复制新的参考文件夹到 C:\Softava\reanalyse\sam\anl\cfg；

⑥ 一旦新的参考文件夹被命名，就需要去修改再分析文件夹中的 conf. anl 文件的路径：用 C:\Softava\reanalyse\sam\anl\cfg\conf. anl 代替 C:\Softava\reanalyse\sam\reference folder\conf. anl；

⑦ 重新命名 C:\Softava\sam\anl\cfg_old 中的"cfg"文件夹；

⑧ 复制 C:\Softava\reanalyse\sam\anl\cfg 文件夹到 C:\Softava\sam\anl\cfg 中。

■■ 3.3.8　工作交接

交接工作包括书面交接和实践交接两部分。

3.3.8.1　书面交接

越冬队员在每年 12 月 1 日之前（下次队上站之前），将书面交接报告写好。书面交接报告内容主要包括：这一年仪器运行情况、仪器故障及其解决方法、仪器部件损坏或可能损坏的情况、需要注意的情况和备件详细清单等。

3.3.8.2 实践交接

交班队员将工作统筹安排好,将交接月份需要做的年度工作调整到交接工作期间进行。交接班队员共同做的工作:

① 共同检查 Mini-SAOZ 计算机软件系统结构;
② 比较 Mini-SAOZ 和 Brewer 观测的臭氧总量情况;
③ 检查 Mini-SAOZ 在室外和室内的光纤,GPS 信号线的连接情况;
④ 检查室外前置光学镜头的腐蚀情况;
⑤ 关闭 Mini-SAOZ 光谱仪和计算机,重新启动一次仪器开始观测;
⑥ 交接仪器的说明书及相关配件。

3.4 太阳辐射观测

3.4.1 概述

大气运动的最根本能量来自太阳辐射,地气系统本身又每时每刻在发射红外辐射,地球的辐射收支是建立在地表和大气吸收太阳短波辐射和地气系统发射长波辐射的两者收支平衡基础上的。因此,在全球范围内进行地球表面辐射收支的测量,是了解地球气候系统以及人类对气候变化影响的基础。这对于卫星上的辐射收支观测,如果没有设在地面对照区内不同站点的高准确度测量进行校准和验证,就不可能对全球地表辐射收支进行可靠的评估。以相同的准确度进行长期观测,对于评估区内的气候趋势也是需要的。这样的测量对于评估大气辐射传输的理论分析结果、验证气候模式计算以及研究地表辐射变化趋势也都是必不可少的。

中山站太阳辐射观测系统就是在对上述背景的理解上建立起来的。它按本底太阳辐射观测网络(Baseline Solar Radiation Network,BSRN)的技术要求建设。观测项目包括总辐射、直接辐射、散射辐射、反射(太阳短波)辐射、紫外 A 辐射($315\sim400$ nm)、紫外 B($290\sim315$ nm)辐射、大气向下长波辐射、地球长波辐射、光合有效辐射等内容。辐射观测系统于 2017 年 1 月安装完成,仪器包括国产的辐射表传感器、太阳跟踪器、电源系统及美国进口的数据采集器。

3.4.2 辐射观测系统组成结构

辐射观测系统由硬件和软件两部分组成。其硬件可分成数据采集系统、辐射传感器、电源系统、太阳跟踪器和辅助设备 4 个主要部分。软件主要是由嵌入式软件和业务软件两部分组成。其系统结构框图如图 3-4-1 所示。

3.4.2.1 数据采集系统

数据采集系统主要由 CR3000 数据采集器、光纤串口转换模块、直流电源防雷部件、接线端子排和蓄电池等组成。CR3000 数据采集器是辐射观测站的核心,由硬件和嵌入式软件两部分组成。CR3000 数据采集器共有 14 个差分电压信号通道、4 个频率信号通道、2 个开关电

压输出通道、3个开关电流输出通道、2个连续12 V输出通道等。模拟通道可以接入各类辐射传感器、温度传感器等,频率信号通道可以接入风机转速等。模拟通道配置如表3-4-1所示。

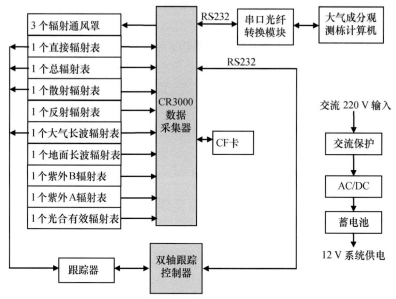

图 3-4-1 中山站太阳辐射观测系统

表 3-4-1 CR3000 采集器模拟通道配置表

通道口	要素	符号	通道口	要素	符号
CH1	总辐射	GR	CH6	紫外 B 波段	UVB
CH2	直接辐射	DR	CH8	大气向下长波辐射	DLR
CH3	散射辐射	SR	CH9	地球长波辐射	TLR
CH4	反射辐射	RR	CH12	光合有效辐射	PAR
CH5	紫外 A 波段	UVA			

其中,紫外 B 传感器还需要接到连续 12 V 输出通道,大气长波传感器接到 IX1 开关电流输出通道,地面长波传感器接到 IX2 开关电流输出通道,这两个通道用于测量长波辐射表的表体温度。数据采集器有 4 个频率通道、2 个开关电压输出通道及通信通道,配置如表 3-4-2 所示。

表 3-4-2 频率、开关电压及通信通道配置表

通道口	P1	P2	P3	P4	SW12 V-1	SW12 V-2	COM1	RS-232
功能	总辐射表通风器	散射辐射表通风器	大气长波表通风器	风速传感器	继电器	继电器	跟踪器通信	光纤通信模块

3.4.2.2 辐射传感器

如图 3-4-2 所示,辐射观测系统使用的传感器包括:总辐射传感器(反射辐射和散射辐射使用总辐射表测量)、直接辐射传感器、长波辐射传感器(测量大气长波辐射和地面长波辐射)、紫外辐射传感器(UVA、UVB 紫外辐射传感器)、光合有效辐射传感器。各辐射传感器电气连接见表 3-4-3。

图 3-4-2　各辐射传感器室外安放情况(左图辐射传感器安装在太阳跟踪器上)

表 3-4-3　各辐射传感器电气连接表

传感器	接线	线颜色	测量系统
FS-S6A 总辐射传感器是一种应用于太阳辐射观测的无源短波传感器	传感器输出(＋)	白色	电压输入(＋)
	传感器输出(－)	蓝色	电压输入(－)或模拟的地线
	屏蔽	银色	大地
FS-D1A 直接辐射传感器安装在太阳跟踪器上,用于测量太阳短波直接辐射	传感器输出(＋)	白色	电压输入(＋)
	传感器输出(－)	蓝色	电压输入(－)或模拟的地线
	屏蔽	银色	大地
FS-T1A 是一种用于远红外长波辐射观测的传感器,它是一个无源传感器,通过热电堆,用于测量地球表面产生的远红外辐射量	Pt100/NTC10K 温度传感器(＋)	黄色	
	Pt100/NTC10K 温度传感器(＋)	灰色	
	Pt100/NTC10K 温度传感器(－)	棕色	
	Pt100/NTC10K 温度传感器(－)	绿色	
	传感器输出(＋)	白色	电压输入(＋)
	传感器输出(－)	蓝色	电压输入(－)或模拟的地线
	屏蔽	银色	大地
FS-UV 紫外辐射传感器	FS-UV A6 紫外辐射传感器(高等级无源)	传感器输出(＋)	白色	电压输入(＋)
		传感器输出(－)	蓝色	电压输入(－)或模拟的地线
		屏蔽	银色	大地
	FS-UV B6 紫外辐射传感器(高等级有源,带放大电路)	传感器输出(＋)	白色	电压输入(＋)
		传感器输出(－)	蓝色	电压输入(－)或模拟的地线
		电源 12 V(＋)	红色	电压输入(＋)
		电源 12 V(－)	黑色	电压输入(－)
		屏蔽	银色	大地
FS-PR 光合有效辐射传感器用于测量 400～700 nm 波长范围内自然光的光合有效辐射	传感器输出(＋)	红色	电压输入(＋)
	传感器输出(－)	黑色	电压输入(－)
	屏蔽	银色	大地

注:表中括号内"＋""－"分别表示正、负极。

3.4.2.3 电源系统

电源系统是辐射系统运行的能量来源,它主要由空气开关、开关电源、继电器、电池充电保护模块、蓄电池和接线端子排等组成。电源系统分为两路,一路将 220 V 交流电源转换为12 V 直流后通过电池充电保护模块,连接蓄电池、通信模块、跟踪器和采集器。当有市电供给时,电源系统通过开关电源将 220 V 交流电源转换成 12 V 直流电源,供给通信模块、跟踪器和采集器使用,蓄电池处于浮充状态;停电时,通过蓄电池供给通信模块、跟踪器和采集器使用。另一路将 220 V 交流电源转换为 12 V 直流后连接到继电器负载端,或者端子排,用于传感器防结露加热、低温加热、辐射通风器等使用。这部分器件功耗较大,不连接蓄电池,在无交流供电时不工作。提高了系统在无交流电源供给时的工作时间。中山站辐射观测系统电源组成见图 3-4-3。

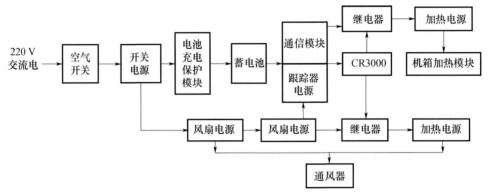

图 3-4-3　中山站辐射观测系统电源组成框图

3.4.2.4　全自动太阳跟踪器

双轴太阳跟踪器主要由太阳传感器、电源箱和跟踪器、遮光装置 4 部分组成。

3.4.2.4.1　太阳传感器

太阳传感器的基本探测原理是通过类似于太阳直接辐射表准直光筒的机械结构获取太阳直射光线在四象限光伏探测器上形成的圆形光斑,再根据由于太阳的运动引起的光斑在四象限光伏探测器上的位置变化来判断太阳的位置变化。传感器的结构如图 3-4-4 所示。

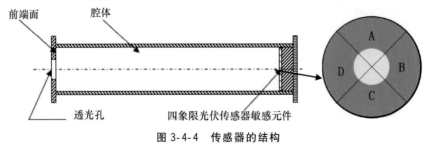

图 3-4-4　传感器的结构

3.4.2.4.2　双轴跟踪器

双轴跟踪器具有两个相互垂直的轴,即时角轴和赤纬轴。太阳传感器与赤纬轴垂直安装,时角轴带动太阳传感器实现方位角的改变,赤纬轴带动太阳传感器实现俯仰角的改变。方位角和俯仰角的正交运动的合成实现了对太阳的跟踪。太阳传感器在光线良好时对太阳进行跟踪,当太阳辐射较弱时,则根据时间函数对太阳进行跟踪。两种方式自行切换、互相配合。任意时刻开机时均能实现太阳跟踪。时角轴和赤纬轴转动均由步进电机和减速机构构成,减速机构由传动比准确的齿轮副和传动比大能自锁的蜗轮蜗杆副两级减速传动组成。测量太阳直接辐射传感器与太阳传感器平行安装在赤纬轴上。测量非直接辐射的传感器安装在转动箱体顶部的水平平台上。该平台随时角轴转动。

3.4.2.4.3 遮光装置

遮光装置为以双轴跟踪器赤纬轴驱动的平行四边形联动机构,遮光球圆心和辐射表感应面中心的连线与直接辐射表、太阳传感器轴线时时平行,实现对太阳直接辐射的遮挡,使得辐射表不受太阳直接辐射的照射。遮光球圆对总辐射表(长波辐射表)感应面遮光角度为5°,不同高度的总辐射传感器在平台上的安装位置要适当调整。遮光装置外形图如图 3-4-5 所示。

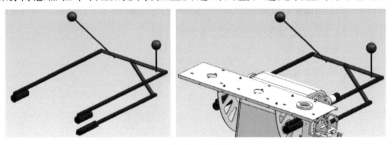

图 3-4-5 辐射遮光装置外形图

3.4.2.4.4 控制系统

双轴控制系统集成在防护等级为 IP65 的跟踪器内,主要包括控制器、DC/AC 转换器、步进电机驱动器、接线端子等(图 3-4-6)。

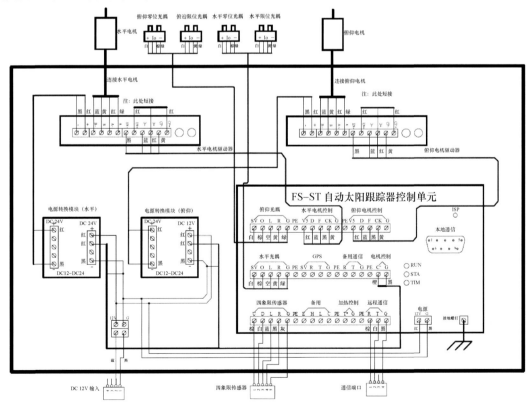

图 3-4-6 控制系统接线图

3.4.2.4.5 接口和线缆

位于跟踪器箱体底板下部有3个插头接口,如图3-4-7所示,从左至右分别是太阳传感器接口、电源线接口和通信线接口。现场安装时,直流电源线有插头的一侧接插在跟踪器相应的电源线接口处,另一侧按照标识连接在电源箱12 V直流电源输出端子上;通信数据线和串口调试线共用同一个跟踪器通信线接口,正常安装时采用通信数据线有插头的一侧接插在跟踪器相应的通信线接口处,而当需要通过串口通信调试跟踪器时,可以采用串口调试线有插头的一侧接插在跟踪器相应的通信线接口处;接地线安装在跟踪器三颗地脚调节螺钉的任一颗上,采用螺母并紧,另一端接地。

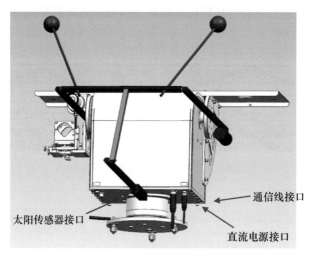

图 3-4-7　跟踪器上三个插头接口

太阳传感器接口是专门用于安装太阳传感器上自带的线缆插头的,虽然外观与通信线接口一致,但是无法满足通信数据线和串口调试线的数据传输要求,不可进行错误的连接。

通信数据线的非插头端与测量系统连接,其对应的接线方式如表3-4-4所示。

表 3-4-4　通信数据线接线

线色	测量系统
棕	TXD
黄	RXD
白	GND

直流电源线的非插头端采用标签标识了电源正极和电源负极,系统连接时需要按照标签正确连接供电系统对应的接线端子,不可进行错误的连接。

3.4.2.4.6 加热通风罩

FS-FV辐射表加热通风罩是一种应用于太阳辐射传感器的辅助设备,通常情况下安装在太阳跟踪器辐射表平台上(安装通风罩时注意将接线盒朝外),用于总辐射表、散射辐射表和大气长波辐射表使用,目的在于通风后降低太阳直接加热和辐射表体温度的变化,潜在地减少了太阳短波辐射表热偏移。还可减少落在仪器半球罩上的霜和雪,减少对传感器的人工维护,提高所获数据的质量。

加热通风罩上安装辐射传感器的安装步骤如下。

（1）通风罩的安装

取下导流罩，将辐射表加热通风罩放置在安装平台上。在三只水平调节脚的旁边各有一只 M8 螺孔，可用 3 只 M8×90～100 紧固螺钉从下方穿过平台，通过 M8 螺孔将 FS-FV 初步固定在平台上，不要锁紧。如图 3-4-8 所示。

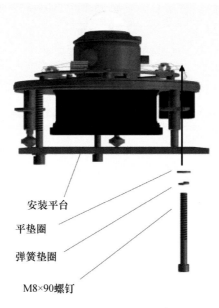

安装平台
平垫圈
弹簧垫圈
M8×90螺钉

图 3-4-8　通风罩安装示意图

（2）传感器的安装

首先选购适当的过渡连接件，将辐射表去掉水平调节脚，以辐射表规定的安装方式将其安装在过渡连接件上，如图 3-4-9 所示，然后通过 3 个螺钉将带有辐射表的过渡连接件安装到隔板中心位置，注意安装方向使辐射表线缆易于穿过搁板上的走线孔。将辐射表线缆穿过走线孔。不同的辐射表固定方式可能会有细微差别。

辐射表
M4×12螺钉
过渡安装件
辐射表安装螺钉
走线孔

图 3-4-9　传感器安装示意图

辐射表安装完毕后,将通风罩配套电缆连接在隔板下面的接线盒上。按图 3-4-10 所示电缆定义完成通风罩的风机和加热接线。

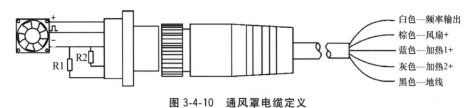

白色—频率输出
棕色—风扇+
蓝色—加热1+
灰色—加热2+
黑色—地线

图 3-4-10　通风罩电缆定义

FS-FV 辐射表加热通风罩接线如表 3-4-5 所示。

表 3-4-5　FS-FV 辐射表加热通风罩电气连接

颜色	功能	推荐电压	功耗
白色	频率输出	脉冲	
棕色	风扇正端	12 V	5 W
蓝色	结露加热正端(R1)	12 V	5 W
灰色	低温加热正端(R2)	12 V	5 W
黑色	公共地	0	0

(3)调平和完成安装

接线完成后通过调整 FS-FV 辐射表加热通风罩水平调节脚,确保辐射表水平泡气泡居中。拧紧辐射表紧固螺钉,注意在紧固过程中观察水平泡的变化,及时进行调整。调水平和紧固过程结束后,将三只锁紧环的缺口调向外侧,盖上导流罩。旋转锁紧环,至导流罩被压紧。如图 3-4-11 所示。

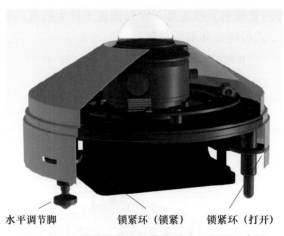

水平调节脚　　　锁紧环(锁紧)　　　锁紧环(打开)

图 3-4-11　通风罩水平调节及导流罩压紧示意图

3.4.2.5　设备连接

(1)使用系统自带的通信数据线连接计算机和跟踪器主体上的通信线接口(4 芯插座),

图 3-4-12 是打开跟踪器箱盖后所见的控制器,其上本地通信端口与计算机通信线接口等效。现场除升级程序以外的一般调试操作,无须打开跟踪器箱盖,直接采用系统自带的通信数据线连接计算机和跟踪器主体上的通信线接口即可操作。

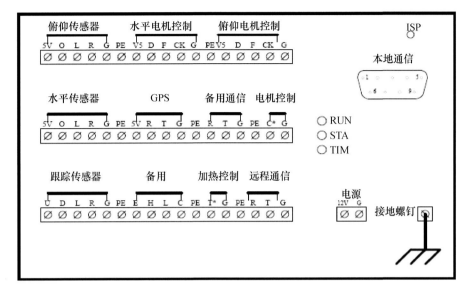

图 3-4-12　跟踪器控制器面板图

(2)通过串口调试工具可以直接给跟踪器的控制器进行相关的维护操作。调试工具软件可以是"超级终端"软件,或者是 SSCOM3.2 程序,推荐使用 SSCOM3.2 程序,运行后界面如图 3-4-13 所示。

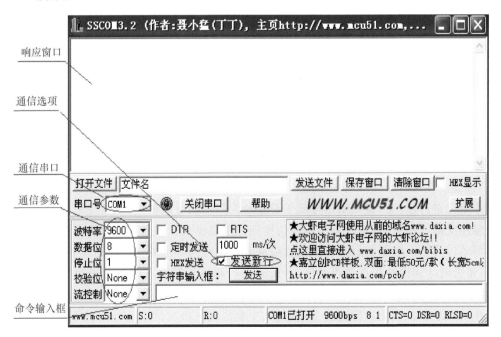

图 3-4-13　SSCOM3.2 调试窗口

如图 3-4-13 所示位置设置好以下参数：

通信串口号：串口号的设置必须是与计算机上连接主采集器的那个串口。

通信参数是可配置的。为保证能够进行正常通信，双方约定初始的通信参数为：波特率：9600；数据位：8 位；停止位：1 位；校验方式：无校验。其中，波特率的配置范围为：110、300、600、1200、2400、4800、9600、14400、19200、38400、56000、57600、115200、128000；数据位的配置范围为：7、8；停止位的配置范围为：1、2；校验方式的配置范围为：无校验、奇校验、偶校验。

点击"打开串口"按钮，指定的串口即被打开。串口打开后，此按钮上的文字将变为"关闭串口"。

如图 3-4-13 所示输入维护命令。设置好参数并打开串口后，可在命令输入框中输入所需的维护命令，如读取控制器时间命令：TIME。然后点击"发送"按钮，将命令发送到控制器。控制器的响应内容将显示在响应窗口中。

正常上电后可以在 SSCOMM 中收到控制发出一串初始信息。一般信息如下：

ZQZ-GZ 太阳能跟踪控制器 V1.X.X［time date］S/N：

Copyright（c）江苏省无线电科学研究所有限公司 201X

网址：http://www.js1959.com

3.4.2.6 参数设置

正常启动跟踪器后检查并确认以下系统参数：日期、时间（北京时）、跟踪器安装地点的经纬度、太阳传感器阈值（推荐为 120 W/m²）。具体参数设置可以参考 3.4.6.1 小节——FS-ST 太阳跟踪器通信协议。

3.4.3 辐射观测系统日常维护

如果要获得长期、准确的记录，优质、一贯的现场维护是至关重要的。不仅仅对仪器进行维护，还须将观测员对仪器所做的任何工作详细记录在案。

3.4.3.1 巡视及检查

辐射系统的维护，每天至少要做下列工作：

3.4.3.1.1 检查跟踪太阳情况

（1）检查仪器是否准确对准太阳，遮光球是否准确遮住太阳（仅晴天）。跟踪器可对系统瞄准的微小变化进行修正。在太阳信号低于设定的太阳辐照度阈值期间，系统以时间模式运行。当太阳辐照度高于阈值后，跟踪器会自动切换到传感器模式。两者模式位置出现偏差，反馈系统会立即予以修正。除非四象限传感器故障或者系统时间不准确。所以对于直接辐射仪器来说，只有晴天时才能检查光点是否对准，并对其进行调整。调整直射辐射表对太阳情况，主要是依靠 4 个旋钮来调节（图 3-4-14）。其中两个旋钮微调水平方位，另外两个微调仰角。太阳天顶角在 85°以上时，太阳跟踪可能有些不准，主要出现在极夜结束后的 7 月下旬。因此，在 7 月下旬和 8 月上旬应仔细检查仪器的跟踪太阳情况。

（2）大雪过后，太阳传感器和直射表因为有遮光罩（图 3-4-15），易积雪，要及时清除。因此，下完雪后要尽早来观测站值班巡视。

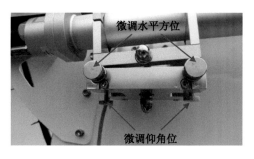

图 3-4-14　太阳传感器微调旋钮

图 3-4-15　太阳传感器和直射表遮光罩内易积雪

3.4.3.1.2　检查辐射传感器

(1)检查辐射表外罩上是否明显有污迹、冰霜凝结。辐射支架上的辐射传感器没有加热通风装置,在－30 ℃以下石英窗表面会凝结冰霜。检查辐射表外罩内表面上是否有任何凝结物。如果有,应取下外罩并置于干燥、干净处进行清理并寻找产生的原因。最可能的原因是干燥剂维护不佳。查看干燥剂是否需要更换,如果干燥剂已换过,可能的原因是 O 形圈密封不良,需要更换。

南极的天气相对干燥,每半年更换一次辐射表干燥剂即可。当观察到干燥窗的指示纸由蓝色变为白色甚至是粉红色时,就应当及时更换干燥剂。应当利用扳手或特制的工具按照逆时针方向拧开干燥窗,并在干燥环境中更换干燥剂,检查 O 形圈是否完整,最后要注意拧紧干燥窗。更换干燥剂前应提前在烘箱内烘烤干燥剂 6 h 以上。开烘箱时室内一定要有人,防止火灾。

检查感应面的色泽和状况,如发现褪色或变色,热电堆表面出现粗糙、破裂或老化等即为异常现象。一般不易出现这种状况,因为辐射表和通风加热器一般 2～3 年更换一次。

(2)检查每台仪器(如总辐射表、长波辐射表)的水平状况,必要时应进行调整。尤其是大风过后容易引起支架上四块辐射表水平的变化。圆形气泡水平仪的气泡应完全处于内圈的中央。对于大多数仪器来说,这表明仪器的水平度在±0.1°以内。

(3)检查通风加热器电机:如果电机运转不正常,应及时检查。

3.4.3.1.3　检查电缆线及设备紧固

(1)每日巡视时注意采集箱上方那捆电缆线的位置,因跟踪器的旋转角度为－90°～360°(极夜期间,直接辐射表的指向基本不会发生变化),因此线缆预留长度需要稍长些,同样整个过程中电缆线不能出现扭曲、缠绕、牵扯等现象。还应该避免单根电缆悬空现象,避免安装的任何仪器的电缆线在跟踪器转动过程中与机箱或者其他任何结构件发生钩挂的现象。电缆绑扎不当或线扎脱落会造成电缆拉扯或刮伤,接插件松动,需要经常检查电缆绑扎情况,有松脱及时固定。图 3-4-16 为 2017 年 12 月 17 日大风期间电缆线被缠住,如果不及时处理,随着跟踪器的转动,电缆线将会被拽断。

(2)螺丝连接部分的紧固检查。在大风或暴风雪前要检查各个螺丝连接部分是否紧固,大风过后也要仔细检查。图 3-4-17 为 2017 年 12 月 17 日大风过后太阳辐射跟踪器的水平底座 3 个螺栓出现松动,影响到仪器的水平,进而影响到跟踪太阳的准确性。光合有效辐射传感器通过一个螺丝固定,也应注意其紧固性。

图 3-4-16　2017 年 12 月 17 日大风期间缠绕的电缆线

图 3-4-17　2017 年 12 月 17 日大风后松动的螺丝

3.4.3.2　清洁及维护

3.4.3.2.1　辐射传感器维护

南极的空气清洁,没有太多灰尘,一般一周擦拭一次辐射表即可。但当大风过后,石英罩上会残留吹起的雪粒或灰尘;低温下石英罩上还会结冰晶,如果出现这些现象应立即清洁。每次清洁仪器时,均应在值班日记中记录具体的日期、时间。

擦拭半球罩之前,应先轻轻吹去浮尘或颗粒物。然后,再用柔软、不起毛的织物将半球罩擦拭干净(每块辐射表均配有该擦拭布存放在老臭氧栋内)。如果罩上黏附有任何物质,在清洁之前,用乙醇浸湿织物进行擦拭,切勿直接向罩上浇注液体。必须注意,在此过程中,决不能刮擦半球罩,也不能移动仪器。必须清除清洗剂在罩上的任何残留物。

有几种清除罩上霜或冰的方法,这要视其严重程度而定。轻微的沉积,可像一般的清洁方法那样,用不起毛的织物轻擦表面加以清除;沉积较重时,织物上应浸润乙醇。不能直接用乙醇去除冰,观测者(根据天气条件)可将自己的手放在罩上融冰。严重情况下,可用手持式电吹风机。最严重情况下,应将仪器搬入室内解冻。但不允许用任何尖锐物凿冰。无论用哪种方法将冰融化后,均应使用乙醇清洁罩面,再用不起毛的织物擦干。所用方法和擦拭的时间应记入文件。在清洁半球罩时,还应进行检查,以判定前次清洁以来,是否发生任何擦伤或碎裂,有无被砂子或冰雹划伤、砸伤的痕迹,如果半球罩已经受损,则应更换备份仪器。

长波辐射表球冠形外罩的表面镀有一层褐色保护膜,清洁时更应小心注意,切勿划伤。

3.4.3.2.2　太阳传感器维护

太阳传感器的镜头可能出现因灰尘、积雪、霜冻等而造成对太阳光的折射、感应强度变低等现象。所以,建议遇到该类天气现象后应立即擦拭太阳传感器镜头,维护时可以用不掉毛的布擦拭镜头,确保镜头玻璃片的清洁,避免因太阳传感器获取信号不准确而影响跟踪精度,如图 3-4-18 所示。

3.4.3.2.3　跟踪器维护

太阳跟踪器各转动机构正常工作空间范围内是否会有障碍物,转轴是否出现老化、锈蚀等现象影响跟踪精度。如果可能,步进电机减速齿轮每年应润滑一次,采用高黏度低温润滑脂为佳,建议在夏季或秋季进行,操作步骤如下:拆除跟踪器箱盖 4 颗螺钉,取下箱盖;拆除 2 个齿轮护罩上用的共计 8 颗螺钉,取下 2 个齿轮护罩;采用高黏度低温润滑脂均匀涂抹在大小齿轮的齿面上;先后安装回齿轮护罩和跟踪器箱盖(图 3-4-19)。

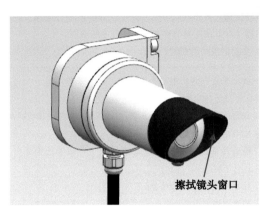

图 3-4-18　太阳传感器镜头擦拭示意图

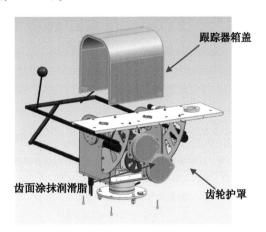

图 3-4-19　传动齿轮润滑维护操作示意图

注意:以上维护操作需要将跟踪器电源线插头拔下后操作,操作完成后插上电源插头,跟踪器自动复位,且重新跟踪运行;拆除跟踪器箱盖可能会受到辐射安装平台的干扰,这时可以通过调节拉动辐射安装平台移动来解决(需要将固定辐射平台角件的腰形孔内的 4 颗螺钉旋松后方可移动辐射安装平台),如果进行该移动操作,辐射安装平台必须在跟踪器箱盖重新安装后恢复至原来位置固定紧这 4 颗螺钉。

3.4.3.3　其他维护注意事项

(1)南极地区温度比较低,注意数据采集箱的温度变化,在 3 月初当箱内温度低于−5 ℃时,考虑用泡沫包裹采集箱进行保温。3—10 月份应将跟踪器的保温罩加上,保温罩可能有侧漏的部分,设法用海绵填上,注意仪器的保温。

(2)中山站靠近海边,应多注意海盐及风雪的腐蚀。调整直接辐射表位置的 4 个旋钮,平时注意包裹,以避免被海盐腐蚀;辐射表特别是 UVA、UVB 辐射要注意防腐蚀措施;极夜期间可考虑用布将太阳直接表和太阳跟踪器包起以避免腐蚀。

(3)太阳辐射的专用工具是公制的内六角改锥。

在用的太阳跟踪器相关参数已经设置完毕,但如果需要升级程序或设备同笔记本电脑直连进行调试,还是需要掌握连接方法及常用的通信协议。

3.4.4 辐射观测系统故障排查

3.4.4.1 辐射传感器常见故障及处理方法

辐射传感器常见故障及处理方法详见表 3-4-6。

表 3-4-6 辐射传感器常见故障及处理方法

故障现象	传感器型号	处理方法
传感器 无输出信号	FS-S6A 总辐射传感器 (反射辐射和散射辐射使用总辐射传感器测量) FS-T1A 长波辐射传感器 (测量大气长波辐射和地面长波辐射) FS-D1A 直接辐射传感器	① 测量传感器两端电线的阻抗,总辐射传感器为 130 Ω、长波辐射传感器为 35 Ω、直接辐射传感器为 30～50 Ω,再加上电缆电阻(通常 0.1 Ω/m)左右。如果这个值接近零,则表明电路短路(检查电线)。如果这个值无限大,则表明电路开路(检查电线); ② 检查传感器是否对外部光源产生响应。建议使用点亮的白炽灯来检查传感器的响应。将一个 100 W 的灯泡固定在离传感器 10 cm 的距离能够产生一定程度的响应; ③ 检查电缆是否断裂
传感器信号 异常偏高 或偏低	FS-S6A 总辐射传感器 (反射辐射和散射辐射使用总辐射传感器测量) FS-T1A 长波辐射传感器 (测量大气长波辐射和地面长波辐射) FS-D1A 直接辐射传感器	① 检查是否在算法中输入正确的灵敏度系数。每一个传感器都有它自己特定的灵敏度系数; ② 查验算法 E＝U/K 是否正确,检查数据采集器的接线状况; ③ 检查电缆是否断裂; ④ 检查传感器绝缘电阻,任意信号端与屏蔽端的绝缘电阻应不小于 2 MΩ; ⑤ 检查入射窗口是否清洁; ⑥ 检查干燥剂指示是否正常(总辐射和直接辐射传感器适用); ⑦ 检查数据采集器的读数范围,热流量可以是负数值(这已经超出读数范围)或幅度可以超出读数范围(总辐射传感器适用)
传感器信号 显示非预期 的波动	FS-S6A 总辐射传感器 (反射辐射和散射辐射使用总辐射传感器测量) FS-T1A 长波辐射传感器 (测量大气长波辐射和地面长波辐射) FS-D1A 直接辐射传感器	① 检查附近是否有强大的电磁辐射信号源(雷达,无线电等); ② 检查屏蔽情况; ③ 检查传感器电缆的连接

3.4.4.2 通风器常见故障及处理方法

通风器常见故障及处理方法详见表 3-4-7。

表 3-4-7 通风器常见故障及处理方法

故障现象	检查方法	原因与处理方法
通风器和加热器 都不能正常工作	用万用表电阻挡测量	电源故障:检查 DC 12 V 是否正常
通风器不能正常工作	用万用表电阻挡测量和目测相结合	接线故障:检查加热电阻应该为 60 Ω; 电源故障:检查电压是否正常; 堵塞:检查通风器内部是否有异物妨碍通风器的运转; 风机损坏:检查风机,更换

3.4.4.3 太阳跟踪器故障排查及处理方法

太阳跟踪器故障排除及处理方法详见表 3-4-8。

表 3-4-8 太阳跟踪器故障排除及处理方法

故障现象	故障现象	原因与处理方法
时间模式跟踪不准	目测	跟踪器安装不好、水平调整和方位指北误差太大,重新调整或软件修正
（传感器模式）水平或俯仰跟踪不准	目测、万用表测量	四象限传感器移位,重新调整固定
		四象限传感器窗口有异物、软布擦净
		四象限传感器损坏,更换
		控制器或电机损坏,更换
水平或者俯仰无法恢复初始位置	目测、万用表测量	光耦接线故障,重新接线
		光耦透光槽因灰尘塞满不透光,清理光路
		光耦故障,更换
		不明原因,关机再上电复位
跟踪器停止转动	目测、万用表测量	检查供电电源是否正常、恢复供电
		控制器损坏,更换控制器

3.4.5 工作交接

交接工作包括书面交接和实践交接两部分。

3.4.5.1 书面交接

越冬队员在每年 12 月 1 日之前(下次队上站之前),将书面交接报告写好。书面交接报告内容主要包括:这一年仪器运行情况、仪器故障及其解决方法、仪器部件损坏或可能损坏的情况、需要注意的情况和备件详细清单等。

3.4.5.2 实践交接

交班队员将工作统筹安排好,将交接月份需要做的年度工作调整到交接工作期间进行。交接班队员共同做的工作如下:

① 演示并操作数据的获取;

② 熟练并操作计算机上的数据采集软件－检查数据采集器的时间;

③ 对 FS-ST 太阳跟踪器协议进行检查;

④ 至少在晴朗的天气里分别在早上、中午和下午,SZA 在 80°以上和 50°以下,实际操作太阳跟踪器调整对太阳的情况;其中有一次需要关闭太阳跟踪器让跟踪器重新启动观测。

⑤ 对数据采集箱内情况进行检查;

⑥ 对存在臭氧栋的辐射表的备份情况进行检查。

3.4.6 其他事项

3.4.6.1 FS-ST 太阳跟踪器通信协议

3.4.6.1.1 通信方式

一般采用主从方式通信,数据采集器或者计算机为主机,跟踪器为从机,从机响应主机的命令发送规定格式的数据。

3.4.6.1.2 通信参数

双方的通信参数为：

波特率：9600；

数据位：8位；

停止位：1位；

校验方式：无校验或偶校验，通过命令配置。

3.4.6.1.3 编码格式

双方采用 ASCII 码格式进行通信，命令和响应都以回车换行为结束符，回车和换行符在本文中用 ↙ 表示。

3.4.6.1.4 响应时间

主机发命令后，从机应在 250 ms 内进行响应。

3.4.6.1.5 通信命令

（1）读取跟踪状态

读取跟踪器目前的工作状态。

① 命令

GZSTATE ↙

② 响应

UD：1.000 ↙

RL：1.000 ↙

XL：0.900 ↙

XH：1.100 ↙

YL：0.900 ↙

YH：1.100 ↙

ADC_U：0.000 ↙

ADC_D：0.000 ↙

ADC_L：0.000 ↙

ADC_R：0.000 ↙

U/D： nan ↙

R/L： nan ↙

GZMODE：FALSE

其中：

UD 表示太阳传感器上下象限设置比例。

RL 表示太阳传感器左右象限设置比例。

XL 表示左右象限设置比例的下限。

XH 表示左右象限设置比例的上限。

YL 表示上下象限设置比例的下限。

YH 表示上下象限设置比例的上限。

ADC_U 表示测量到的太阳传感器上象限电压数据，单位 mV。

ADC_D 表示测量到的太阳传感器下象限电压数据，单位 mV。

ADC_L 表示测量到的太阳传感器左象限电压数据，单位 mV。

ADC_R 表示测量到的太阳传感器右象限电压数据,单位 mV。

U/D 表示测量到的太阳传感器上、下象限比值。

R/L 表示测量到的太阳传感器右、左象限比值。

GZMODE 表示跟踪器运行状态,"TURE" 表示 太阳跟踪模式,"FALSE" 表示日历工作模式。

（2）读取太阳高度角等信息

读取日出、日落时间,太阳高度和方位角。

① 命令

SUNTIME ↙

② 响应

Sun_RiseTime:05:19:13 ↙

Sun_SetTime:18:33:39 ↙

Time now is 2011-04-27 13:13:10. ↙

Sun_Highness: 64.963 ↙

Sun_Orientation:228.966 ↙

其中:

Sun_RiseTime:日出时间。

Sun_SetTime:日落时间。

Time now is:当前时间。

Sun_Highness:当前时间太阳高度角,单位度。

Sun_Orientation:当前时间太阳高度角,单位度。

（3）读取日历模式下角度

读取日历工作模式下运行的高度角和方位角。

① 命令

ANGEL ↙

② 响应

Time now is 2011-04-27 13:29:16. ↙

Sun_H：62.260 CU_H：62.361 ↙

Sun_O:235.311 CU_O:235.151 ↙

其中:

Time now is:当前时间。

Sun_H:当前时间太阳高度角,单位度。

CU_H:当前跟踪器运行到的高度角,单位度。

Sun_O:当前时间太阳方位角,单位度。

CU_O:当前跟踪器运行到的方位角,单位度。

（4）读取主板温度

读取主板温度。

① 命令

TEMP ↙

② 响应

2011-04-27 13:29:05. ↙

Temperature：26.0↙

其中：

Temperature：为主板温度。单位℃。

（5）读取工作电压

读取工作电压。

① 命令

VOLTAGE↙

② 响应

2011-04-27 13：28：54.↙

Voltage：11.5↙

其中：

Voltage：为主板电压。单位 V。

3.4.6.1.6 参数设置命令

（1）区站号设置

检查或设置区站号。

① 命令

　　　ID ＜id＞↙

　　id 为区站号，用 5 个 ASCII 字符表示。

② 响应

a）不带参数时，读取区站号。响应为：

　　　＜id＞↙

　　id 为区站号。

b）带参数时，设置区站号。响应为：

　　　＜result＞↙

　　result：如果成功为 T，失败为 F。

（2）观测场纬度操作

检查或设置观测场纬度。

① 命令

　　　LAT ＜lat＞↙

　　lat 为纬度，度分秒格式，即：dd. mm. ss。

② 响应

a）不带参数时，读取纬度。响应为：

　　　＜lat＞↙

　　lat 为控制器纬度。

b）带参数时，设置纬度。响应为：

　　　＜result＞↙

　　result：如果成功为 T，失败为 F。

（3）观测场经度操作

检查或设置观测场经度。

① 命令

LONG <long>↙

long 为经度,度分秒格式,即:ddd. mm. ss。

② 响应

a)不带参数时,读取经度。响应为:

<long>↙

long 为控制器经度。

b)带参数时,设置经度。响应为:

<result>↙

result:如果成功为 T,失败为 F。

(4)日期操作

检查或设置系统日期。

① 命令

DATE <date>↙

date 为日期,格式为 YYYY-MM-DD。年份范围为 2000～2100。

② 响应

a)不带参数时,读取日期。响应为:

<date>↙

date 为控制器的当前日期。

b)带参数时,设置控制器日期。响应为:

<result>↙

result:如果成功为 T,失败为 F。

(5)时间操作

检查或设置系统时间。

① 命令

TIME <time>↙

time 为日期,格式为 hh:mm:ss。

② 响应

a)不带参数时,读取时间。响应为:

<time>↙

time 为控制器的当前时间。

b)带参数时,设置控制器时间。响应为:

<result>↙

result:如果成功为 T,失败为 F。

(6)四象限阈值参数操作

1)读取或设置系统太阳传感器跟踪太阳的阈值。

① 命令

LIGHTW<RD>↙

RD 为阈值,如 100 表示 100 W/m^2。范围 50～200。

② 响应

a)不带参数时,读阈值参数。响应为:

< RD >↙

RD 为太阳传感器阈值参数。

b)带参数时,设置太阳传感器阈值参数。响应为:

<result>↙

result:如果成功为 T,失败为 F。

2)读取或设置系统太阳传感器跟踪太阳的最小阈值。

① 命令

LIGHTMINW<RD>↙

RD 为阈值,如 6 表示 6 W/m²。范围 6~20。一般设置为 6。

② 响应

a)不带参数时,读阈值参数。响应为:

< RD >↙

RD 为太阳传感器最小阈值参数。

b)带参数时,设置太阳传感器阈最小值参数。响应为:

<result>↙

result:如果成功为 T,失败为 F。

3)设置辐射比例系数

① 命令

RATIO <RD>↙

RD 为阈值,出厂设置为 1.740。

② 响应

带设置太阳传感器阈值参数。响应为:

<result>↙

result:如果成功为 T,失败为 F。

(7)太阳传感器阈值上下比例

读取或设置系统太阳传感器上下限比例。

① 命令

UD <N>↙

N 为阈值,如 1.00 上下限比例为 1。

② 响应

a)不带参数时,读阈值参数。响应为:

< N >↙

N 为太阳传感器上下限比例参数。

b)带参数时,设置太阳传感器阈值参数。响应为:

<result>↙

result:如果成功为 T,失败为 F。

(8)太阳传感器阈值右左(R/L)限比例

读取或设置系统太阳传感器右左限比例。

① 命令

RL <N>↙

N 为阈值,如 1.00 右左限比例为 1。

② 响应

a)不带参数时,读阈值参数。响应为:

　　　＜N＞↙

　　N 为太阳传感器右左限比例参数。

b)带参数时,设置太阳传感器阈值参数。响应为:

　　　＜result＞↙

result:如果成功为 T,失败为 F。

(9)进入调试模式命令

在初始上电后可以输入此命令使得系统进入调试模式。

① 命令

　　　DEBUG ＜N＞↙

　　　"N"为 1 时要求系统进入调试模式,为 0 时候退出调试模式。

② 响应

　　　＜result＞↙

result:如果成功为 T,失败为 F。

进入调试模式后可以使用 SETPX,STEPY 命令进行方位角度和水平角度的移动,最大角度为不大于 20°。

调试完成后利用 DEBUG 0 命令退出调试模式,进入正常模式。

3.5　大气气溶胶光学厚度观测

3.5.1　概述

大气气溶胶光学厚度的测量可反映气溶胶粒子对太阳辐射的消光作用。世界气象组织的全球大气观测网(WMO GAW)、全球气溶胶监测网(AERONET)等监测网络将大气气溶胶光学厚度的观测作为对全球和局地气候变化的影响。同时,气溶胶光学厚度的地基观测结果也是对卫星光学遥感校准的一种重要的手段。WMO GAW 推荐了两种通过直接测量太阳分光辐射求出气溶胶光学厚度的方法,一种方法是采用一组短波截止滤光片和直接日射表相配合进行测量,另外一种是使用太阳光度计的测量方法。

CIMEL 生产的 CE318 多波段光度计被大部分全球气溶胶观测网作为标准仪器,比如著名的全球气溶胶监测网 AERONET、法国 PHOTONS、加拿大 AEROCAN、西班牙 RIMA、澳大利亚 AGSNET、中国 CARSNET 和 SONET 等。其最新型号 CE318T 可通过观测太阳、天空、月亮和地面的反射等信息来反映大气的光学特性,它是唯一可在白天和夜晚共同观测的光度计,使得极地地区极夜时仍可进行连续观测。

3.5.2　观测仪器构成

CE318T 仪器系统主要由光学头、进光筒、机器人臂、控制器、支架、机箱、太阳能板、感雨器、外部电池、交流充电器等部分构成(图 3-5-1)。

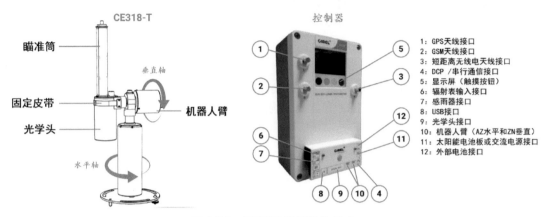

图 3-5-1 CE318T 光度计的组成

3.5.3 技术指标

3.5.3.1 光学头

半视角：0.63°；

观测波段：340 nm，380 nm，440 nm，500 nm，675 nm，870 nm，936 nm，1020 nm，1640 nm。

3.5.3.2 机器人臂

分辨率：0.003°；

太阳/月亮跟踪精度：0.01°。

3.5.4 仪器安装

3.5.4.1 安装地点

应根据当地具体情况，选择视野比较开阔，周围没有遮挡物且比较容易维护的地方，比如观测场、房顶等。支架安装机箱的一侧朝南，与地面固定牢，以不能晃动为标准。

3.5.4.2 安装步骤

① 把控制器和外部电池放入机箱。

② 将机器人臂放在支架的圆盘上，并用螺丝略微固定，以可以滑动机器人臂底盘为准，目的是为后面 GOSUN 之后移动底盘使光斑与小孔处于同一竖直方向。

③ 连接机器人臂 AZ 和 ZN 线缆、感雨器、外部电池、太阳能板或交流电源至控制器。

④ 启动 PARK 指令，机器人臂回到初始位置。调整机器人臂使固定光学头一侧朝西。

⑤ 安装进光筒至光学头，注意进光筒上凹槽与光学头上探测镜头方向一致。

⑥ 旋转机器人臂的固定皮带 180°，把光学头用皮带固定在机器人臂上，注意光学头刻度与机器人臂刻度对齐。

⑦ 连接光学头至控制器，并把线缆固定在机器人臂的"猪尾巴"上，注意线缆不要影响机器人臂旋转。

⑧ 调整机器人臂底座螺丝使顶部水平泡气泡位于中间。

⑨ 连接 GPS 天线至控制器,执行 GPS INFO 命令更新经纬度信息。

⑩ 执行 GOSUN 命令,使进光筒指向太阳,以阳光从进光筒上部的小孔形成的小光斑落在进光筒底部的小孔的上下延长线上为标准,不可偏差太远。若光斑有横向的偏差,滑动底盘使之在纵向成一条线。

⑪ 执行 TRACK SUN 命令,光斑应正好落在进光筒底部的小口内。固定紧机器人臂至支架上。

3.5.5 观测方式

3.5.5.1 扫描模式

3 SUN:按 1020 nm,1640 nm,870 nm,675 nm,440 nm,500 nm,1020 nm,936 nm,380 nm,340 nm 顺序测量该波长下的太阳辐照度,进行 3 次循环并记录光学头温度。

3 MOON:与 3 SUN 相同,但测量月亮辐照度。

BLACK:测量设备的电子噪声。

ALMU:等天顶角扫描是指观测天顶角等于太阳天顶角,在方位角平面上进行气溶胶通道天空辐射测量(图 3-5-2a)。随转动角度变化采用不同测量模式,两次测量间机器人臂转动步长随远离太阳而增加。按照 1020 nm,1640 nm,870 nm,675 nm,440 nm,500 nm,380 nm 的顺序进行观测,一个波段一圈全部观测完成切换为下一个波段(图 3-5-2b)。

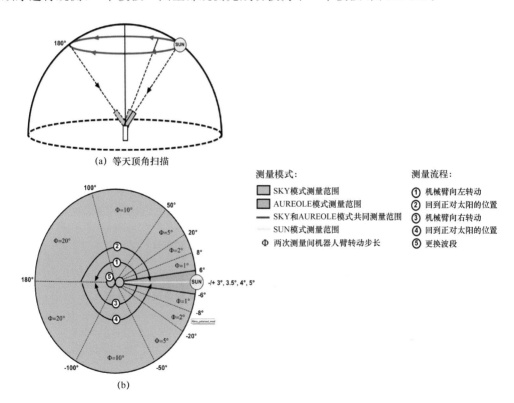

图 3-5-2　CE318T 光度计测量模式及其测量流程示意图

PP:主平面扫描是指观测方位角不变,在主平面上进行气溶胶通道天空辐射测量。随转动角度变化采用不同测量模式,两次测量间机器人臂转动步长随远离太阳而增加。按照1020 nm,1640 nm,870 nm,675 nm,440 nm,500 nm,380 nm 的顺序进行观测,一个波段一圈全部观测完成切换为下一个波段(图 3-5-3)。

3.5.5.2　观测时间

白天观测时,仪器在自动观测模式下根据当地时间以及经纬度,在 09—15 时每隔 15 min进行一组观测;09 时以前和 15 时以后在大气质量数为 7.0,6.5,6.0,5.5,5.0,4.5,4.0,3.5,3.0,2.5,2.0,1.7 时进行一组观测;如果 09 时以前和 15 时以后在大气质量数小于 1.7,则在07 时 30 分至 08 时 45 分以及 15 时 15 分至 16 时 30 分每隔 15 min 进行一组观测。

夜间观测时,在满足月相处于上弦月至下弦月之间,月亮对应的大气质量数大于 7 且太阳对应的大气质量数小于－7 时,根据用户设置的间隔时间进行观测。

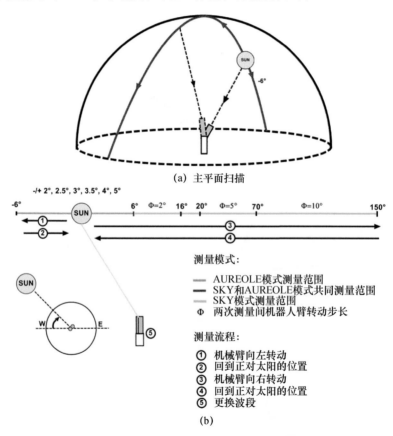

图 3-5-3　CE318T 光度计主平面扫描模式及其测量流程示意图

■ 3.5.6　仪器维护

3.5.6.1　仪器状态码

在获取数据时,若出现异常会体现在状态码上(表 3-5-1)。若状态码为大写字母,表示仪器工作正常;若为小写则须进一步检查。

表 3-5-1　光度计的故障码

故障码	描述
b,w	机器人臂微步数和微开关异常
s	光学头内部、滤光片异常
r	重置复位记录
p	光学头通信错误,检查供电或连接线缆
h	湿度传感器感应到下雨自动停机观测,不是异常
t	通过 GPS 校正时间
g	通过 GPS 校正经纬度海拔
q	四象限跟踪异常,可能阴天或故障

3.5.6.2　日常检查

① 检查太阳光度计的光点位置是否偏移,是否可以准确跟踪太阳。
② 检查仪器是否水平,机器人臂顶部水平气泡是否在中央。
③ 检查控制器中时间是否准确,国际标准时间相差小于 10 s。
④ 检查感雨器是否工作正常,表面是否有污染物。
⑤ 检查进光筒中是否清洁。
⑥ 检查数据是否正常存储。

参考资料

盛裴轩,毛节泰,李建国,等,2003.大气物理学[M].北京:北京大学出版社.

中国气象局,2003.地面气象观测规范[M].北京:气象出版社.

中国气象局,2013.Brewer 光谱仪观测臭氧柱总量的方法:QX/T 172—2012[S].北京:气象出版社.

中国气象局,2020.Brewer 光谱仪标校规范:QX/T 532—2019[S].北京:气象出版社.

中国气象局监测网络司,1999.地面气象电码手册[M].北京:气象出版社.

中国气象局监测网络司,2003.全球大气监测观测指南[M].北京:气象出版社.

中国气象局监测网络司,2005.地面气象测报业务系统软件操作手册[M].北京:气象出版社.

Brewer A W,1973. A replacement for the Dobson Spectrophotometer[J]. Pure Appl Geophys,106:919-927.

Chubachi S,1984. Preliminary result of ozone observations at Syowa Station from February,1982 to January, 1983[J]. Mem Natl Inst Polar Res Jpn Spec,34(1):13-20.

Claudio Tomasi,Alexander A,Kokhanovsky Angelo Lup,et al,2015. Aerosol remote sensing in polar regions [J]. Earth Science Reviews,140:108-157.

Farman J C,Gardiner B G,and Shanklin J D,1985. Large losses of total ozone in Antarctica reveals seasonal COx/NOx interactions[J]. Nature,315:207-210.

Josefsson W A P,1992. Focused sun observations using a Brewer ozone spectrophotometer[J]. J Geophys Res, 97:15813-15817.

Platt U,and Stuz J,2008. Differential Optical Absorption Spectroscopy (DOAS),Principles and Applications [M]. Berlin-Heidelberg:Springer.

Pommereau J P,and Goutail F,1988. O_3 and NO_2 ground-based measurements by visible spectrometry during arctic winter and spring 1988[J]. Geophys Res Lett,15:891-894.